土工控制原理与技术

张继红　著

中国建筑工业出版社

图书在版编目（CIP）数据

土工控制原理与技术 / 张继红著 . —北京：中国建筑工业出版社，2023.6
ISBN 978-7-112-28559-4

Ⅰ.①土… Ⅱ.①张… Ⅲ.①土工学—研究 Ⅳ.①TU4

中国国家版本馆 CIP 数据核字（2023）第 054367 号

本书从基本概念、基本原理、计算方法、技术路径、实施方法和应用产业化等方面，较为系统地阐述相应的土工控制技术，介绍工程实例和检验性试验的结果。全书共 8 章，包括：绪论、土工控制基本原理、叠加积分方程的通解及桩土摩擦公式、土工控制鲁棒性设计概论、基于原型试验的土体本构模型、土工控制新技术、计算理论与案例分析、土工控制新技术开发的若干构想，内容丰富，指导性强。

本书适合岩土工程专业的科研人员、设计人员以及高校师生阅读使用。

责任编辑：张伯熙
文字编辑：沈文帅
责任校对：党 蕾

土工控制原理与技术
张继红 著
*
中国建筑工业出版社出版、发行（北京海淀三里河路 9 号）
各地新华书店、建筑书店经销
北京建筑工业印刷有限公司制版
北京市密东印刷有限公司印刷
*
开本：787 毫米 ×1092 毫米 1/16 印张：$13\frac{1}{4}$ 字数：306 千字
2023 年 8 月第一版 2023 年 8 月第一次印刷
定价：**60.00** 元
ISBN 978-7-112-28559-4
（41040）

电话：（010）58337283 QQ：2885381756
（地址：北京海淀三里河路 9 号中国建筑工业出版社 604 室 邮政编码：100037）

序

传统的土力学与基础工程学，主要解决建（构）筑物基础的沉降与承载力计算、边坡和挡土墙的稳定性分析等问题。我国正在完成城市化，显著扩大了城市在地面上的规模，也大大促进了对地下空间的开发。深大基坑以及纵横交错的地下交通、管线管廊和地下排水调蓄管渠等项目的建设，带来了众多土工施工技术方面的新课题。随着人们生活水平的提高，人们对住宅建筑和商业楼宇等财产的安全性及其环境质量的保护意识日益增强，继而对基础和地下设施在施工和运营过程中使地基产生的附加变形和振动程度提出了更高的要求。一旦邻近或基础下方的土工施工出现超限的影响，使得地面或地下建（构）筑物和管道基础附加位移过大，出现倾斜和开裂而影响其安全使用时，纠偏复位和加固，往往又是必须采取的技术措施。由此可见，在土工施工过程中，以控制地基土变形乃至确保工程安全性的实际需求已越来越多，而且已由地面和浅层地下向深层地下发展。

《土工控制原理与技术》的作者张继红博士，20余年前已敏锐地捕捉到我国城市化进程中面临的土工控制问题，专心在这个领域研究，现已取得令人瞩目的成绩，本书就是他潜心钻研和大胆实践后对主要研究成果的精心总结。本书以地基土为主要对象，对基础和地下工程施工及其影响、地下水及污染物扩散等相关的控制问题进行分类，再分别从基本概念、基本原理、计算方法、技术路径、实施方法和应用产业化等方面，较为系统地阐述了相应的土工控制技术，并介绍了工程实例和检验性试验的结果。其中，全回收装配式钢管桩连续墙（WSP）技术，使得深基坑围护结构可以实现全装配式安装、钢管桩微扰动全回收和再利用；“零位移工程”概念及其多种实用技术，可以追求实时控制涉土工程活动对周边环境的影响趋于零。另外，书中还介绍了锚定筒锚固结构、土墩置换法地基处理、热熔性可回收锚杆、伞式自扩锚、土中导向施工方法、气压控制疏干井降水技术、纠偏技术等与土工控制相关的新工艺与新技术。最后，本书列出了作者运用基本原理提出的多项土工控制新技术的构想，可供同行读者在解决相关工程问题时参考和尝试。

土为散粒多相体且具有不透明性和不均匀性，性状十分复杂，人们至今难以主要依赖于基于诸多假设的理论和小尺度试样试验的研究成果来解决各种实际土工问题。本书涵盖的大多数理论和技术方法虽然经过了检验，但其普适性尚待更为长期的实践检验。尽管如此，本书提出的一系列土工控制概念、原理和技术，仍是值得仔细阅读且尝试应用的，因此予以推荐，是为序。

中国土木工程学会土力学及岩土工程分会理事
上海市住房和城乡建设管理委员会科技委委员
2022 年 6 月 18 日于上海交通大学

前　言

《土工控制原理与技术》介绍了以土体为主要对象，通过器具或工艺使得气体、液体、固体、场介质与土体相互影响与作用，对工程涉土施工影响（第Ⅰ类土工控制问题）、涉土建造过程（第Ⅱ类土工控制问题）、涉土病害治理（第Ⅲ类土工控制问题）进行实时控制的原理与技术。倾半生心血，成一本专著。本书是作者20余年潜心钻研、精心试验、艰苦实践的总结与升华。其核心思想是阐述宏观规模特性突出、地质条件复杂、理论体系不完备的土木、水利工程的依土特性是可以实时控制的。

本书提出土工控制方程，论述土工控制是可以实现的，针对第Ⅰ类土工控制问题，提出土工控制上限、下限原理，证实了现实中的土工控制基本问题是具备严格理论解的；提出边界条件清晰的土体囊压原型试验方法，根据圆孔扩张理论与拉梅方程，提出一种基于原型试验的土体本构模型，并进行试验，为直接依据原型试验结果进行土体稳定与变形计算提供新思路；提出一类基于叠加原理的积分方程通解，推导出轴对称嵌入式构件摩擦公式，给出抗拔桩极限平衡状态方程的解析解，应用于工程计算与分析；还提出涉土工程安全性控制的鲁棒性设计理论，结合基坑工程进行了具体分析。本书归纳了固体、袋装流体及场三类土工控制介质，为土工控制目标的实现提供介质基础。书中介绍了作者依托三类土工控制介质，在解决三类土工控制问题中提出并实践的土工控制新技术，包括作者1997年发明的伞式自扩锚，2012～2021年提出的钢管桩连续墙技术系列，2018～2022年提出的零位移工程原理与技术、锚定筒锚固技术等，分享了产业化经验，提出利用三类土工控制介质解决多个土工难题的技术构想，包括绳锯布隔水技术及中振法防挤土打桩等。

本书介绍了土工控制基本概念、基本原理、基础理论、实施方法、技术路径、产业化实践。本书内容丰富，有以下三大特点：一是本书的内容引自作者近些年的专利申请书，少有公开发表的相关论文、论著等，鲜有引经据典的内容，原创性强，若书中涉及内容在专利权有效期内应用于工程实践，须取得专利权人同意，以免侵权。二是本书涉及的工程细分领域多，大量土工控制技术有待在工程实践中进一步推广应用，促进土工技术的发展，抛砖引玉是出版本书目的之一，希望有条件、有机会的读者，结合工作需要，对本书内容进一步实践、发展、丰富、充实。三是本书的可行性与实践性强。

上海交通大学的陈龙珠教授在百忙中为本书提出了宝贵的修改建议，使作者受益匪浅，在此谨表衷心感谢。上海地固岩土工程有限公司部分员工参与了试验与项目的实施、监测工作，在此谨表谢意。

书中难免会有不足之处，恳请读者批评指正。

目　录

第1章 绪　　论

1.1 土工控制研究范畴

在土木、水利工程领域中，建（构）筑物均依土而建，如工业民用建筑、地铁、隧道、桥梁、道路、管线、水工大坝、海洋工程等，这些依土而建的工程简称为土工。土工涉土建造过程控制，包括施工速度、精度与质量、安全等的控制，在本书中称为第Ⅱ类土工控制问题。土工建造过程对周围影响的实时控制，在本书中称为第Ⅰ类土工控制问题，包括邻近区域在土工建造过程中产生的稳定与变形控制问题、地下水土流失及土壤污染物扩散控制问题等内容。对已建土木、水利工程在运营维护过程中的涉土工程病害治理，包括土工补强、渗漏治理、倾斜建（构）筑的纠偏、大坝加固、移位土工的复位等的过程控制，在书中称为第Ⅲ类土工控制问题。

1.2 土工控制中土体介质特征

（1）体量庞大

土体是土工的载体，广布于地球表层，土工控制所涉及的土体影响范围与土工对象的规模、特征、工程活动特性等多种因素相关。一般情况下，涉及的土体体量相当庞大，在地表平面及深度方向，延伸至荷载引起的土体变形影响边界。对于地铁等线状地下工程，地铁沿线一定距离与深度范围内的土体均需考虑。对于桩基建筑物，土工控制涉及的土体深度应达到桩底以下压缩层厚度范围。土工活动影响控制涉及的土体范围与土工活动类别及土性特点相关，基坑开挖、预制桩挤土、水工大坝建造等影响范围均较大。

（2）组分各异

土体是天然形成的，组分各异，由固体颗粒、液相及气相组成，且三相比例对于不同工程地点各不相同，有的相差很大。从土体固体颗粒大小、级配来分，有黏性土、粉性土、砂性土、碎石、块石等多种分类。

（3）本构关系复杂

第Ⅰ类土工控制问题与土体变形密切相关，土体的本构关系复杂，高精度普适的本构模型长期缺失。考虑到土体不是单一形式的物质，是力学性相差很大的多种成分的不确定组合，且这种组合随机多变，土体的强度与变形特性与土体所处的应力场密切相关，土层成因、应力历史等因素对土体物理力学性质也有显著影响。试图通过某一种或几种理论结合土体取样试验，对土体变形进行精确的理论计算，往往都是徒劳。土工控制中，对土工的位移控制精度要求很高，难以依托现有的土力学理论完成分析计算任务。

（4）变形时间效应显著

土体作为天然的散粒体材料组合，其变形包括加载瞬间的变形、固结变形、流变与蠕变。其中后两者变形速度慢、历时长，有时占比很大，特别是在软土区域，随时间延长产生的变形是土体变形的主要组成部分。

（5）抗拉强度极小

土体作为土工对象的载体，其承受的作用在重力场中均表现为压应力与剪应力，土体是多种物质的自然组合，抗拉强度极小，可近似认为土体中不存在拉应力。

（6）存在主被动土压力差

在经典土力学理论中，把土压力分为静止土压力、主动土压力与被动土压力三类进行计算和分析。静止土压力是指在竖直面内，土体不产生相对位移时，土体之间存在的水平方向的相互挤压应力；主动土压力是指土体在挡土墙的支撑下，墙后土体向挡土墙方向发生位移且在失稳临界状态下作用于挡土墙上的正压力；被动土压力是指土体在挡土墙的推动下，墙前土体发生位移且在失稳临界状态下作用于挡土墙上的正压力。主动土压力是土压力的极小值，被动土压力是土压力的极大值，静止土压力介于两者之间。不同土体，各类土压力的大小与分布不同。主动土压力小于静止土压力，静止土压力小于被动土压力。

1.3 土工控制中土工对象特征

（1）宏观规模大

本书中所述的土工对象，包括建筑、地铁、公路、铁路、大桥隧道、管线、水工大坝、海洋工程等，其宏观规模均很大，对这些工程进行位移与涉土变形控制，其难度之高不言而喻。

（2）涉土作用力大

土木工程宏观规模大，重量大，依土建造时最终由土体承担，因此，土工对象涉土作用面广，作用力大，影响范围深。

（3）整体性强

土工对象作为整体发挥功能，一般不允许产生断裂、偏斜、过度弯曲等问题，整体刚度大。土工控制要求对土工对象进行整体控制，工程规模大，涉及面广，协调难度高。

（4）安全要求高

土工对象的安全与人类的生命财产安全息息相关，一旦出现问题，损失巨大，涉及面广，社会影响恶劣，土工控制安全可靠性要求高。

（5）控制精度要求高

土工对象规模大，但允许的变形及位移量非常小，在诸多实践中，因土工对象在前期的存在历史中已经发生了接近限值的变形与位移，对控制的精度要求进一步提高，有些情况下，甚至要达到零位移控制目标。如何实现高精度控制，是土工控制的研究领域之一。

1.4 土工控制需求

1. 第Ⅰ类土工控制问题

（1）基坑开挖影响控制

明挖法是应用最多的地下工程建造形式，地铁车站的建设通常也是通过明挖法实现的，顶管等地下工程的建造也涉及顶管井等基坑施工。不少基坑附近有大量已建建（构）筑物。特别当基坑附近有民宅、地铁线、高铁线、原水管等重点保护对象时，保护要求非常高，当遇到精密仪器设备时，甚至提出了零位移的保护要求。目前，解决这些难题的主要技术手段是大幅度加强基坑围护结构的承载能力与刚度，使得基坑围护工程造价十分昂贵。基坑围护结构一般在提供承载力的同时伴随着变形，被保护土工对象在基坑施工过程中会伴随产生变形与移位。近几年来，在被保护对象变形控制非常严格的地段，开始使用伺服系统以减小基坑施工引起的变形。伺服系统只能在支撑位置施加集中力，难以在开挖面附近及以下位置加载，无法在支撑施工前及拆撑、换撑等工况下加载，对于大面积的基坑实施难度大、风险高。对被保护对象的变形控制能力有限。对大量使用的钢筋混凝土围护结构与支撑体系，在施工及混凝土养护期也会伴随产生一定的变形，这些都是现有技术无法解决的难题。基坑开挖的影响控制，零位移基坑工程，是土工控制的重要研究内容之一。

（2）打桩挤土效应控制

预制桩包括钢桩、预制钢筋混凝土桩，实现了工厂化生产，具有强度高、造价低，现场施工速度快、质量易控、施工现场干净等优势，在土木工程中得到广泛应用。近年来，压桩施工能力大幅提升，产业体系完善。特别是在建筑工程领域，目前、能用预制桩的区域几乎全部采用预制桩，预制桩的优势是其他现场浇筑成型的工程桩无法比拟的。预制桩在压桩过程中，须将桩位处的土体挤出，存在压桩挤土效应。当周边存在被保护土工对象时，压桩挤土效应控制是预制桩应用中遇到的最大技术难题，也是限制预制桩广泛应用的瓶颈。比如，在上海地区，明确规定在地铁沿线 50m 范围内禁止预制桩打桩施工。目前，打桩防护方法主要有设置防挤沟、泄水孔、桩位取土、控制打桩速率、调整打桩方向等，可以部分减小打桩挤土效应。但打桩防护效果有限且不稳定，打桩挤土仍是预制桩应用的主要障碍。

（3）地下穿越影响控制

地下工程穿越的方法包括隧道、顶管、管幕等，是采用非开挖工艺穿过建（构）筑物建造地下工程的过程。地下工程的穿越，因扰动了已有建（构）筑物所依托的土体，往往造成沉降等损害。特别是穿越房屋、地铁、隧道等对沉降敏感建（构）筑物时，修复赔偿等损失巨大。如何做到地下工程无损穿越是当今地下工程建设面临的难题之一。控制地下穿越工程活动对周围土工被保护对象的影响，是土工控制研究的重要内容之一。

（4）地基振动影响控制

随着社会经济的发展与人民生活水平的日益改善，人们对自身居住条件的要求日益提高，对建筑物的要求越来越高，已建的建筑物因邻近工程建设、工业生产，地铁、道路、高架桥的车辆运行而产生振动，通过土体传播，影响到建筑物的正常使用与安全，此类事件易引发社会纠纷。对于已建的建（构）筑物进行有效保护，减消邻近地基土振动影响是土工控制的另一研究方向。

2. 第Ⅱ类土工控制问题

涉土工程活动过程控制是第Ⅱ类土工控制问题，这一领域的研究有利于提高工程质量，降低消耗，促进大量涉土工程施工难题的解决。

（1）地下工程施工方向控制

地下工程的施工一般依托于操作面，向深厚土体中施工构件，以满足工程需要。如桩基、锚杆等施工，均需将构件设置于深厚土体中。构件施工方向控制一直是岩土工程关注的问题，随着地下工程规模越来越大，土中构件施工长度不断增加，施工方向控制要求越来越高，如长锚杆的杆体与锚固体同心控制问题，超深基坑围护结构的垂直度控制问题，已建地下结构外围迎土面修复施工方向控制问题等，均属于第Ⅱ类土工控制问题。

（2）地下水与地下污染物扩散控制

在地下水位较高区域实施涉土工程活动，难免遭遇地下水流动带来的各种工程问题。据不完全统计，约有三分之一甚至更多比例的涉土工程灾害是地下水导致的。涉土工程活动过程中，地下水控制的工程需求迫切、意义重大，与第Ⅱ类土工控制问题均密切相关。

土壤中的有害废弃物，如填埋的垃圾、工业废料中的有害物质等，在土壤中会伴随地下水的作用而扩散，影响土壤环境与人类生活，原位隔离土壤污染物是有效可行的环保处理方案，亦属第Ⅱ类土工控制问题。

（3）钢管桩拔桩带土效应控制

钢管桩作为基坑围护桩具有施工速度快、刚度大、质量可控、造价低、接桩方便、全回收再利用等诸多优点，钢管桩因拔桩带土问题，拖带沉降大，长期难以用作基坑围护桩（墙）。为了减小拔桩带土影响，工程师常采用横截面开口的钢板桩，虽然承载能力大幅度降低，却长期在基坑围护工程中得到广泛应用。如何有效控制或消除钢管桩拔桩带土影响，直接关系到钢管桩能否作为全回收构件进行深基坑围护，潜在的经济效益、社会效益、环境效益巨大，属于第Ⅱ类土工控制问题。

（4）适宜性作业面构建

在土体或水中施工，施工作业面与施工对象被土体或水隔离，造成大量可在土体外的施工操作无法在土体或水中实施。针对具体问题，在土体或水中构建适宜作业面，往往能够带来意外的涉土施工效果，增效减耗。

3. 第Ⅲ类土工控制问题

（1）纠偏过程控制

建（构）筑物建成后，其垂直度是确保安全的一项关键指标，按照有关国家标准，建

（构）筑物的倾斜率一般小于4‰。建（构）筑倾斜直接危及安全与正常使用。工程实践中，也有不少建（构）筑物因地质条件、设计施工缺陷、邻近工程建设影响等原因导致倾斜率过大，这种情况下，要么拆除，要么进行纠偏加固。对于倾斜建（构）筑物，因体积大、高度高、基础埋深等原因，纠偏一直是土木工程领域的一个难题，采用了桩基础的建（构）筑物，难度更高，对于有深埋地下室的，处理难度倍增。建（构）筑物纠偏过程控制也属土工控制研究领域。

（2）地下线状工程变形的复位

地下线状工程是指埋设于地面以下的长条状中空地下工程，具体包括地铁、隧道等地下交通设施，地下管廊、自来水管、煤气管、通信、污水管、雨水管等各种地下市政管线设施及半埋于地下的渡槽等。根据与土体间的相互位置关系，可将地下线状工程的表面分为迎土面与背土面两类，其中迎土面是指地下线状工程与土体的接触面，背土面是指地下线状工程不与土体接触的表面。地下线状工程具有纵向（即沿地下线状工程轴线方向）跨度大，横向（即垂直于地下线状工程轴线方向）刚度小的结构特点。当地下线状工程位于软土区域、跨越不同地质条件或在地下线状工程附近有基坑开挖、打桩施工、堆卸载等工程活动时，易对已建地下线状工程产生较大的垂直位移及不协调变形，有时会导致地下线状工程开裂、断开等工程问题，严重影响地下线状工程的正常使用与安全。目前，地下线状工程建设均将其直接埋设在土体中，少量地下线状工程埋设于桩基或搅拌桩等加固后的土体中。地下线状工程横向刚度低，横向变形控制能力差。地下线状工程横向变形后，现有的技术处理手段有限，比如城市地铁，目前主要通过以地铁内部作为施工操作面，向地铁隧道的外部土体中注浆来控制，造价高，精度控制难度大，难以治本。对地下线状工程的横向变形进行实时控制，是土工控制另一研究内容。

1.5 土工控制涉及的理论与计算问题

稳定和变形问题一直是土力学研究的两大主题，土工控制同样离不开土体稳定和变形的计算分析。特别是第Ⅰ类土工控制问题，对计算精度要求高，一般是毫米数量级。现有土体变形计算理论与实践，难以达到土工控制要求的计算精度。因此，寻求满足高精度变形控制要求的解决方案，是土工控制的关键理论问题。

1.6 原型试验方法与相适应的土体本构模型

土工室内试验是土工稳定与变形计算参数的重要依据，也是为土木、水利工程施工提供基础性数据的主要技术手段之一。近几十年来，土体原位测试技术有所发展，目前，能应用于工程实践的主要包括静力触探试验、十字板剪切试验、旁压试验、标准贯入试验、扁铲侧胀试验几种。该领域的技术进步尚难以满足蓬勃发展的涉土工程需求。主要表现在，一方面，现行应用于工程实践的岩土工程原位测试技术数十年来鲜有变化，工程实践越来越偏向于根据工程经验打折使用土体参数。另一方面，工程实践中所用的计算参数一直以室内土工试验参数为主，原位测试参数多作为地基土分层或施工难易程度判断参考，原位测试所能提供的参数虽然可靠度较高，但测试参数单一，边界条件不清。设计计算中使用的土体原位测试参数取值多依赖于经验公式。对于岩体，岩块承担荷载作用的影响远远高于土体，岩体节理与裂隙对岩体应力应变关系的影响至关重要，依据取样试验或小区域局部加载的原位测试数据进行计算分析的精度远远低于土体，精度仍难以满足工程需求。

土抗剪强度指标是岩土工程稳定计算的基本力学参数，土体抗剪强度与钢材、混凝土等人造材料不同，有鲜明的时间及原位物理力学状态相关性。室内试验测定的土体抗剪强度指标，根据加卸荷的快慢程度，可分为快剪、固结不排水剪与固结排水剪三种。工程应用时，选用的指标一般与加卸荷的速度相适应，分别选取。土体抗剪强度指标一般通过三轴试验或固结快剪试验测定，均为室内试验，试验条件与土体原位物理力学状态有一定的差别。土体为颗粒的组合，原位土体取土后再行固结，取样扰动、应力释放等因素往往造成一定的试验误差，影响计算精度。现有能用以测定土体抗剪强度指标的原位测试技术主要为十字板剪切试验。但十字板剪切试验只能测定软土原位应力条件下的抗剪能力，指标单一，不能反映土体应力场变化，实践中，工程活动会导致土体应力场的变化，因此，应用受限。

随着计算机技术的飞速发展，有限元等数值计算方法在机械工程、结构工程中得到广泛应用。在岩土工程领域中，有限元计算结果的精度高度依赖于计算参数的确定。

施加足以反映原位土体应力应变关系的作用力，测定接近实际的位移响应，发展加载大小接近工程实际的土体原型试验方法，提出相适应的本构模型，提高土工控制计算精度，是土工控制的另一主要研究领域。

第2章　土工控制基本原理

2.1　土工控制方程

本节针对第Ⅰ类土工控制问题，先将需控制的土工对象离散化，将控制操作面离散化，将土工对象体积大、荷载大、控制难度大等宏观特性简化，进而建立土工控制方程，证实土工控制的可行性。

1. 建立土工控制方程的理论基础

（1）有限受控点原理

对于任意土工对象，总能在土体及土工对象中确定有限个土工受控点，使得能够利用有限个土工受控点在无损害的条件下确定土工对象的位置。

（2）有限控制点原理

对于任意土工对象，总能在土体中确定有限个土体控制点，使得通过土体控制点的作用，控制土工受控点的位置。

以上两个原理，可以依托有限单元法原理进行理解。可以这样理解有限受控点原理：将土工对象及同土工对象相互作用关系复杂的土体与周边的其他土体进行隔离，形成土工隔离体。根据有限单元法原理，可以将上述的土工隔离体划分为有限个单元，采用土工隔离体外表面有限单元的节点作用代替隔离体与外围土体的相互作用。可以这样理解有限控制点原理：在土工隔离体的外围一定距离，划设能够包裹土工隔离体的土体单元，使得这些土体单元的包裹面节点可作为土体控制点。

2. 土工受控点与土体控制点

土工受控点与土体控制点的选择与数量，直接关系到计算量的大小与计算精度。要选择好土工受控点与土体控制点，首先要掌握需控制的土工对象特点、土体物理力学性质及周边环境要求。例如，对于复位或纠偏工程，土工对象就是工程活动的对象。对于保护在工程活动中潜在的受影响对象，则需根据工程活动的特点、土质条件等因素，通过工程经验或理论分析，确定工程活动的影响范围，进而确定周边被保护对象。例如，对于软土地区的基坑工程，一般可根据经验，认为基坑开挖面4倍开挖深度范围内的建（构）筑物均可设定为被保护对象。对于邻近地铁的工程，在上海地区，一般确定为地铁附近50m范围内存在工程活动情况下，地铁均是被保护的土工对象。土工对象的确定不但与工程活动的种类有关，而且与被保护对象的特征、重要性有关。例如，对于建筑物，桩基或天然地基的房屋列为被保护对象的相关距离是有区别的。划设隔离区，需要丰富的经验，还要结合相关规定进行，主要是对土工对象离散化。通过对土工对象进行结构性分析，选择能够对土工对象进行复位或位移控制的受控点位置。实施时要具体问题具体分析。当土工对象为桩基房屋时，则可选择各个桩位作为土工受控点。而对于天然地基的房屋则更为复杂，可结合房屋基础的荷载分布，将天然地基的筏形基础或条形基础划分成多个条块，取每个条块的几何形心作为土工受控点。对于地铁、管线等线性土工对象，当工程活动距离较远时，可将其划分为多个线段作为土工受控点。土工受控点可以是点、线或面。对于没有明确规定的土工对象，可通过设置受控点群来处理。土工受控点越多，处理精度越高，计算分析量越大。对于规律性较强的土工受控点可连接为受控线或受控面进行处理，以减小计算分析的难度与复杂程度。土工受控点可以设置于土工对象上，也可以设置在与土工对象邻接的土体中。土体控制点的选择宜依据有效性原则，最佳的土体控制点总是能以最小的作用力集合带来最好的控制效果。对于第Ⅰ类土工控制问题，土体控制点宜选择在工程活动区域与土工对象之间。土体控制点的布设及控制线、控制面的处理方法可参照土工受控点，可根据土工控制对象特征及要求先划立隔离区，在隔离区范围内布设。

3. 建立土工控制方程的步骤

可按照以下步骤建立土工控制方程：

（1）确定需控制的依土而建的土工对象，对土工对象进行结构性分析，选择能够对土工对象进行复位或位移控制的土工受控点位置；

（2）在土工对象所依托的土体中选择能够对步骤（1）中的土工受控点产生作用的土体控制点；

（3）建立土体控制点作用力与土工受控点位移之间的相关性；

（4）通过增减或维持土体控制点的作用力，利用上述步骤（3）建立的相关性，对土工受控点的位移进行控制或改变。

4. 土工控制方程的表达式

要建立土工控制方程，首先应建立土工受控点与土体控制点之间的力学联系。一般情况下可通过土体的本构关系计算确定。例如，设选定的土工受控点为N个，第n个土工受控点在三维空间的位移分别对应X_n、Y_n、Z_n（$n=1, 2, \cdots N$），将N个土工受控点的位移按照一定的顺序排列为$\{X_1, X_2, \cdots X_N; Y_1, Y_2, \cdots Y_N; Z_1, Z_2, \cdots Z_N\}$，形成如式（2.1-1）所示的土工受控点位移矢量。

$$S_{i\,(i=1,2,\cdots 3N)}=\{S_1, S_2, \cdots S_N; S_{N+1}, S_{N+2}, \cdots S_{2N}; S_{2N+1}, S_{2N+2}, \cdots S_{3N}\} \quad (2.1\text{-}1)$$

设选定的土体控制点有M个，第m个土体控制点在三维空间的附加控制力的分力分别为F_{xm}、F_{ym}、F_{zm}（$m=1, 2, \cdots M$），将M个土体控制点的附加控制力按照一定的顺序排列为$\{F_{x1}, F_{x2}, \cdots F_{xM}; F_{y1}, F_{y2}, \cdots F_{yM}; F_{z1}, F_{z2}, \cdots F_{zM}\}$，形成如式（2.1-2）所示的土体控制点附加控制力矢量。

$$\boldsymbol{F}_{j\,(j=1,2,\cdots 3M)}=\{F_1, F_2, \cdots F_M; F_{M+1}, F_{M+2}, \cdots F_{2M}; F_{2M+1}, F_{2M+2}, \cdots F_{3M}\} \quad (2.1\text{-}2)$$

设确定土体控制点的附加控制力在土工受控点产生位移量的刚度矩阵为$\boldsymbol{E}_{ij}$，建立如式（2.1-3）所示的土工控制方程。

$$\boldsymbol{E}_{ij}\boldsymbol{F}_j = \boldsymbol{S}_i \quad (2.1\text{-}3)$$

由式（2-3）可知，只要设置足够多的土体控制点，并在合适的时间在土体控制点上施加合适的作用力，无论土工对象多么庞大复杂，也能实现对土工对象位移的实时控制。

考虑到土工对象宏观规模大、安全要求高等特点，再加上土体介质的复杂性，位移刚度矩阵 $\boldsymbol{E}_{ij}$ 确定难度大，在土体承载时，其力学特性还与时间相关，使得求解位移刚度矩阵 $\boldsymbol{E}_{ij}$ 越发困难。附加控制力矢量与土工受控点位移矢量，均参数众多，如何克服重重困难，求解满足土工控制工程需求的土工控制方程，也是本书的主要内容之一。

2.2　土工控制介质

土工对象规模大、荷载大、与土体相互作用面大，给土体控制点施加作用力的介质需适应上述特性，且要求可靠、高效、经济。合适的土工控制介质及其利用技术，是土工控制理论能否应用于工程的关键。

根据土工控制介质的物理学特性，作者将土工控制介质分为以机械运动形式进行控制的固体介质、以体力或面力进行控制的袋装流体介质、以场作用力形式进行控制的场介质，场介质包括电磁场与温度场。

1. 固体介质

固体介质是目前最常用的控制土体及土工稳定与变形的物质，本节主要结合土工控制的研究范畴，探讨固体介质作为土工控制介质的特点。

（1）稳定性好，可变性低

固体固有形状和体积，稳定性好，可变性低。利用固体进行涉土工程活动的影响控制或涉土工程活动控制，需要针对具体问题，进行具体构思与设计，利用其稳定性好的优点，克服可变性低的不利影响，满足安全可靠的要求。

（2）可多构件组合，形成机械运动

单个固体构件往往难以满足实时土工控制的要求，固体可通过多构件及与液体、气体、场介质的组合，以机械运动的形式解决部分土工控制问题。多数土工机械均以机械运动的形式进行涉土工程活动，并通过机械运动形式控制施工精度。

（3）控制难度随着距离增加而增加

土工控制需要足够的作用力，随着距离的增加，与土体相互作用的构件在操作面处产生的弯矩是作用力沿构件长度方向的积分，构件的挠度是弯矩沿着构件长度方向的积分，随着距离增加，控制难度大幅增加，控制精度大幅降低。

（4）间接接触较难达到控制目的

以固体介质进行土工控制，多以直接接触形式实现。当固体介质与控制目标间存在土体时，较难实现土工控制目的。

2. 袋装流体介质

流体与土体相比，物理力学性质显著不同，直接将流体放置于土体中，易于流失，直接将流体作为土工控制介质存在问题。作者结合土工对象及土体对象的物理力学特性，提出采用袋装流体作为土工控制介质。所谓的袋装流体是指在土体中置入具有密封性能且具备承担一定压力的密封袋，在密封袋内充入具备流动性能的液体、气体或胶体中的一种或几种组合，通过控制密封袋内流体的压强提供土工控制所需的作用力，通过控制密封袋内流体的体积控制土工对象的位移。图 2.2-1 为基坑开挖条件下袋装流体土工控制介质的构造及布设原理图。

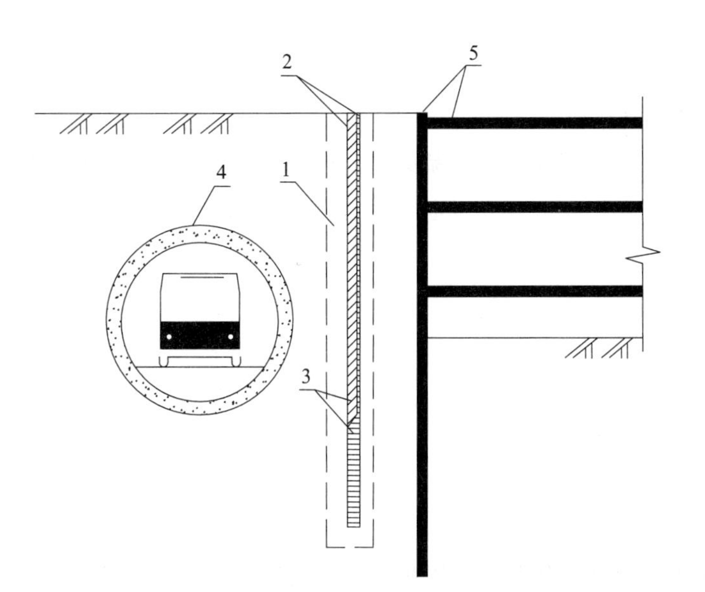

图 2.2-1　基坑开挖条件下袋装流体土工控制介质的构造及布设原理图

1—隔离区；2—密封袋；3—流体；4—被保护土工对象；5—基坑支护结构

袋装流体作为土工控制介质的特点可概括为以下 8 个方面：

（1）可控性强，控制过程简单

通过袋装流体向密封袋外侧的土体施加作用，只需要向密封袋内充入流体即可，可以通过流体的压强控制施加在土体上作用力的大小，也可以通过充入密封袋流体的体积控制土体位移，控制精度高，操作极简，可以全过程调整，实时控制。

（2）可与土体无缝接触

袋装流体因密封袋是柔性材料，在充入流体后，可与土体紧密接触，在土工控制过程中，能始终保持与土体无缝接触，一方面能始终维持土体控制面边界的稳定，另一方面，可精确确定土体控制面的位置。

（3）可施加与土压力相同分布的控制力

土体是成层分布的，土压力呈明显分层线性分布，利用袋装流体，可在土体中施加线性分布的附加控制力，模拟土压力的分布，可通过在同一平面位置设置多个密封袋，平衡成层土的土压力分布。

（4）可与固体介质融合，提高可靠性

流体可与固体共同作用，采用袋装流体，只需在密封袋内装入固体或固体颗粒，袋装流体就具备与土体一致的稳定性，可避免流体溢出可能导致的突变，而且还可以通过增减流体压强，实现土体控制点附加控制力大小的改变，安全可靠性高。

（5）易于同步整体控制

土工对象尺寸大、荷载大，各部分连接整体性强，土工控制需要在土体中同步施加巨大的控制作用力，借助于流体压强控制，袋装流体可方便实现对土工对象的整体同步控制。

（6）提供压应力，消除剪应力

袋装流体，依据帕斯卡定律，可在土体接触面提供压应力，维持土体稳定，同时袋装流体不提供剪应力，故袋装流体在土体中可以消除土体中剪应力的不利影响。

（7）可与固体相互转换

通过熔点控制，调节袋装流体的温度，可实现袋装流体与固体间的相互转换，也可以利用可凝固的物质，如水泥浆等，使袋装流体转化为固体。

（8）施工效率高，经济性好

土工对象与土体接触面大、荷载大，只有廉价的土工控制介质才具备实现土工控制的可行性。而袋装流体，只需要密封袋和流体两种材料，流体可以是空气、水，也可以是施工废弃的泥浆等具备流动性能的材料，还可以采用砂石料等充填于密封袋，代替部分流体，袋装流体材料成本极低。在袋装流体施工方面，可在密封袋置入土体前，不盛装流体，体积极小，极易施工，故施工速度与成本均达到极佳。

3. 场介质

物理学意义上的场介质包括光、电场、磁场、引力场、温度场等。因土工控制需要巨大的作用力，能对土工对象产生巨大作用力的场介质主要包括引力场、磁场、温度场。土木工程中难以改变引力场的大小，本节主要讨论电磁场与温度场作为土工控制介质的特点。

（1）可以穿越固体、液体、气体产生作用

电磁场与温度场均可在固体、气体、液体中存在，不但能够穿越土体，也能够穿越土工结构产生作用，这一特性使得土工控制可跨越传统理念。

（2）易于强度控制

电磁场与温度场的强度均可以通过电流的强度进行控制，电流强度控制技术已经十分成熟，电磁场与温度场的强度控制在土工控制中易于实现。

（3）便于远距离操作

可以通过控制电流强度远距离控制电磁场与温度场的强度，通过场介质作为土工控制介质，便于远距离操作。

（4）环境影响小

在土工控制中使用的电磁场与温度场的强度、范围和历时是有限的，环境影响小。

2.3　土工控制上下限原理

求解任意附加控制力作用下的土工控制方程是困难的。本节根据土工控制方程，进行土工控制方法分析，以满足实际工程需要的目的，求解给定条件下的特解。即在土工控制领域中存在土工控制上限、下限原理。

所谓土工控制下限原理，可以这样表述：在土工控制领域中，对于依土而建的土工被保护对象，在其周边存在这样的边界，通过土体控制力的施加，使得该边界上的应力边界条件在土工活动过程中趋于保持不变，从而使得土工被保护对象受土工活动的影响趋于零。

所谓土工控制上限原理，可以这样表述：在土工活动过程控制中，存在这样一组土体控制力，该组土体控制力可以代替原位土体边界应力，且将土工活动对象与其周边特定领域外的土体完全隔离。

第Ⅰ类土工控制工程的很多情况是控制土工对象在邻近工程活动条件下不被损害，最好的控制目标应使工程活动对土工对象没有影响，即可令式（2.1-3）中的 $\boldsymbol{S}_i \equiv \mathbf{0}$，因 $\boldsymbol{E}_{ij} \neq \mathbf{0}$，故必须使得 $\boldsymbol{F}_j \equiv \mathbf{0}$。即要求附加控制力处处为零，也就是需要施加土体控制力，使得土体控制力与工程活动导致的被保护土工对象附近土体应力增减得到平衡，即可达到土工控制的目的。

对于第Ⅱ类与第Ⅲ类土工控制工程，利用土工控制介质将被移位的土工对象或连同土工对象周边的土体（称为隔离体）与其他土体隔离，使得土体控制力能够平衡隔离体的作用力，且使隔离体处于稳定状态。隔离体的附加土体控制力边界条件仍然是 $\boldsymbol{F}_j \equiv \mathbf{0}$，只是由土体控制力代替或部分代替隔离体外围土体的承载。可通过土工控制介质量的增减对土工对象的位移或土工活动的精度进行实时控制。

2.4 土工控制方案优选原则

本节针对第Ⅰ类土工控制问题，阐述化整为零、积少成多、上限、下限、边界判断、简化计算、稳定优先、实时控制、操作极简的土工控制方案优选原则。

（1）化整为零、积少成多

式（2-3）是一个矩阵方程式，包含了大量的自变量、应变量，且与时间相关，刚度矩阵更是包含了大量复杂的信息，试图通过单一的自变量、单一的应变量或单一的刚度矩阵，整体解决土工控制问题是不现实的，化整为零是解决土工控制问题的有效方法。在实施过程中，通过多点控制，针对每一点实施分段控制，通过大量的控制自变量调整的叠加效应，积少成多，以求控制效应接近应变量目标，达到实时控制的目的。

（2）上限、下限、边界判断

式（2-3）中刚度矩阵是一种表达形式，对于精度要求高的土工控制问题，完全通过式（2-3）求解，在现有理论与技术条件下是困难的。在土工控制边界划分合理情况下，本章2.3节提出的土工控制下限原理，通过保持被保护土工对象侧土体应力状态不变，以避免涉土工程活动对被保护土工对象造成影响，能够解决第Ⅰ类土工控制问题；土工控制上限原理，通过保持土工活动对象一侧的土体应力状态不变，以确保土工活动过程中不会对处理对象产生损害，能够高精度解决大量的第Ⅲ类土工控制问题。

（3）简化计算、稳定优先

最好的科学理论往往是最简单的计算方法，最少的计算参数，土工控制的计算亦是如此。在土工控制方案设计中，因需要保持一部分土体应力状态现状不变，要控制特定区域土体位移量，使得土体稳定性控制要求提高。例如，在基坑开挖卸荷影响下进行土工控制时，在控制边界位置的土压力应等于或大于静止土压力，不应采用主动土压力进行计算分析。

（4）实时控制、操作极简

土工控制是一个过程控制，实时控制非常重要。例如，控制某被保护对象的位移，需要实时控制被保护对象的位移满足要求，不能以先允许产生位移，再谋求恢复原状的方式进行处理。否则，一方面可能对被保护土工对象产生不可恢复的损害，另一方面，因土体被动土压力远大于主动土压力，恢复的难度与成本将大幅增加。操作极简是最好技术的本质特征，也是工程安全的保证。

2.5　小结

土工控制是实时的过程控制，第Ⅰ类土工控制问题是控制涉土工程活动过程对已建土工的影响，第Ⅱ类土工控制问题是对涉土工程活动过程本身的控制，第Ⅲ类土工控制问题是对涉土工程的病害治理。土工控制精度要求高，特别是第Ⅰ类土工控制问题，传统土力学理论难以达到土工控制要求的计算与分析精度。本章给出的土工控制方程与土工控制上下限原理，为土工控制奠定了理论基础。本章提出采用物理界中的固体介质、袋装流体介质与场介质三种主要物质形态作为土工控制介质，为土工控制的实现提供了技术路径。

第 3 章　叠加积分方程的通解及桩土摩擦公式

3.1　叠加积分方程及其通解

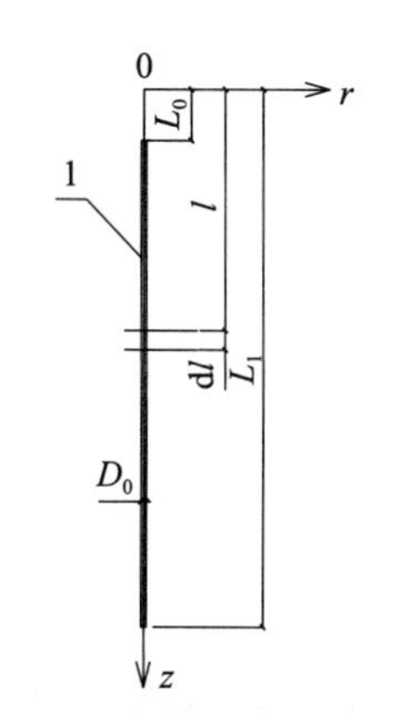

图 3.1-1　嵌入式轴对称受拉杆件计算分析简图

1—轴对称受拉杆件

本节通过嵌入式轴对称摩擦杆件在拉拔荷载作用下的受力分析，考虑摩擦表面应力重分布影响，依据摩擦定律，建立嵌入式轴对称受拉杆件极限平衡状态方程，给出极限平衡状态方程的解析解，即嵌入式轴对称受拉杆件摩擦公式。

1. 基本假定与适用条件

（1）在荷载作用下，嵌入式受拉杆件与被嵌入体遵循应力叠加原理，应力函数连续可导；

（2）在极限荷载作用下，受拉杆件侧表面摩阻力充分发挥。

嵌入式轴对称受拉杆件计算分析简图如图 3.1-1 所示。

在图 3.1-1 中，z 轴为轴对称受拉杆件的中轴线，受拉杆件直径为 D_0，长度为 L_1-L_0，$z=0$ 面为杆件嵌入体的一个自由表面。

2. 极限平衡状态方程

杆件在承受拉拔荷载前，其侧表面的初始正压力为 σ_0，其侧表面不存在剪应力。

杆件在极限拉拔荷载作用下，令在 $r=D_0/2$ 的圆柱面产生的附加正应力为 σ_r，则构件侧表面的正应力 σ 可用式（3.1-1）表示：

$$\sigma=\sigma_0+\sigma_r \tag{3.1-1}$$

根据极限平衡状态下，杆件侧摩阻力充分发挥的适用条件，在杆件表面遵守摩擦定律，即有式（3.1-2）成立。

$$F=\mu\sigma \tag{3.1-2}$$

式中：

μ——界面摩擦系数；

F——作用于杆件表面的摩擦力，其方向与拉拔荷载方向相反，kPa。

设应力函数 $\widehat{r}r$（z，l）为在 z 轴上 l 埋深位置的 z 轴方向单位集中力在杆件表面埋深 z 位置产生的正应力，则式（3.1-3）成立。

$$\sigma_r=\int_{L_0}^{L_1}\widehat{r}r\cdot\pi D_0\mu\sigma\mathrm{d}l \tag{3.1-3}$$

将式（3.1-1）代入式（3.1-3）得式（3.1-4）。

$$\begin{aligned}\sigma_r &= \int_{L_0}^{L_1} \widehat{r}\, r\mu\pi D_0 \left(\sigma_0 + \sigma_r\right) \mathrm{d}l \\ &= \int_{L_0}^{L_1} \widehat{r}\, r\mu\pi D_0 \sigma_r \mathrm{d}l + \int_{L_0}^{L_1} \widehat{r}\, r\mu\pi D_0 \sigma_0 \mathrm{d}l\end{aligned} \tag{3.1-4}$$

式（3.1-4）即为嵌入式轴对称杆件在极限拉拔荷载作用下的叠加积分方程，在本书中称为极限平衡状态方程。

3. 极限平衡状态方程的通解——嵌入式轴对称杆件摩擦公式

式（3.1-4）的解如式（3.1-5）所示。

$$\begin{aligned}\sigma_r = &\left[1 - c(z)\right] \mathrm{e}^{\pi D_0 \mu \int_{L_0}^{L_1} \widehat{r} r \mathrm{d}l} \int_{L_0}^{L_1} \left(\mu\pi D_0 \widehat{r} r \sigma_0\right) \mathrm{d}l + \\ & c(z)\, \mathrm{e}^{\pi D_0 \mu \int_{L_0}^{L_1} \widehat{r} r \mathrm{d}l} \int_{L_0}^{L_1} \left(\mu\pi D_0 \sigma_0\right) \mathrm{e}^{-\pi D_0 \mu \int_{L_0}^{l} \widehat{r} r \mathrm{d}l} \mathrm{d}l\end{aligned} \tag{3.1-5}$$

式中：

$c(z)$——由受拉杆件边界条件确定的沿杆件长度的函数。

式（3.1-5）即为叠加积分方程式（3.1-4）通解，在本书中称为嵌入式轴对称杆件摩擦公式。

3.2　桩土摩擦公式

1. 基本假定与适用条件

（1）在拉拔极限荷载作用下，土体遵循应力叠加原理，应力函数连续可导；

（2）桩与地基土的分布满足轴对称条件；

（3）在极限拉拔荷载作用下，桩侧表面摩阻力充分发挥，桩土界面遵循摩擦定律。

本节所采用的坐标系同图 3.1-1。

2. 土体初始应力场计算

设土体初始应力场为 $G(z, r)$，该应力场为抗拔桩在拉拔荷载施加之前土体中的应力场，如不考虑沉桩施工产生的土体挤密与扰动等的影响，则该应力场为土体形成过程产生的，在如图 3.1-1 所示的坐标系中，对于单层土，初始应力场 $G(z, r)$ 可用式（3.2-1）与式（3.2-2）表示。

$$\sigma_{Gz} = -\gamma z \tag{3.2-1}$$

式中：

σ_{Gz}——土体自重应力产生的垂直方向上的正应力，kPa；

z——计算点深度，m；

γ——计算点位置以上各层土的重度，kN/m^3。

$$\sigma_{Gr} = \sigma_{G\theta} = -k_0 \gamma z \tag{3.2-2}$$

式中：

σ_{Gr}、$\sigma_{G\theta}$——土体初始应力场在水平方向上的正应力，kPa；

k_0——初始应力状态下的土压力系数；

其他符号意义同前。

在初始应力场中，桩身表面不存在剪应力，即：$\tau_{Gzr}=0$。

3. 单桩侧阻承载机理

（1）单桩侧阻力的组成

对于等截面抗拔桩，单桩承载力由桩土相互作用力与桩体自重组成，即单桩竖向抗拔承载力可按式（3.2-3）计算。

$$R_k = R_{ks} + G_p \tag{3.2-3}$$

式中：

R_k——抗拔桩单桩竖向抗拔承载力极限值，kN；

R_{ks}——抗拔桩桩土相互作用力极限值，kN；

G_p——抗拔桩单桩重量，计算时应扣除水的浮力，kN。

（2）桩土相互作用机理

根据与桩身表面正压力是否关联，可将桩土间的相互作用分为两类，一类是与桩身表面正压力不相关联的桩土凝结强度，另一类为与桩身表面正压力成正比的桩侧摩阻力，即在任意深度桩土相互作用力，可用式（3.2-4）计算。

$$R_{ksz} = \pi D_0 (c_p + F_s) \tag{3.2-4}$$

式中：

R_{ksz}——z 深度处单位长度桩土相互作用力，kN/m；

c_p——桩土凝结强度，kPa；

F_s——桩侧摩阻力，kPa；

D_0——桩身直径，m。

4. 抗拔桩极限平衡状态下土体应力场计算

根据 Mindlin 公式，作用于距地表 l 深度处的单位集中力在土体中产生的附加应力场可用式（3.2-5）～式（3.2-10）计算。

$$\widehat{z}z = \frac{1}{8\pi(1-v)}\Big[-\frac{(1-2v)(z-l)}{R_1^3} + \frac{(1-2v)(z-l)}{R_2^3} - \frac{3(z-l)^3}{R_1^5} - \frac{3(3-4v)z(z+l)^2-3l(z+l)(5z-l)}{R_2^5} - \frac{30zl(z+l)^3}{R_2^7}\Big] \tag{3.2-5}$$

$$\widehat{r}r = \frac{1}{8\pi(1-v)}\Big[\frac{(1-2v)(z-l)}{R_1^3} - \frac{(1-2v)(z+7l)}{R_2^3} + \frac{4(1-v)(1-2v)}{R_2(R_2+z+l)} - \frac{3r^2(z-l)}{R_1^5} + \frac{6l(1-2v)(z+l)^2-6l^2(z+l)-3(3-4v)r^2(z-l)}{R_2^5} - \frac{30lr^2z(z+l)}{R_2^7}\Big] \tag{3.2-6}$$

$$\widehat{\theta}\theta = \frac{1}{8\pi(1-v)}\left[\frac{(1-2v)(z-l)}{R_1^3} + \frac{(1-2v)(3-4v)(z+l)-(1-2v)6l}{R_2^3} - \frac{4(1-v)(1-2v)}{R_2(R_2+z+l)} + \frac{(1-2v)6l(z+l)^2-6l^2(z+l)}{R_2^5}\right] \tag{3.2-7}$$

$$\widehat{r}z = \frac{r}{8\pi(1-v)}\left[-\frac{1-2v}{R_1^3} + \frac{1-2v}{R_2^3} - \frac{3(z-l)^2}{R_1^5} - \frac{3(3-4v)z(z+l)-3l(3z+l)}{R_2^5} - \frac{30zl(z+l)^2}{R_2^7}\right] \tag{3.2-8}$$

其中：

$$R_1^2 = r^2 + (z-l)^2 \tag{3.2-9}$$

$$R_2^2 = r^2 + (z+l)^2 \tag{3.2-10}$$

式中：

l——应力作用点埋深，m；

z——计算点埋深，m；

r——计算点距桩中轴线距离，m；

v——土体材料柏松比；

$\widehat{z}z$——l 深度处单位垂直力引起的土体中 z 轴方向正应力，$1/m^2$；

$\widehat{r}r$——l 深度处单位垂直力引起的土体中 r 轴方向正应力，$1/m^2$；

$\widehat{\theta}\theta$——l 深度处单位垂直力引起的土体中垂直面内垂直于 r 轴方向正应力，$1/m^2$；

$\widehat{r}z$——l 深度处单位垂直力引起的土体中 r 柱面内 z 轴方向的剪应力，$1/m^2$；

其他符号意义同前。

根据 Mindlin 公式，可采用式（3.2-11）～式（3.2-14）计算抗拔桩极限侧摩阻力所产生的土体附加应力。

$$\sigma_{sz} = \int_{L_0}^{L_1} \widehat{z}zR_{ksl}\mathrm{d}l \tag{3.2-11}$$

$$\sigma_{sr} = \int_{L_0}^{L_1} \widehat{r}rR_{ksl}\mathrm{d}l \tag{3.2-12}$$

$$\sigma_{s\theta} = \int_{L_0}^{l_1} \widehat{\theta}\theta R_{ksl}\mathrm{d}l \tag{3.2-13}$$

$$\tau_{srz} = \int_{L_1}^{L_1} \widehat{r}zR_{ksl}\mathrm{d}l \tag{3.2-14}$$

式中：

σ_{sz}——抗拔桩侧摩阻力引起的土体中 z 轴方向的附加正应力，kPa；

σ_{sr}——桩土相互作用引起的土体中 r 轴方向的附加正应力，kPa；

$\sigma_{s\theta}$——抗拔桩侧摩阻力引起的土体中垂直面内垂直于 r 轴方向的附加正应力，kPa；

τ_{srz}——抗拔桩侧摩阻力引起的土体中 z 轴与 r 轴平面内的附加剪应力，kPa；

R_{ksl}——l 深度处桩土相互作用力，为线荷载，kN/m；

L_0——桩顶埋深，m；

L_1——桩底埋深，m；

其他符号意义同前。

根据叠加原理，将上述土中初始应力场与附加应力场叠加，在等截面抗拔桩极限承载状态下，在如图 3.1-1 所示的任意一点（z，r），土体单元的应力状态可采用式（3.2-15）～式（3.2-18）表示。

$$\sigma_z = \sigma_{sz} + \sigma_{Gz} \tag{3.2-15}$$

$$\sigma_r = \sigma_{sr} + \sigma_{Gr} \tag{3.2-16}$$

$$\sigma_\theta = \sigma_{s\theta} + \sigma_{G\theta} \tag{3.2-17}$$

$$\tau_{rz} = \tau_{srz} \tag{3.2-18}$$

式中：

σ_z——点（z，r）土体单元沿 z 轴方向的正应力，kPa；

σ_r——点（z，r）土体单元沿 r 轴方向的正应力，kPa；

σ_θ——点（z，r）土体单元在垂直面内垂直于 r 轴方向的正应力，kPa；

τ_{rz}——点（z，r）在 r 柱面内 z 轴方向的剪应力，kPa；

其他符号意义同前。

5. 抗拔桩极限平衡状态方程

根据极限平衡状态下，桩土界面为破坏面的适用条件，桩身与土体接触面遵守摩擦定律，即有式（3.2-19）成立。

$$F_s = -\mu \sigma_r \Big|_{r=\frac{D_0}{2}} \tag{3.2-19}$$

式中：

μ——桩土界面摩擦系数；

$\sigma_r \Big|_{r=\frac{D_0}{2}}$——土体作用于桩身表面的正应力，拉应力为正，kPa；

其他符号意义同前。

在桩身表面位置，令 $r = \dfrac{D_0}{2}$，因 $\sigma_{sr} \Big|_{r=\frac{D_0}{2}}$ 与 $\sigma_{Gr} \Big|_{r=\frac{D_0}{2}}$ 仅与深度 z 及 L_0、L_1 相关，将式（3.2-4）、式（3.2-19）、式（3.2-12）代入式（3.2-16），考虑到摩擦力作用方向，对于抗拔桩，有式（3.2-20）、式（3.2-21）成立。

$$\sigma_{sr} = \int_{L_0}^{L_1} \widehat{r}\, r \cdot \pi D_0 \left(-c_p + F_s \right) \mathrm{d}l \tag{3.2-20}$$

$$\begin{aligned} \sigma_{sr} &= \pi D_0 \int_{L_0}^{L_1} \widehat{r}\, r \left[-c_p - \mu k_0 \gamma l + \mu \sigma_{sr} \right] \mathrm{d}l \\ &= \pi D_0 \mu \int_{L_0}^{L_1} \widehat{r}\, r \sigma_{sr} \mathrm{d}l - \pi D_0 \mu \int_{L_0}^{L_1} \widehat{r}\, r k_0 \gamma l \mathrm{d}l - \pi D_0 c_p \int_{L_0}^{L_1} \widehat{r}\, r \mathrm{d}l \end{aligned} \tag{3.2-21}$$

式（3.2-21）在本书中称为抗拔桩极限平衡状态方程。

6. 抗拔桩极限平衡状态方程解析解与桩土摩擦公式

（1）抗拔桩极限平衡状态方程解析解

根据式（3.1-5）的通解，可求解（3.2-21）方程式，得出式（3.2-22）。

$$\sigma_{sr}=[1-c(z)]\,e^{\pi D_0\mu\int_{L_0}^{L_1}\widehat{r}r\mathrm{d}l}\int_{L_0}^{L_1}(-\mu\pi D_0\widehat{r}rk_0\gamma l-c_p\pi D_0\widehat{r}r)\,\mathrm{d}l+c(z)\,e^{\pi D_0\mu\int_{L_0}^{L_1}\widehat{r}r\mathrm{d}l}\int_{L_0}^{L_1}(-\mu\pi D_0\widehat{r}rk_0\gamma l-c_p\pi D_0\widehat{r}r)\,e^{-\pi D_0\mu\int_{L_0}^{l}\widehat{r}r\mathrm{d}l}\,\mathrm{d}l \tag{3.2-22}$$

式中：

$c(z)$——待定的深度 z 的函数。

其他符号意义同前。

式（3.2-22）为抗拔桩极限平衡状态方程解析解。

（2）桩土摩擦公式

将式（3.2-22）、式（3.2-2）、式（3.2-16）、式（3.2-20）代入式（3.2-4）可以得出桩土摩擦公式（3.2-23）。

$$\begin{cases}\sigma_{sr}=[1-c(z)]\,e^{\pi D_0\mu\int_{L_0}^{L_1}\widehat{r}r\mathrm{d}l}\int_{L_0}^{L_1}(-\mu\pi D_0\widehat{r}rk_0\gamma l-c_p\pi D_0\widehat{r}r)\,\mathrm{d}l+\\ \quad c(z)\,e^{\pi D_0\mu\int_{L_0}^{L_1}\widehat{r}r\mathrm{d}l}\int_{L_0}^{L_1}(-\mu\pi D_0\widehat{r}rk_0\gamma l-c_p\pi D_0\widehat{r}r)\,e^{-\pi D_0\mu\int_{L_0}^{l}\widehat{r}r\mathrm{d}l}\,\mathrm{d}l\\ R_{ksl}=\pi D_0(-c_p-\mu k_0\gamma l+\mu\sigma_{sr})\\ R_{ks}=\int_{L_0}^{L_1}R_{ksl}\mathrm{d}l\end{cases} \tag{3.2-23}$$

式（3.2-23）中各符号意义同前。

（3）桩土摩擦公式待定函数的确定

在桩侧表面，桩、土在沿桩径方向的位移相等，即桩土界面满足式（3.2-24）。

$$U_p(z)=U_G(z) \tag{3.2-24}$$

$U_p(z)$ 为在拉拔荷载作用下，桩身侧表面 z 深度位置在沿桩径方向的位移，单位为mm，可忽略桩身在径向压力作用下产生的径向位移，可用式（3.2-25）计算。

$$U_p(z)=-rv_p\frac{\int_{z}^{L_1}R_{ksl}\mathrm{d}l}{A_pE_p} \tag{3.2-25}$$

式中：

v_p——桩身材料泊松比；

A_p——抗拔桩截面积，m^2；

r——桩半径，m；

E_p——桩身材料弹性模量，MPa；

$U_G(z)$——在拉拔荷载作用下，桩身侧表面 z 深度位置的土体沿桩径方向的位移，mm，可根据 Mindlin 公式，用式（3-2-26）计算。

$$U_G(z)=\int_{L_0}^{L_1}\frac{R_{ksl}\frac{D_0}{2}}{16\pi G(1-v)}\left[\frac{z-l}{R_1^3}+\frac{(3-4v)(z-l)}{R_2^3}-\frac{4(1-v)(1-2v)}{R_2(R_2+z+l)}+\frac{6lz(z+l)}{R_2^5}\right]dl \tag{3.2-26}$$

式中：

G——土体剪切模量，MPa；

其他符号意义同前。

将式（3.2-25）、式（3.2-26）代入式（3.2-24）并整理得待定函数 $c(z)$ 的表达式（3.2-27）。

$$\begin{cases} c(z)=-\dfrac{rv_p\dfrac{\int_z^{L_1}R_{ksll}dl}{A_pE_p}+\int_{L_0}^{L_1}\dfrac{R_{ksll}\frac{D_0}{2}}{16\pi G(1-v)}\left[\dfrac{z-l}{R_1^3}+\dfrac{(3-4v)(z-l)}{R_2^3}-\dfrac{4(1-v)(1-2v)}{R_2(R_2+z+l)}+\dfrac{6lz(z+l)}{R_2^5}\right]dl}{rv_p\dfrac{\int_z^{L_1}R_{kslc}dl}{A_pE_p}+\int_{L_0}^{L_1}\dfrac{R_{kslc}\frac{D_0}{2}}{16\pi G(1-v)}\left[\dfrac{z-l}{R_1^3}+\dfrac{(3-4v)(z-l)}{R_2^3}-\dfrac{4(1-v)(1-2v)}{R_2(R_2+z+l)}+\dfrac{6lz(z+l)}{R_2^5}\right]dl} \\ R_{ksll}=\pi D_0(-c_p-\mu k_0\gamma l)+\mu\pi D_0 e^{\pi D_0\mu\int_{L_0}^{L_1}\widehat{r}rdl}\int_{L_0}^{L_1}(-\mu\pi D_0\widehat{r}rk_0\gamma l-c_p\pi D_0\widehat{r}r)dl \\ R_{kslc}=\mu\pi D_0 e^{\pi D\mu\int_{L_0}^{L_1}\widehat{r}rdl}\left[\int_{L_0}^{L_1}(-\mu\pi D_0\widehat{r}rk_0\gamma l-c_p\pi D_0\widehat{r}r)e^{-\pi D_0\mu\int_{L_0}^{l}\widehat{r}rdl}dl-\int_{L_0}^{L_1}(-\mu\pi D_0\widehat{r}rk_0\gamma l-c_p\pi D_0\widehat{r}r)dl\right] \end{cases} \tag{3.2-27}$$

由式（3.2.-27）可看出，待定函数出 $c(z)$ 的主要影响因素包括以下 10 个方面：

（1）桩顶埋深 L_0；（2）桩底入土深度 L_1；（3）桩直径 D_0；（4）桩身弹性模量 E_p；（5）桩身材料泊松比 v_p；（6）桩土凝结强度 c_p；（7）桩土摩擦系数 μ；（8）桩侧初始土压力 $k_0\gamma z$；（9）土体材料的泊松比 v；（10）土体剪切模量 G。

当这 10 大因素确定后，即桩体材料与尺寸、土体材料力学性质确定后，$c(z)$ 为深度 z 的函数。其中桩土凝结强度 c_p 可以通过土与桩身凝结试验测定，其他参数均可依据现有试验方法测定。

3.3 小结

应力叠加原理是弹性力学的基本原理之一，多点荷载作用下，应用弹性力学理论建立的平衡方程式很多呈本章所述的叠加积分方程形式。本章给出的这类方程通解表达式，应用于抗拔桩承载力计算分析，给出了抗拔桩极限平衡状态方程的解析解。

第4章　土工控制鲁棒性设计概论

第Ⅰ类土工控制的目标是控制涉土工程的位移或变形，前提是涉土工程稳定，土工控制对涉土工程稳定与变形控制要求很高。涉土工程鲁棒性，可以表述为：在涉土工程的建造、发挥作用、退出的全寿命过程中，在任何应被发现的最不利单要素失效情况下，在可行应急措施达到补救效果的足够时间内，涉土工程不会出现不可接受的失稳或过大变形的特性。涉土工程鲁棒性设计要求设计方案与监控能力、施工能力相适应，以确保涉土工程的安全性具备“双保险”的保障效果。

4.1　涉土工程鲁棒性设计要素

依据概率论，涉土工程的鲁棒性设计主要是依据两件低概率事件同时发生的可能性几乎为零的理论。针对完成一定功能的涉土工程，在特定的时间段，根据功能、空间布置、潜在的功能失效影响因素，将涉土工程划分为多个单要素，然后根据鲁棒性设计要求，针对可能失效的单要素，假定在其被发现失效的条件下，在补救施工能够完成补救的时间段内，立即启动施工能力可落实的应急预案条件下，验算剩余要素能否确保不会出现不可接受的失稳或过大变形，并要求实施时具备随时启动相应应急预案的能力。

1. 单要素分类

根据涉土工程的组成，可将单要素划分为绝对不失效要素、低概率局部失效要素与低概率失效要素三大类。绝对不失效要素是指在涉土工程全寿命周期内，不论遇到何种最不利因素或最不利因素组合，均能保持其效能的要素；低概率失效要素是指在涉土工程全寿命周期内，在遇到最不利因素或最不利因素组合时，可能失去全部效能的要素；低概率局部失效要素是指在涉土工程全寿命周期内，在遇到最不利因素或最不利因素组合时，可能失去局部效能但不会失去全部效能的要素。

绝对不失效要素是涉土工程中安全系数高、稳定性好、不会被破坏至影响功能的要素，是与其所承担的效能相对应的，在不同的工程或同一工程的不同阶段，绝对不失效要素与低概率失效要素是可以因功能的转换相互转化的。比如，基础底板与地下结构工程，在地下结构建成后，因其主体功能是在岩土体中支撑地下空间，在最不利因素组合下可能出现裂缝、渗水甚至坍塌等功能失效情况，属于低概率局部失效要素；但在基坑支护阶段，利用基础底板与地下结构支撑土体稳定，在此阶段内，其主要功能大幅简化，安全系数大幅提高，稳定性好，也不会大量被破坏，即使出现局部缺陷，也不至于影响其支撑土体的功能，可划分为绝对不失效要素。

前述的袋装流体土工控制介质，在其发挥效能的过程中，有流体外溢的可能性，属于低概率失效要素；但在某些情况下，通过向袋子内装填砂石料、混凝土等固体颗粒或固体构件，以维持袋子外围土体平衡，在这些固体密度大于流体密度的情况下，其稳定性好，维持袋子外围的土体平衡效能安全性高，且不会大量被破坏，可划分为绝对不失效要素。

再如，对于深基坑支护工程中的内支撑，钢筋混凝土支撑的稳定性好，现场的施工机械等的碰撞、损伤难以导致钢筋混凝土支撑的断裂，偶尔出现混凝土强度等级达不到设计要求、施工截面偏小、存在施工质量缺陷、出现局部裂纹等问题而影响其承载能力，但不会瞬时导致其完全丧失承载能力，故钢筋混凝土内支撑可以作为低概率局部失效要素。钢支撑出现安装质量缺陷概率高、易被挖掘机等施工机械破坏失稳等，存在瞬时完全丧失承载能力问题，故应将钢支撑列为低概率失效要素。在基坑支护工程中，有些构件，如内支撑的立柱，其瞬时丧失功能的后果十分严重，须在设计时，通过增加稳定性、提高检测、监控要求等技术手段，改善性能，达到低概率局部失效要素的标准要求。

同一个工程项目可以有多个绝对不失效要素、低概率局部失效要素与低概率失效要素，各个单要素之间要在功能、空间布置、失效的时间三方面具有不相关性，即，其中一个单要素的失效，不会导致其他单要素的失效。

最不利因素及其组合对涉土工程组成部件的破坏在单要素划分时非常重要，最坏的施工缺陷、极限超载、场地断电、停工、最坏的社会事件影响、施工运输等设备的碰撞、可能发生的人为极端恶意破坏事件、地下管线的破裂、可能存在的邻近涉土工程的施工影响、地震、极端恶劣天气等均为最不利因素。

2. 失效发现

单要素失效的可发现性是单要素的主要特征之一，即在单要素全寿命周期内，一旦出现全部或影响效能的局部失效，能够被及时发现的特征。例如地下结构工程、基坑支护工程中的支撑与腰梁等。但在涉土工程中，存在大量的隐蔽工程（即部分或全部掩埋于土体中的工程），不宜被直接发现。例如，桩基工程、地基处理工程、围护桩（墙）、止水挡土结构、锚杆工程、地下管线等。对这些隐蔽工程，需通过监测手段达到失效发现的目的。例如，在围护桩（墙）上或土体中埋设深层测斜管进行片区监测，将失效监测覆盖范围内的组件群划分为单要素。故监测点越密，单要素包含的组件越少，虽然监测工作量增加，但会使得单要素组件减少，在鲁棒性设计的摄动计算与分析中，假定失效的组件规模与造价降低。

对于间接可发现的单要素失效问题，需具体问题具体分析，确定单要素失效的判定标准，并在设计计算分析中体现。例如，针对基坑支护工程围护桩，假设埋设于基坑外围土体深层位移测试点间距为 20m，围护桩间距为 1m，则单要素包含了监测点左右邻近 10m 范围内的 20 根围护桩，在失效发现的过程中，因为是隐蔽工程，这 20 根围护桩全部失效的可能性是存在的，可以通过分层开挖，多次监测发现，以深度方向分层弥补水平方向判断难度大的缺陷。监测判断失效的标准可通过演算确定。首先，选定计算理论与方法，假定该计算理论与方法是准确的；然后，从距离监测点的距离依次计算单桩失效对应的监测值的突变量，形成判断依据。至于计算理论的可靠性，可通过经验安全系数进行修正弥补。

3. 效能修复与时间

土工控制鲁棒性设计，要求低概率失效要素均具备可修复性。例如，对于基坑支护中的钢支撑，要求备用材料进行可能的失效构件替换与加固，对于基坑支护的钢筋混凝土支撑，要求配备钢支撑进行可能失效构件的替换，对于围护桩（墙），要求配备可行的预制构件及施工设备进行加固替换等。低概率失效要素修复的时间可理解为社会平均施工水平修复时间，可通过生产实践总结确定标准。

4.2　土工控制鲁棒性计算分析要点

1. 低概率失效或局部失效单要素的摄动计算与分析

摄动计算是鲁棒性设计的关键之一，即假定任一低概率失效单要素失效或低概率局部单要素局部失效，在失去承载能力或仅剩局部承载能力的情况下，启动可行应急预案，验算涉土工程是否出现不可接受的失稳或过大变形的过程。例如，对于基坑支护工程中的钢支撑体系进行摄动计算，可按下述方法进行：首先，确认钢支撑的任一杆件均为低概率失效要素，假定某个杆件失效，即在钢支撑体系中缺少一个杆件情况时，启动的应急预案，包括立即清除基坑周边邻近失效杆件的所有荷载，除抢险设备、人员外，禁止失效杆件附近的车辆及人员通行。采用应急条件下的荷载组合（不考虑坑边正常使用状态下的活荷载作用），考虑邻近支撑分担失效支撑所承担的荷载，计算剩余支撑与腰梁的承载能力是否满足稳定要求，计算在此条件下的变形是否超过可接受的最大值。摄动计算的核心是确定应急荷载作用及组合、稳定性判定及变形限值的确定。

（1）应急荷载作用及组合

应急荷载作用及组合不同于正常使用状态下的荷载作用及组合，可以不考虑正常使用情况下的活荷载、地震作用等偶然荷载。具体荷载组合及组合系数的确定，要结合应急预案、失效要素特征、修复时间等因素确定。

（2）稳定性判定

摄动计算结果应满足式（4.2-1）的要求。

$$S \leqslant R_k \tag{4.2-1}$$

式中：

S——承载能力极限状况下作用组合的效应设计值；

R_k——剩余要素承载力标准值。

（3）变形限值的确定

摄动计算不仅要满足剩余构件的稳定性，也要满足剩余构件承载状况下的变形控制要求。变形控制要求可大于正常使用状态下的变形限值，但应控制在可接受的范围内。可接受的变形不但要考虑剩余要素体系本身安全控制要求，还要考虑邻近被保护对象的变形控制要求。

对于邻近被保护对象的变形控制，可以采用本书前述的土工控制方法予以解决，在此条件下，要考虑控制被保护对象的变形可能带来的对剩余要素作用力的增加。

2. 效能修复期间的应急措施

应急措施是涉土工程鲁棒性设计不可缺少的内容，而且直接影响设计计算。应急措施要求简单、可行、易于实施、易于启动、易于检查、有针对性。例如，针对基坑挖土过程中，挖掘机可能损坏钢支撑的应急措施：回填被损坏支撑位置坑内土、坑外卸土等可成为必要的应急措施。再如，基坑出现承压水突涌的应急措施之一，可以向坑内灌水。上述应急措施直接与摄动计算时的作用组合相对应。

涉土工程鲁棒性设计应急措施是一个内容复杂的集群，实践中需要具体问题具体分析，也是随着设计施工经验逐步积累，可以不断丰富完善。应急措施越是合理完整，采用鲁棒性设计的工程越是安全且节省。

4.3 土工控制鲁棒性设计方案实施要点

土工控制鲁棒性设计要求设计方案与施工能力与监控能力相适应，在相同安全度的情况下，施工能力与监控能力越强，设计方案的施工造价越低，反之亦然。

1. 实施途径

土工控制鲁棒性设计方案要明确每一个单要素摄动计算的监测要求、应急措施、修复时间要求、应急管控要求等内容，确保摄动计算的荷载作用与抗力适用条件能得到满足，注明每一单要素修复过程中须注意的事项，避免其他相关单要素在修复期间失效或局部失效。

2. 实施过程监控

单要素失效的可发现性是土工控制鲁棒性设计的前提，监测能力、监测频率、监测工作量直接与设计方案的施工成本相关。隐蔽性工程的直接监测与间接监测直接影响到单要素的组成，监测工作覆盖范围小，摄动计算时假定的失效单要素工程量小，有利于节约施工成本。方案设计时，要平衡监测成本、施工成本，还要优先选择质量稳定、失效易被发现的功能组件及可靠的失效发现方法。监测方案设计方面，可通过监测自动化降低监测成本，提高监测质量，确切的监测结论须及时提供给各参建单位。

3. 应急组织与响应

土工控制的鲁棒性设计，摄动计算采用的荷载作用组合是处在应急处理条件下的，要素的承载能力采用了极限状态下的承载力值，在设计方案中需明确应急组织要求、各单要素应急响应时间、应急修复时间。对于可能产生重大影响的单要素应急响应与修复，宜要求与项目无利害关系的第三方组织参与应急响应。

4. 人工智能与模式识别的应用展望

失效发现是土工控制鲁棒性设计的重要环节，发现的及时准确对设计方案有重要影响，利用模式识别、人工智能、物联网等信息技术，可以提高失效发现的及时性及效率，并能避免失效发现过程中相关利益方的人为干扰，对于鲁棒性设计方案的实施具有重要价值。

4.4　深基坑支护工程鲁棒性设计方案简析

深基坑支护工程属于重大危险源工程，其特点是影响基坑稳定与变形的支护构件组成复杂，包括基坑周边的围护桩（墙）结构，提供水平承载力的内支撑体系或锚杆，其中内支撑体系包括支撑、腰梁（冠梁）、立柱等多种构件，且围护桩（墙）、锚杆、立柱在基坑最危险时段（例如开挖至坑底），承载构件的主要部件埋设于土体中，难以直接观测这些主要受力构件的安全状态；另外，未开挖的土体与基坑支护体系在基坑支护过程中，会受到挖掘机挖土、土方车运土、泵车等重载车辆行走等周边动荷载作用，也有可能遭遇自来水管爆裂、流砂、管涌等意外事件伴随的不利影响；再者，土体本身的承载能力与作用于基坑支护体系上的荷载也是随时间变化的，使得基坑支护结构的受力随时间发生变化，增加了基坑支护结构安全度的不确定性。目前的基坑支护设计方法，均以满足基坑支护结构在预定作用下预留一定安全系数，以求满足基坑支护结构的安全控制要求，显然存在问题与不足。如何确保深基坑支护在任何情况下不出现不可接受的失稳或过大变形，需要改进现行的深基坑设计、施工与监控方法。

深基坑的鲁棒性，可以表述为：在深基坑支护体系建造、发挥作用及退出的全寿命过程中，在任何应被发现的最不利单要素失效或局部失效情况下，在可行应急措施达到补救效果的足够时间内，深基坑支护体系不会出现不可接受的失稳或过大变形。深基坑的鲁棒性设计要求和设计方案与监控能力和施工能力相适应，要求避免两项及以上最不利情况的叠加。

深基坑鲁棒性设计原则与要求应包括以下方面：① 优先选用失效易被发现的要素；② 要素组合要有足够的安全冗余，避免选用可能同时失效的要素组合，避免使用静定杆系结构；③ 非绝对不失效要素要具备可修复性，优先选用能快速修复的要素；④ 设计方案与应急措施实施能力相结合，与监控能力相结合，施工与监控要求要明确细致。

作者结合基坑支护工程荷载作用大、隐蔽要素多、高危险性、全寿命周期短的特点，通过核心技术创新，提出了全回收装配式深基坑支护系统与技术（WSP），与基坑工程鲁棒性设计需求相一致，并应用于工程实践，实现产业化。

4.5　小结

土工控制目的是使涉土工程更加健康节省，安全性控制是土工控制的根基。采用摄动法进行土工控制的安全性检验是必要的，即土工控制设计应具备鲁棒性。本章对土工控制的鲁棒性设计进行基础性阐述。不同的土工控制工程对象，鲁棒性设计的具体细节是有区别的，需要具体问题具体分析，鲁棒性设计所需的主要参数尚需结合社会生产力水平综合确定。土工控制的鲁棒性设计能提高工程的安全性，通过理论与技术创新，有助于遴选出最适宜的实施方案，在提高工程安全度的同时，还具备大幅度提高功效与节省造价的潜力。

第 5 章　基于原型试验的土体本构模型

5.1　囊压原型试验方法

囊压原型试验是利用袋装流体实现在土体中施加足够大的加载作用，进而使土体在一定距离范围产生足够大的变形，将特定范围内土体作为共同受力体而产生位移，通过位移的测定反映土体受力变形特性。

1. 实施步骤

（1）根据测试目的，确定最大加载量、分级加载量与分级卸载量、单级加载与单级卸载径向位移测试要求、单级加载与单级卸载后径向位移稳定标准、终止加载标准、终止卸载标准，并在土体中钻孔作为试验孔；

（2）将密封袋置于试验孔中；

（3）向密封袋内充入流体，并在试验孔中形成长细比足够大的袋装流体柱；

（4）利用密封袋及密封袋内的流体对试验孔侧壁施加压应力，测算压应力大小，并满足分级加载要求，完成单级加载；

（5）按照径向位移测试要求，测量试验孔侧壁在步骤（4）中压应力作用下的径向位移量，直至加载后的径向位移量满足单级加载稳定标准；

（6）进行下一级加载，重复步骤（4）至步骤（5），直至终止加载标准；

（7）按照分级卸载量，开始分级减小密封袋内流体压强，完成分级卸载；

（8）测量试验孔的侧壁在步骤（7）中压应力作用下的径向位移量，直至步骤（7）中卸载后的径向位移量满足单级卸载后径向位移稳定标准；

（9）进行下一级卸载，重复步骤（7）至步骤（8），直至满足终止卸载标准；

（10）卸载完成后，再分级加载，完成回弹试验。

2. 囊压试验装置

囊压试验装置构造图如图 5.1-1 所示。

囊压试验装置主要包括密封袋、测斜管、流体、流体加压装置、试验孔五部分。试验时，可先在土层中钻试验孔；将如图 5.1-1（b）所示的测斜管固定在钢管周边，钢管内放置密封袋；然后，将钢管连同密封袋、测斜管一起放入试验孔中；再将试验孔内钢管外侧的空隙用中粗砂填密实，用加压装置将流体注入密封袋内，使密封袋填满钢管内侧；最后拔出钢管，进行囊压试验。

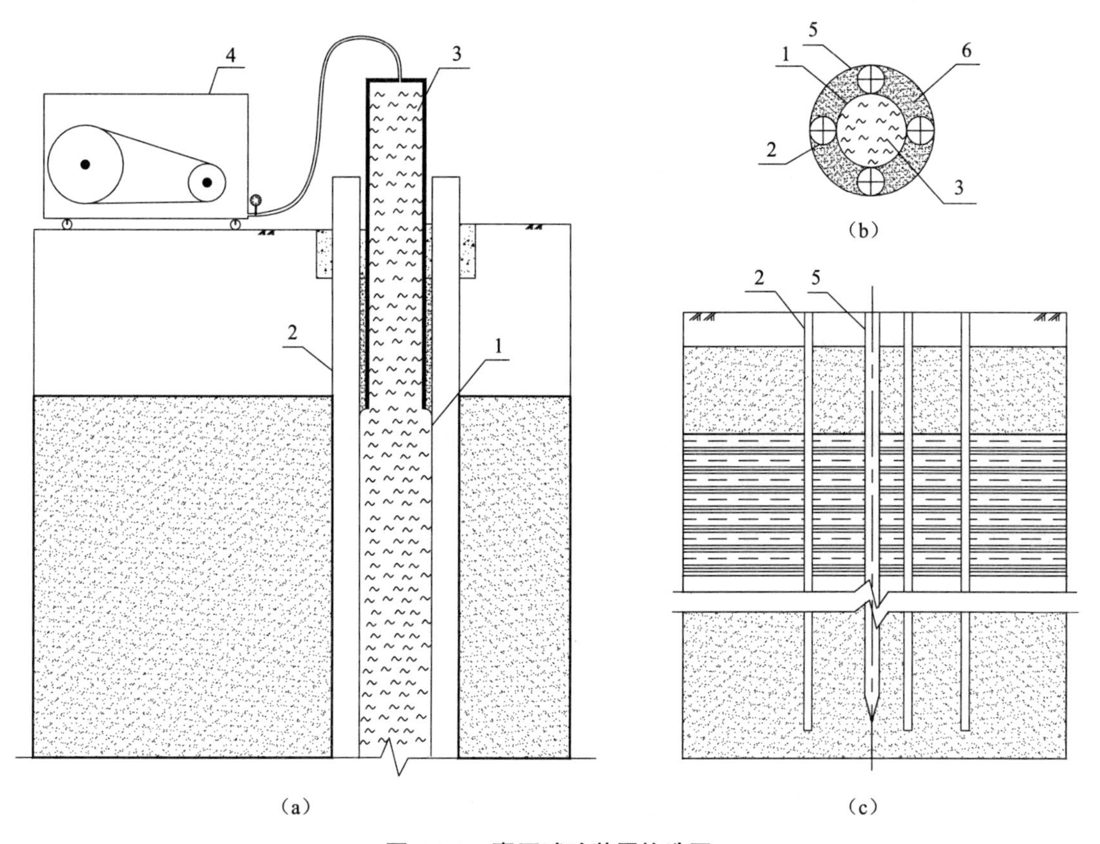

图 5.1-1　囊压试验装置构造图

（a）剖面构造图；（b）横截面构造图；（c）试验孔布置示意图

1—密封袋；2—测斜孔；3—流体；4—加压装置；5—试验孔；6—中粗砂

5.2　计算首次屈服圆柱面

当试验土体是连续介质时，通过以下步骤，计算屈服圆柱面位置：

（1）标记试验土体第 1 次出现屈服圆柱面的半径 r_{1E}，对应的施加荷载为 p_F，相应的土体屈服圆柱面主应力为 $\{\sigma_1,\ \sigma_2,\ \sigma_3\}$；第 1 级屈服加载后，将屈服圆柱面 r_{1E} 与土体试验柱状孔边界之间土体可按照弹性模量为 E_1 的弹性体进行计算，并以圆柱面 r_{1E} 为边界，圆柱面 r_{1E} 以外的土体按照弹性模量为 E 的弹性体进行计算。

（2）试验开始前，在距离试验孔的中轴线选择两个或更多个不同距离位置，布设两个或更多测斜孔。并选择合适间距，使得在试验过程中，在弹性区内有足够数量的测斜孔可用于计算。

对于弹性区域内的位移计算，可视为在圆柱面 r_{1E} 位置施加了荷载大小为 p_E 的柱状孔扩张问题进行计算。利用二维圆孔扩张理论，弹性区式（5.2-1）成立。

$$U_{R_{1j}}=p_E\frac{(1+\nu)r_{1E}^2}{E\,R_j}\ (j=1,\ 2\cdots\cdots) \tag{5.2-1}$$

式中：

$U_{R_{1j}}$——试验土体出现屈服时弹性区监测点径向位移，mm；

r_{1E}——第一次屈服圆柱面半径，m；

p_E——第一次屈服圆柱面 r_{1E} 处加载产生的径向附加应力，kPa；

R_j——第 j 个测斜孔监测点位置距离试验孔中心的水平距离，m；

其他符号意义同前。

（3）根据不同点径向位移的试验监测值，由式（5.2-1）求解 p_E、r_{1E}。

可以通过较多数量不同距离的测斜孔监测值，求解方程组，计算式（5.2-1）中的各个力学特性参数。考虑到试验测试工作量与精度控制，可采用回弹再压缩试验测得土体弹性模量 E、ν 或在早期加载过程中测算 E、ν，也可以结合室内试验测得 ν，以减少试验测斜工作量。

5.3　建立屈服准则

1. 屈服圆柱面的应力状态

根据平面问题圆孔扩张弹性力学解，在土体屈服圆柱面及以外，土体单元主应力计算如式（5.3-1）所示。

$$\begin{cases}\sigma_1=\sigma_r=P_0+p_E\left(\dfrac{r_{iE}}{r}\right)^2\\ \sigma_2=\sigma_z=\gamma H\\ \sigma_3=\sigma_\theta=P_0-p_E\left(\dfrac{r_{iE}}{r}\right)^2\end{cases} \tag{5.3-1}$$

式中：

P_0——静止土压力，kPa；

γ——土体重度，kN/m^3；

H——屈服柱面计算点埋深，m；

r_{iE}——土体第 i 次屈服圆柱面半径（$i=1,\ 2,\ 3\cdots\cdots$），m；

r——屈服圆柱面及外侧计算点与试验孔中心之间的距离；

式中其他符号意义同前。

屈服圆柱面 r_{iE} 位置的应力状态如式（5.3-2）所示。

$$\begin{cases}\sigma_1=\sigma_r=P_0+p_E\\ \sigma_2=\sigma_z=\gamma H\\ \sigma_3=\sigma_\theta=P_0-p_E\end{cases} \tag{5.3-2}$$

2. 等效加载量

囊压试验是原型试验，当采用袋装水加压时，试验加载量是指加载水头高度与地下水位之间的水头差。当选择试验孔钻孔前测试点的位移测试值作为初始值时，土体测试点位移变化对应试验前后土体应力差，囊压试验产生的附加应力可用（5.3-3）式计算。

$$p_{bh}=p_j-P_0 \tag{5.3-3}$$

式中：

p_{bh}——囊压试验在 h 深度土体中产生的附加应力，kPa；

p_j——囊压试验第 j 级加载量，为密封袋内的压强与地下水压强的差值，kPa；

其他符号意义同前。

在前述的本构模型中，利用了求解平面应力问题的圆孔扩张公式，在囊压试验中，不同深度的土体受到上覆土重的作用，一定程度上限制了深层土体侧向位移，埋深越深的土体，上覆土重越大，侧向位移量越小。对于同一土层而言，上覆土重对土体侧向位移的影响与测试土体埋深线性相关。静止土压力 P_0 与测试土体的埋深线性相关时，根据弹性计算方法，测试土体的侧向位移为上覆土重的约束作用与囊压试验的加载量作用、静止土压力 P_0 作用的叠加，因此，可将任意深度的测试土体视为平面应力问题进行求解，并通过试验测试结果反映上覆土重与静止土压力的共同作用。即，在弹性变形阶段，可以用式（5.3-4）计算土体侧向位移。

$$\begin{cases} P_0=k_0(C_w+\gamma h_i) \\ U_w=K_w(C_w+\gamma h_i) \\ U_{r_0}=(p_j-P_0)\dfrac{1+v}{E}r_0+U_w \end{cases} \tag{5.3-4}$$

式中：

C_w——测试点土层层顶上覆土竖向压应力，kPa；

h_i——测试点距离测试点土层层顶的距离，m；

U_w——测试点平面上覆土重量对测试点产生的侧向位移，mm；

K_w——测试点平面上覆土重量对测试点产生的侧向位移的计算系数，mm/kPa；

U_{r_0}——试验孔侧壁侧向位移，mm；

其他符号意义同前。

把式（5.3-4）写成式（5.3-5）形式。

$$U_{r_0}=(p_j-k_0C_w)\frac{1+v}{E}r_0+K_wC_w+(K_w-k_0\frac{1+v}{E}r_0)\gamma h_i=p_b\frac{1+v}{E}r_0 \tag{5.3-5}$$

式中：

p_b——土体等效平面应力问题加载量，简称等效加载量，kPa；

其他符号意义同前。

根据式（5.3-5）可得等效平面应力问题加载量 p_b 计算式如式（5.3-6）所示。

$$\begin{cases} p_{\mathrm{b}}=p_{j}+c_{\mathrm{b}}+k_{\mathrm{b}}h \\ c_{\mathrm{b}}=\dfrac{K_{\mathrm{w}}C_{\mathrm{w}}}{\dfrac{1+v}{E}r_{0}}-k_{0}C_{\mathrm{w}} \\ k_{\mathrm{b}}=\left(\dfrac{K_{\mathrm{w}}}{\dfrac{1+v}{E}r_{0}}-k_{0}\right)\gamma \end{cases} \tag{5.3-6}$$

式中各符号意义同前。

由式（5.3-6）可以看出，在弹性加载阶段，p_{b} 与试验加载量有关，在上覆土重及静止土压力的共同作用下，在同一土层中，p_{b} 与测试点距离测试点所在的土层顶部的距离呈线性关系。

3. 土体的屈服准则

式（5.3-2）为囊压试验土体屈服时的一种应力状态，即为土体屈服面上的一点，为屈服面方程的一个解，与测试点的静止土压力、计算的屈服圆柱面径向压应力及试验点深度有关。确定土体屈服面的第一种方法是通过同层土体足够多的测试点，拟合构成土体屈服面；第二种方法是假定土体屈服面的某些特征，构建土体屈服面。

式（5.3-2）与式（5.3-7）等价。

$$\begin{cases} \dfrac{\sigma_1-\sigma_3}{2}=p_{\mathrm{E}} \\ \dfrac{\sigma_1+\sigma_3}{2}=P_0 \\ \sigma_2=\gamma H \end{cases} \tag{5.3-7}$$

式中各符号意义同前。

当假定土体屈服面为平面时，可假定土体屈服方程式为土体单元三个主应力的线性函数，式（5.3-7）中的 σ_2 仅与测试点位置相关，可得如式（5.3-8）所示的屈服准则表达式。

$$\frac{\sigma_1-\sigma_3}{2}-p_{\mathrm{E}}-c_{\mathrm{F}}\left(\frac{\sigma_1+\sigma_3}{2}-k_0\sigma_2\right)=0 \tag{5.3-8}$$

式中：

c_{F}——假定土体屈服面为平面时，反映土体屈服特性的力学特性参数；

其他各符号意义同前。

式（5.3-8）也可写成式（5.3-9）的形式。

$$\frac{\sigma_1-\sigma_3}{2}=\frac{\sigma_1+\sigma_3}{2}c_{\mathrm{F}}+(p_{\mathrm{E}}-c_{\mathrm{F}}k_0\sigma_2) \tag{5.3-9}$$

式中各符号意义同前。

对于式（5.3-9）形式，当不考虑中间主应力 σ_2 影响时，屈服准则退化为摩尔－库伦强度准则。

在如式（5.3-8）所表达的屈服准则中，含有 p_{E}、k_0、c_{F} 三个试验常数，这三个试验常数可通过原型测试或同层土体多点测试结果构建方程或方程组求解。

可通过 5.1 节的试验与 5.2 节的计算，测算屈服准则中土体的试验常数 p_E。静止土压力 P_0 可通过如 5.1 节所述囊压试验测得，在试验孔附近埋设深层土体侧向位移测试孔，在试验孔钻孔前测得初始值，在加载试验期间测试土体深层土体侧向位移值为零时对应的加载量即为静止土压力。

4. 土体的后继屈服面

当试验土体通过测斜发现屈服时，试验孔孔壁的土体处于后继屈服状态，可作为试验测得的第一个后继屈服圆柱面，之后的加载试验，试验孔侧壁位置土体将进一步产生多个后继屈服圆柱面，相应地，对于等量分级加载试验，后继屈服加载量为 $[p_F+(i-1)\Delta p]$，可通过拉梅方程计算后继屈服圆柱面的主应力状态，建立后继屈服面。

与如式（5.3-8）所示的屈服准则相对应的试验孔侧壁处土体单元后继屈服面如式（5.3-10）所示。

$$\frac{\sigma_1-\sigma_3}{2}-[p_F+(i-1)\Delta p]-c_F\left(\frac{\sigma_1+\sigma_3}{2}-k_0\sigma_2\right)=0 \quad (5.3\text{-}10)$$

式中：

i——等量分级加载原型试验出现土体屈服后的加载级数；

Δp——试验分级加载量，kPa；

其他符号意义同前。

当 $i=1$ 时，式（5.3-10）即为第一个后继屈服面。

5.4 后继屈服弹性计算参数确定

在试验土体开始出现屈服时，土体以 r_{1E} 圆柱面为分界面，r_{1E} 圆柱面以外为弹性体，r_{1E} 圆柱面以内为经历第一次屈服的土体。

（1）计算试验土体屈服圆柱面与弹性体的分界圆柱面

在土体屈服后的再一次加载（即 $i=2$），土体屈服体现在以下两方面：一是土体的屈服圆柱面外扩至 r_{2E} 圆柱面；二是在 r_{2E} 圆柱面与 r_{1E} 圆柱面之间的土体出现第一次加载屈服，在 r_{1E} 圆柱面以内出现了第二次屈服。设在 r_1 圆柱面处，在土体屈服后，第二级加载后的应力状态与第一次屈服后 r_0 圆柱面的应力状态相同，因此，可用 E_1 作为 r_1 圆柱面与 r_{2E} 之间的土体计算模量，r_{2E} 圆柱面以外的土体用弹性模量 E，r_1 圆柱面以内的土体采用 E_1 作为计算模量。如此类推，对于土体屈服后的第 2 级及以后的等量分级加载，按照上述方法，对于试验土体出现屈服后第 i（$i=2$，3，4……）次加载后，参照如图 5.4-1 所示的后继屈服同心土筒单元划分原理图，将屈服的土体划分为 i 个相邻接的圆筒单元：自外向内，各圆筒单元的外径依次为 r_{iE}、r_1、r_2、r_3、… r_{i-1}，各圆筒单元的内径依次为 r_1、r_2、r_3… r_{i-1}、r_0；自外向内，各圆筒单元外表面所受的径向压应力依次为 p_E、p_F、$p_F+\Delta p$、$p_F+2\Delta p$、… $p_F+(i-2)\Delta p$；自外向内，各圆筒单元内表面所受的径向压应力依次为 p_F、$p_F+\Delta p$、

$p_F+2\Delta p$、$\cdots p_F+(i-2)\Delta p$、$p_F+(i-1)\Delta p$；自外向内，各圆筒单元当前加载增量法计算所用的弹性计算模量依次为E_1、E_2、E_3、$\cdots E_{i-1}$、E_i。

对于r_{iE}圆柱面外侧的弹性状态土体，在r_{iE}圆柱面位置，可视为施加在r_{iE}圆柱面上试验荷载为p_E的弹性体进行径向位移计算，因此时r_{iE}圆柱面一直处于弹性状态，r_{iE}圆柱面外侧土体的径向位移与加载应力路径无关，即有式（5.4-1）成立。

$$U_{R_{ij}}=p_E\frac{1+v}{E}\frac{r_{iE}^2}{R_j} \tag{5.4-1}$$

式中：

$U_{R_{ij}}$——试验土体出现屈服后的第i（$i=2$，3，4……）次加载后，弹性区土体的监测点径向位移，mm；

r_{iE}——试验土体出现屈服后的第i（$i=2$，3，4……）次加载后，扩展的屈服圆柱面半径，m；

R_j——处于r_{iE}外侧的弹性区域土体测斜孔监测点距离试验孔中轴线的水平距离，m；

其他符号意义同前。

可利用位于试验土体处于弹性区的测斜孔测定$U_{R_{ij}}$，带入式（5.4-1），以式（5.4-2）求解r_{iE}。

$$r_{iE}=\sqrt{\frac{ER_jU_{R_{ij}}}{p_E(1+v)}}\ (i=2,3,4\cdots\cdots) \tag{5.4-2}$$

式中各符号意义同前。

（2）计算试验土体屈服时后继屈服面应力状态对应的屈服圆柱面r_{iE}

图5.4-1为后续屈服同心土筒单元划分原理图，可按照以下步骤求解后继屈服面应力状态对应的屈服圆柱面r_{iE}：

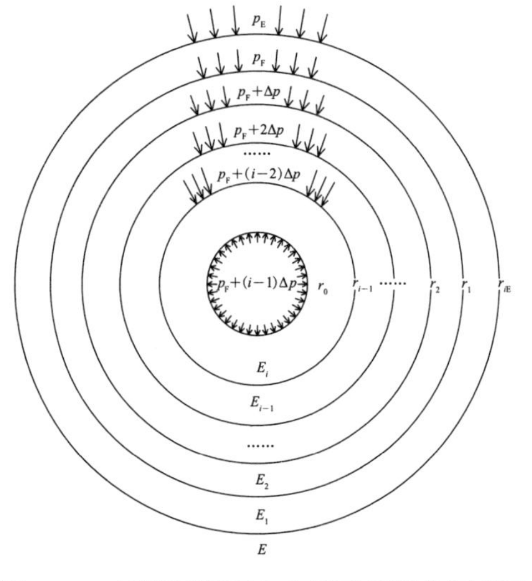

图5.4-1　后继屈服同心土筒单元划分原理图

P_E—屈服圆柱面r_{iE}处加载产生的径向附加应力；P_F—土体首次屈服时试验加载量；E—土体弹性模量；E_i—圆筒单元当前加载增量法计算所用的弹性计算模量；r_{iE}—土体首次屈服圆柱面

1）根据式（5.4-2），计算 $r_{i\mathrm{E}}$。

2）利用柱状孔扩张理论计算屈服圆柱面 $r_{i\mathrm{E}}$ 处的位移，即用式（5.4-3）计算。

$$U_{r_{i\mathrm{E}}}=p_{\mathrm{E}}\frac{1+v}{E}r_{i\mathrm{E}} \tag{5.4-3}$$

式中：

$U_{r_{i\mathrm{E}}}$——初始屈服面位置径向位移，mm；

式中其他符号意义同前。

3）针对如图 5.4-1 所示的外径 $r_{i\mathrm{E}}$、内径为 r_1 的土体圆筒，根据拉梅方程式，结合弹塑性计算中的增量法，计算屈服圆柱面 $r_{i\mathrm{E}}$ 处的位移 $U_{r_{i\mathrm{E}}}$，建立如式（5.4-4）所示的方程式。

$$U_{r_{i\mathrm{E}}}=p_{\mathrm{E}}\frac{1+v}{E}r_{i\mathrm{E}}=-\frac{1-v}{E}r_{i\mathrm{E}}p_{\mathrm{E}}+\frac{1}{E_1}\left[\frac{(1-v)r_1^2(p_{\mathrm{F}}-p_{\mathrm{E}})}{r_{i\mathrm{E}}^2-r_1^2}r_{i\mathrm{E}}+\frac{(1+v)r_1^2r_{i\mathrm{E}}^2(p_{\mathrm{F}}-p_{\mathrm{E}})}{r_{i\mathrm{E}}^2-r_1^2}\frac{1}{r_{i\mathrm{E}}}\right]\ (i=2,3,4\cdots\cdots) \tag{5.4-4}$$

式中：

r_1——第一个后继屈服圆柱面半径，m；

E_1——试验土体处于首次屈服面与第 1 次后继屈服面之间的应力状态时，土体弹性计算选用的弹性计算模量，MPa；

式中其他符号意义同前。

4）利用式（5.4-4）计算试验土体第 1 次后继屈服圆柱面半径 r_1。

5）针对如图 5.4-1 所示的外径 $r_{i\mathrm{E}}$、内径为 r_1 的土体圆筒，根据拉梅方程式，结合弹塑性计算中的增量法，计算屈服圆柱面 r_1 处的位移 U_{r_1}，即利用式（5.4-5）计算第 1 个后继屈服圆柱面 r_1 处径向位移。

$$U_{r_1}=-\frac{1-v}{E}r_1p_{\mathrm{E}}+\frac{1}{E_1}\left[\frac{(1-v)r_1^2(p_{\mathrm{F}}-p_{\mathrm{E}})}{r_{i\mathrm{E}}^2-r_1^2}r_1+\frac{(1+v)r_1^2r_{i\mathrm{E}}^2(p_{\mathrm{F}}-p_{\mathrm{E}})}{r_{i\mathrm{E}}^2-r_1^2}\frac{1}{r_1}\right](i=2,3,4\cdots\cdots) \tag{5.4-5}$$

式中：

U_{r_1}——第 1 个后继屈服圆柱面 r_1 处径向位移，mm；

式中其他符号意义同前。

（3）计算第 i 次后继屈服时的弹性计算选用的模量 E_i

针对如图 5.4-1 所示的其他土体圆筒，重复上述（2）中的 3）至 4）的步骤，利用前次计算的试验土体屈服圆柱面半径 r_{i-2} 与 $U_{r_{i-2}}$，直至推算出 r_{i-1}。每次计算时，将相邻后继屈服圆柱面的试验土体的应力状态划分为弹性阶段及各级后继屈服阶段，分别按照如图 5.4-1 所示的与屈服面应力状态相适应的弹性计算模量进行计算。再利用试验孔侧壁径向位移计算值与实测值相等，建立方程式，通过求解方程式，计算试验土体在第 i 次后继屈服时的弹性计算选用的模量 E_i。

5.5　确定破坏准则

在试验过程中，当试验孔侧壁土体在单级加载作用下，出现径向位移突然增加或者出现不可接受的位移量时，可判定为土体出现破坏，对应的上一级加载所确定的试验孔侧壁土体屈服面可作为土体破坏面。土体的破坏面可参照屈服面的方式确定，既可利用较多测试点破坏时的主应力状态组建破坏面，也可通过假定破坏面的特征结合测试点主应力状态确定破坏面，当假定破坏面为平面时，破坏准则可用式（5.5-1）表示。

$$\frac{\sigma_1-\sigma_3}{2}-[p_F+(i^*-1)\Delta p]-c_F\left(\frac{\sigma_1+\sigma_3}{2}-k_0\sigma_2\right)=0 \quad (5.5\text{-}1)$$

式中：

i^*——土体屈服后，试验孔侧壁土体破坏时的后续等量加载级数；

式中其他符号意义同前。

5.6　加载与卸载

本章建立的本构模型，直接通过土体原型试验，在应力空间中构建弹性区、初始屈服面、各级后继屈服面及破坏面，并能测试出土体弹塑性计算需要的弹性参数（E，v），土体屈服后破坏前分别对应各级屈服面的弹性计算参数（主要形式为E_i）。在增量法计算过程中，判断计算点应力状态在应力空间中对应的区域（如弹性区、屈服硬化区、破坏区中的一种）。可按照以下方法判断加载与卸载条件：

（1）根据计算点的当前应力状态，按照式（5.6-1）计算σ_{j0}；

$$\frac{\sigma_1-\sigma_3}{2}-c_F\left(\frac{\sigma_1+\sigma_3}{2}-k_0\sigma_2\right)=\sigma_{j0} \quad (5.6\text{-}1)$$

式中：

σ_{j0}——土体在应力空间中的应力状态常数；

式中其他符号意义同前。

（2）将计算点当前应力状态放置于含有土体屈服与破坏面的三维应力空间中，判定计算点所处的材料状态（弹性、屈服硬化或破坏）；当计算点处于屈服硬化区域时，按照σ_{j0}的大小，确定计算点应力状态所处的屈服面，可标记为σ_{j0}面；

（3）假定计算点处于加载状态（选用与σ_{j0}面紧邻的试验屈服面相适应的弹性计算参数）或假定计算点处于卸载状态（土体弹性模量E与弹性状态下的泊松比v）利用增量法进行下一步计算，计算加载或卸载后计算点的应力状态，根据式（5.6-1）计算σ_{j1}；

（4）判断σ_{j1}面与σ_{j0}面在土体应力空间中的相对位置，当σ_{j1}面较σ_{j0}面更接近土体试验加载后继屈服面时，判定为加载过程，反之，判断为卸载过程。

5.7 试验研究

5.7.1 试验场地概况

试验场地土层分布及主要常规物理力学性指标见表 5.7-1。

试验场地土层分布及主要常规物理力学性指标 **表 5.7-1**

层序	土层名称	厚度（m）	重度 γ（kN/m³）	凝聚力 c（kPa）	内摩擦角 φ（°）	压缩模量 $E_{s0.1\sim0.2}$（MPa）	含水量 ω（%）	孔隙比 e	比贯入阻力 p_s（MPa）
①	素填土	0.7							
②$_1$	粉质黏土	1.3	18.9	25	19	5.53	29.2	0.834	0.80
②$_3$	砂质粉土	7.5	18.8	3	33.5	13.73	29.2	0.823	4.92
④	淤泥质黏土	9.6	16.8	14	11.5	2.53	50.3	1.402	0.62
⑤	黏土	4.1	17.7	17	13.5	3.65	41.1	1.141	0.96
⑥$_1$	粉质黏土	2.0	19.4	39	18	6.49	25.4	0.731	2.23
⑥$_2$	粉质黏土	2.3	19.2	37	19	6.48	28.3	0.793	4.00
⑦$_1$	砂质粉土	4.5	18.5	1	34.5	10.89	30.7	0.866	10.41
⑦$_2$	粉砂	未钻穿	19.1	0	38	14.1	25.9	0.740	19.24

试验场地静力触探试验曲线如图 5.7-1 所示。

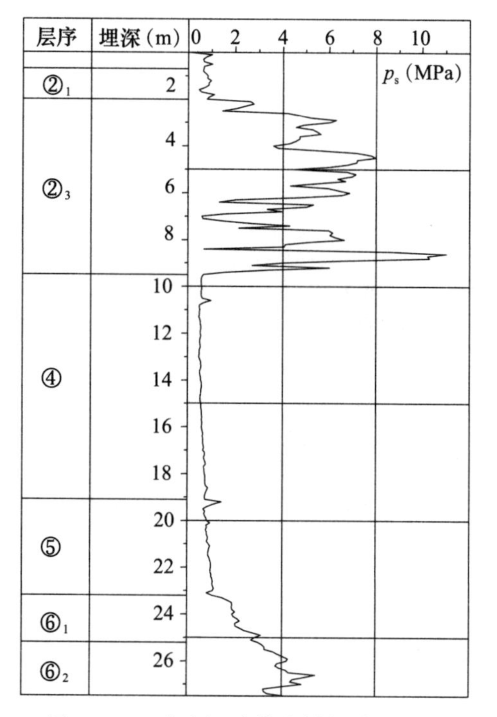

图 5.7-1 试验场地静力触探试验曲线

5.7.2　囊压试验

1. 囊压加载试验

2021年12月～2022年1月，采用如图5.1-1所示的囊压试验装置进行了试验。在试验孔中设置了两根测斜管，试验孔直径为400mm。试验时采用双层密封袋，内层密封袋直径为200mm，外层密封袋直径为400mm。试验前，外层密封袋与内层密封袋的底部密封并相对固定，将内层密封袋底部灌装2m长的粗砂；钻孔完成后，将外层密封袋连同内层密封袋及安装在底部的测斜管一起放置于钻孔内；然后在孔口将内层密封袋灌满砂；再将外层密封袋与钻孔孔壁之间的空隙灌满粗砂，密封外层密封袋。为了预防外层密封袋在流体压力作用下遇到填土中的尖锐障碍物而被刺破，在地面以下1.6m范围内安装了钢护管，钢护管与外层密封袋之间用粗砂填实。试验孔深为21.5m，安装完成后，外层密封袋与内层密封袋是紧密接触的，通过内层密封袋内装砂，确保形成直径200mm的加压孔。囊压试验安装如图5.7-2所示，囊压试验孔与测试孔平面布置图如图5.7-3所示。试验孔地下水位埋深1.6m，囊压加载试验加载情况如表5.7-2所示。

试验到第4级加载时，发生水管冰冻，因冰冻原因导致试验中断14h。加载到第5级与第6级荷载时，埋设于试验孔内的2根测斜管在护壁钢管底端出现瘪曲破坏，其他测斜孔正常测试。

本试验主要测试包括深层土体测斜、加载量、地表沉降测试。加载采用等量荷载，通过向水塔注水维持加载量稳定。每级加载维持时间为3h，进水管上设置水表，测量每级加载的进水量，一般加载0.5～1h后，进水流量趋于稳定。囊压加载试验深层土体测斜成果如图5.7-4～图5.7-7所示。

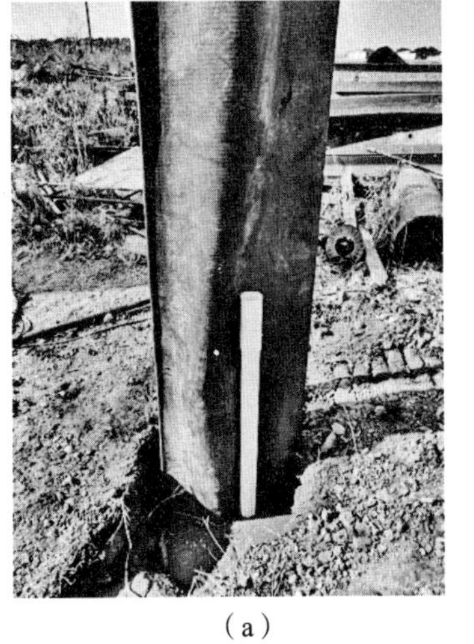
(a)

(b)

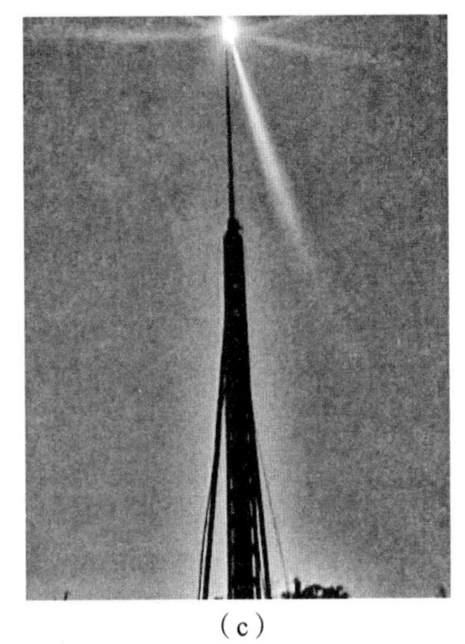
(c)

图5.7-2　囊压试验安装

(a) 密封袋安装；(b) 内侧密封袋填砂后外层密封袋封口；(c) 试验加压水塔

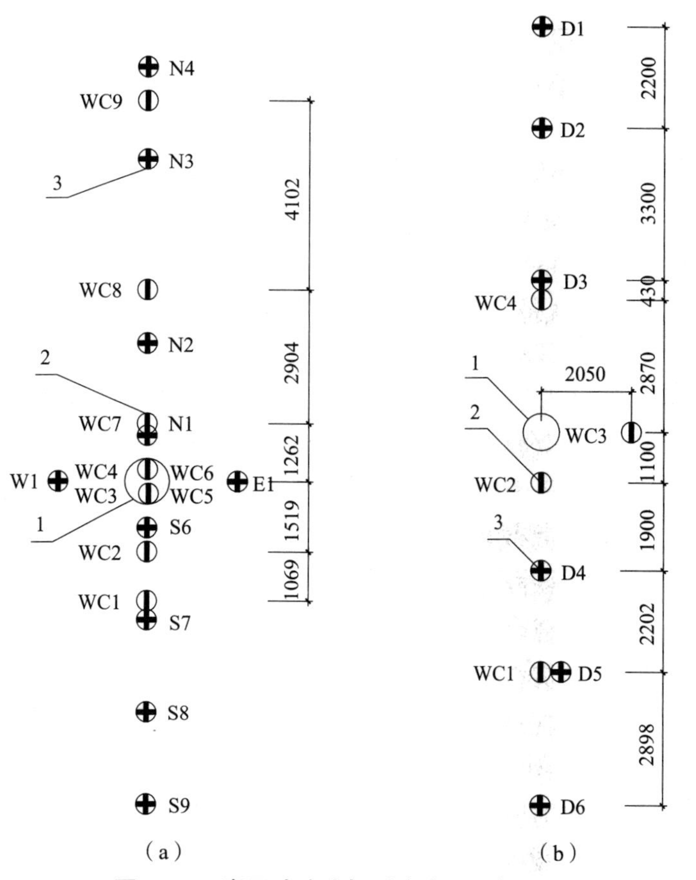

图 5.7-3　囊压试验孔与测试孔平面布置图

(a) 加载试验；(b) 回弹再压缩试验

1—试验孔；2—土体测斜孔；3—地表沉降测试点

囊压加载试验加载情况　　　表 5.7-2

加载级数	1	2	3	4	5	6	7	8	9	10
加载量（MPa）	0.04	0.08	0.12	0.16	0.2	0.24	0.28	0.32	0.36	0.406
备注					WC3/4 点破坏	WC5/6 点破坏				密封袋破裂

2. 囊压回弹再压缩试验

为了测得试验场地各土层、各深度原位土体的弹性模量 E，做了原位土体的囊压回弹再压缩试验，试验钻孔直径为 300mm，试验孔侧壁不再设置测斜孔与粗砂回填，密封袋直接贴紧试验孔侧壁。袋装流体顶部埋深为 3m，底部深度为 24m。2022 年 1 月 20～22 日完成加载－回弹－再加载试验。试验孔与测试点平面布置图如图 5.7-3（b）所示。试验时，采用水柱高度计量施加荷载，如图 5.7-2（c）所示。囊压回弹再压缩试验 WC2 测点深层土体测斜成果如图 5.7-8 所示，囊压回弹再压缩试验 1.100m 处 WC2 测斜孔不同深度加载－侧向位移关系曲线如图 5.7-9 所示。

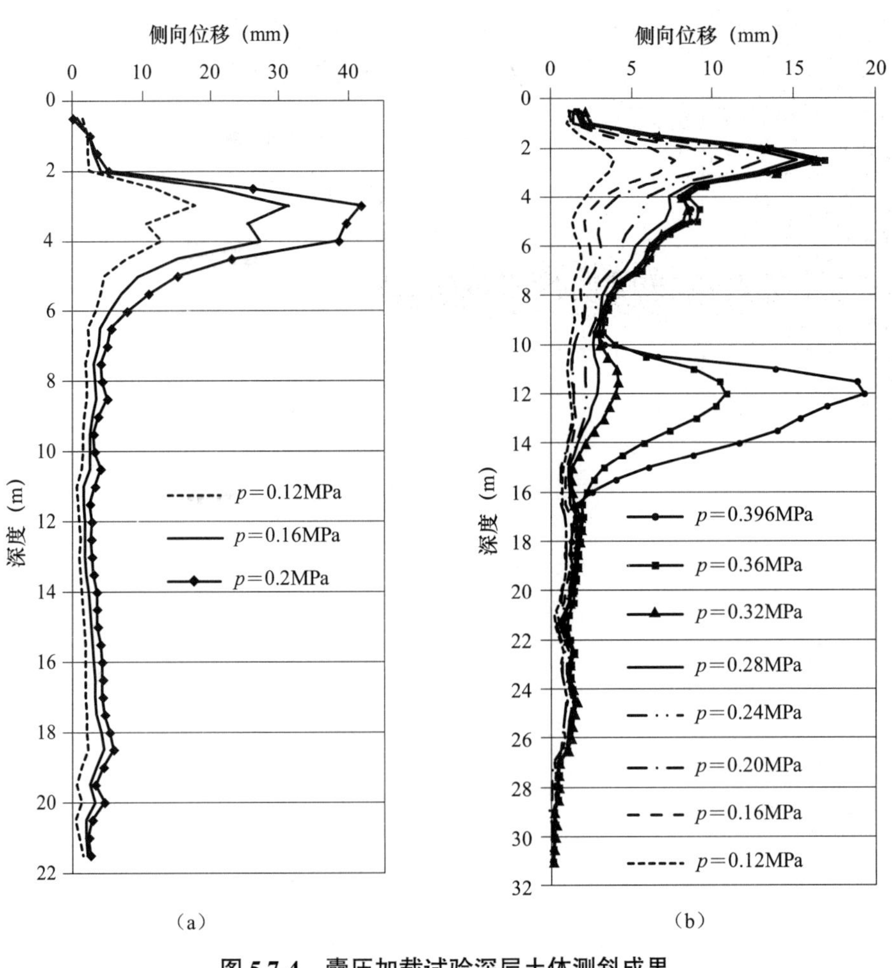

图 5.7-4　囊压加载试验深层土体测斜成果

（a）钻孔侧壁；（b）孔口距离试验孔中心间距 1.262m 处测斜孔

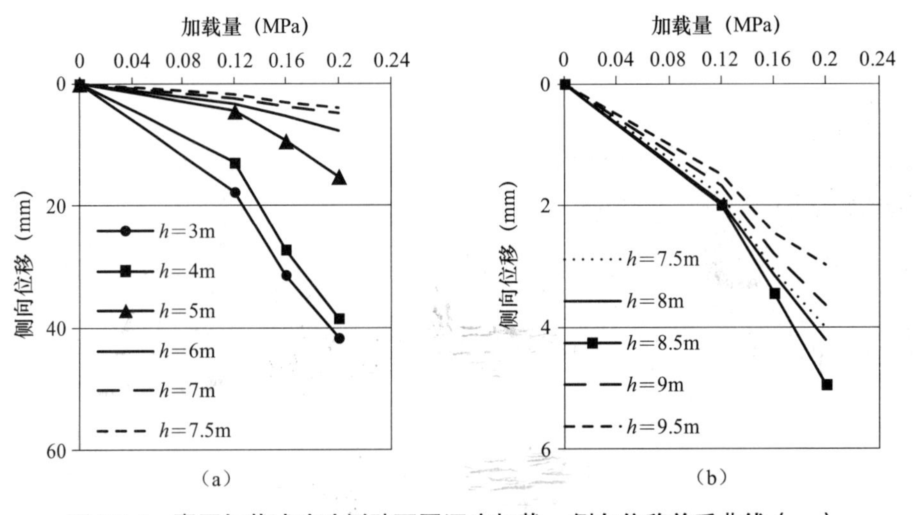

图 5.7-5　囊压加载试验孔侧壁不同深度加载－侧向位移关系曲线（一）

（a）$h=3\sim7.5$m；（b）$h=7.5\sim9.5$m

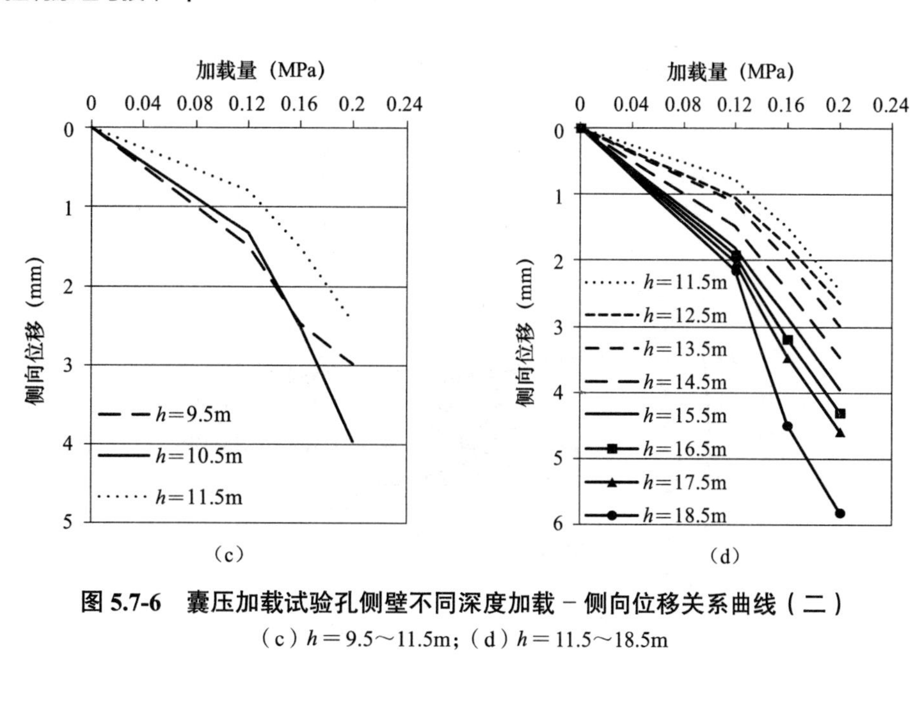

图 5.7-6　囊压加载试验孔侧壁不同深度加载 – 侧向位移关系曲线（二）

（c）h = 9.5～11.5m；（d）h = 11.5～18.5m

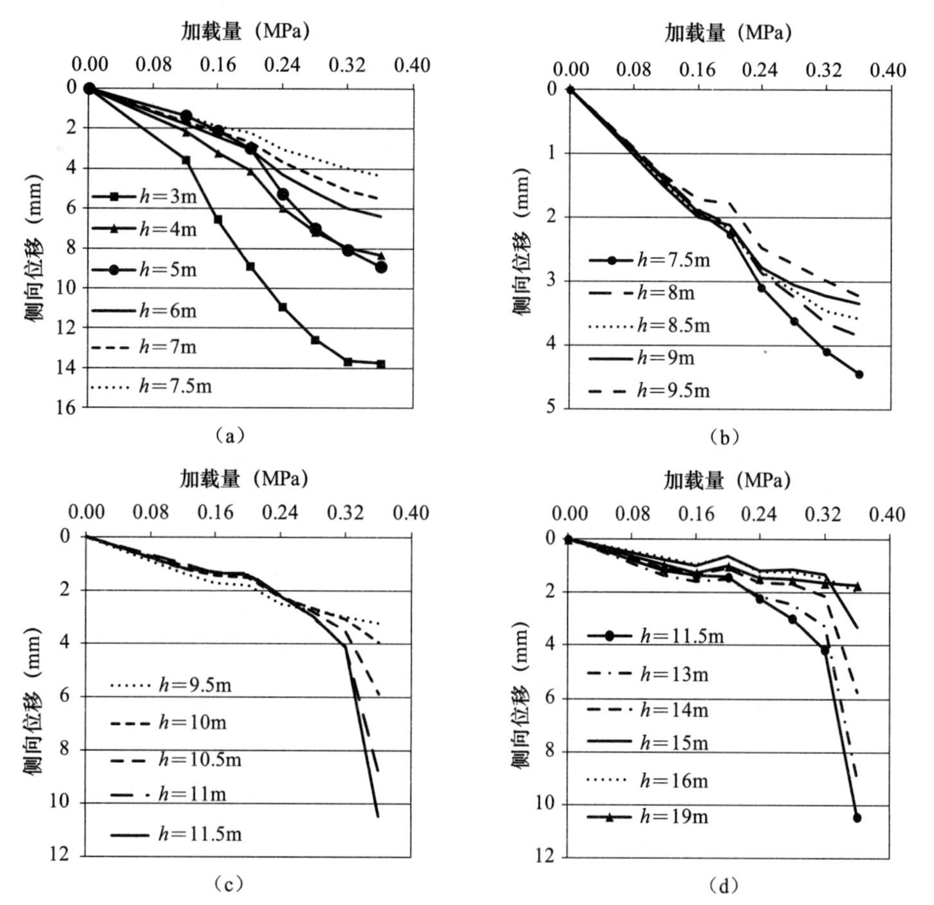

图 5.7-7　囊压加载试验 1.262m 处测斜孔不同深度加载 – 侧向位移关系曲线

（a）h = 3～7.5m；（b）h = 7.5～9.5m；（c）h = 9.5～11.5m；（d）h = 11.5～19m

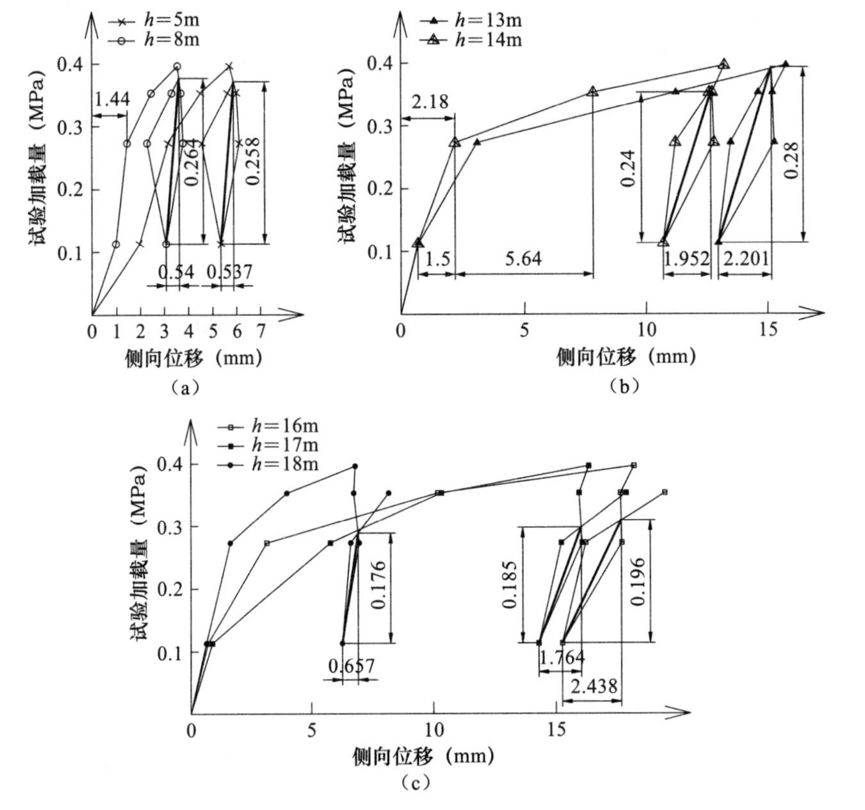

图 5.7-8　囊压回弹再压缩试验 WC2 测点深层土体测斜成果

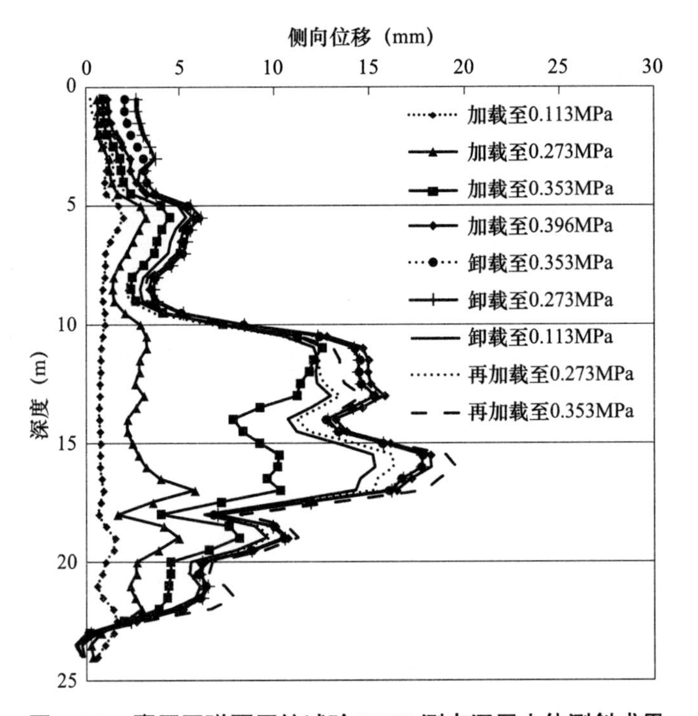

图 5.7-9　囊压回弹再压缩试验 1.100m 处 WC2 测斜孔不同深度加载 - 侧向位移关系曲线

（a）试验浅部土层；（b）试验中部土层；（c）试验下部土层

5.7.3 数据分析与模型验证

1. 依据囊压试验的土层划分方法

根据图 5.7-4～图 5.7-6 可以看出以下规律：

（1）在不同水压加载作用下，土体侧向位移－深度关系曲线形状相似；

（2）对于同一土层，在同级水压加载作用下，随着深度的增加，侧向位移逐步变小；

（3）同级水压加载作用下的土体侧向位移－深度关系曲线是光滑连续的；

（4）对于同一土层，不同深度的土体侧向位移－水压加载量关系曲线，变化趋势具有连续性，即随着水压加载量的增加，同级加载不同深度土体侧向位移量的差值，呈非减的变化趋势；

（5）距离试验孔不同距离的土体侧向位移－深度关系曲线形状相似；

（6）能反映土体薄夹层对侧向变形的影响；

（7）对于均质土体，在同一级加载作用下，弹性变形阶段，侧向位移值与测试点的深度呈明显的线性关系。

根据囊压试验的以上特性，可利用囊压试验成果对地基土进行分层。在囊压试验中，密封袋顶部、底部、中部的边界条件不同，除去顶部与底部的影响，主要测试地基土可根据土体侧向位移－深度关系曲线中，土体侧向位移的极小值点作为不同土层的分界线，在本次囊压试验中，明显的极值点位于 $h = 9.5$m 与 $h = 19.5$m 处，可依据这两处作为分界线进行土层划分。在深 2.5～9.5m 段，位移－深度关系曲线总体趋势一致，中间存在多个极值点将该段曲线分割成多个深度段，表明依据应力－应变关系，该层土质不均匀；而 9.5～19.5m 深度段，土质较为均匀，在深 18.5m 位置，存在土性略有差异的夹层，体现在如图 5.7-4（a）中，位移－深度关系曲线中存在极大值点。以上土层划分，在图 5.7-5 与图 5.7-6 中也有充分体现，该两幅图中的图 5.7-5（a）、图 5.7-6（a）与图 5.7-5（b）、图 5.7-6（b）为一土层，图 5.7-5（c）、图 5.7-6（c）与图 5.7-5（d）、图 5.7-6（d）为另一土层，分界深度为 9.5m 与 19.5m，分界点深度的侧向位移－水压加载量关系曲线与邻近点的曲线出现交叉或跨越，不符合同级加载不同深度土体侧向位移量的差值呈非减的变化趋势规律。同时，图 5.7-5（a）、图 5.7-5（b）、图 5.7-6（a）与图 5.7-6（b）曲线分布的离散性大，表明 2.5～9.5m 深度土层的土性离散性较大，而图 5.7-5（c）、图 5.7-5（d）、图 5.7-6（c）与图 5.7-6（d）土层比较均匀。结合试验场地的勘察报告与图 5.7-1、表 5.7-1，试验测试的 2.5～9.5m 深度范围内的土层为上海地区$②_3$层砂质粉土，9.5～19.1m 深度范围内的土层为④层淤泥质黏土，且两层土中均存在本试验所揭示的薄夹层。根据图 5.7-8（c）可知，18m 深度土体弹性模量远远大于深度 16m、17m 处的土体弹性模量，表明该深度土层抗变形能力较强，与图 5.7-1 静力触探曲线反映的土层分布具有一致性，但也有一定的区别。利用囊压原型试验进行地基土分层，直接与地基土的弹性模量、屈服强度、硬化特性及残余强度相对应，特别适于地基土的稳定与变形计算分析。

对于非均质土层，可以分段处理，可以通过加密侧向位移测试点，提高分层精度，并显示直线段，袋装流体的光滑连续特性对分层的敏感度有一定影响。

深层土体测斜在操作规范的情况下，精度高，可以满足试验精度要求。在如图 5.7-6 与图 5.7-8 所示的加载 − 侧向位移关系曲线中，加载初期阶段，部分测试点存在反弯点，可能与测斜孔回填粗砂的密实度相关。

2. 弹性参数测算

对于均质土层，在弹性试验阶段，式（5.3-6）中 k_0、E、v 可通过弹性阶段的加载试验进行测算。如令 $p_b=0$，在该深度位置对应的试验孔的径向位移为零，即可根据试验结果，得出类似图 5.7-4 所示的侧向位移 − 深度关系曲线中直线段的截距与斜率，在测定 v 的情况下，即可计算 k_0 与 E，也可以利用土体弹性条件下的两级加载测试，计算式（5.3-6）中的 k_0、E、v。

在试验中，判定土体是否屈服，可依据如图 5.7-8 所示的回弹再压缩试验，测得的弹性模量。由式（5.3-6）可知，对于同一深度，等效加载量差值与试验加载量差值是相同的，囊压回弹再压缩试验弹性模量计算如表 5.7-3 所示。

囊压回弹再压缩试验弹性模量计算　　**表 5.7-3**

测试土层	测试点深度 H（m）	试验加载量差值 Δp_j（MPa）	深层土体侧向位移差值 ΔU_{Rj}（mm）	试验孔与测试点水平距离（mm）	加载量差值 Δp_b（MPa）	弹性模量计算值 E（MPa）
②$_3$ 层砂质粉土	5	0.258	0.537	1103	0.258	49.00
②$_3$ 层砂质粉土	8	0.264	0.54	1022	0.264	53.82
④淤泥质黏土	13	0.28	2.201	959	0.28	16.95
④淤泥质黏土	14	0.24	1.952	945	0.24	16.63
④淤泥质黏土	16	0.196	2.438	914	0.196	11.24
④淤泥质黏土	17	0.185	1.764	897	0.185	14.94
④淤泥质黏土	18	0.176	0.657	887	0.176	38.6

注：②$_3$ 层砂质粉土 v 取为 0.25，④层淤泥质黏土 v 取为 0.42。

3. 屈服条件

与试验土体的等效加载量计算的弹性计算模量对比，当弹性计算模量偏小时，表明土体开始屈服，可据此确定试验土体屈服时的加载量，确定屈服条件。现以 14m 深度试验土体为例，测算第④层淤泥质黏土的屈服强度。

在本节介绍的加载与回弹再压缩试验中，14m 深度处，在 0.273MPa 加载作用下，土体出现屈服，在屈服前，根据试验测算的割线模量与回弹再压缩试验呈很好的一致性，在屈服点之后，割线模量明显减小，如图 5.7-8（b）所示。在同层土中，埋深越浅，割线模量越小。因此，对于本试验中的第④层淤泥质黏土，在土体应力空间中，屈服面位于 0.273MPa 加载作用下的 14m 深度土体，回弹再压缩试验 WC2 测试点位置对应的应力状态，该测试点的侧向位移为 2.18mm。以相同的分析方法，可确定对于第②$_3$层砂质粉土，屈服面位于 0.273MPa 加载作用下的 8m 深度土体，回弹再压缩试验 WC2 测试点位置对应的应力状态，该测试点的侧向位移为 1.44mm，分别如图 5.7-8（b）与图 5.7-8（a）所示。

4. 后继屈服面

根据表 5.7-3，8m 深度处土体浮重度产生的竖向压应力为 0.0861MPa，14m 深度处土体浮重度产生的竖向压应力为 0.1289MPa，因此，8m 深度处试验土体对应于屈服强度的加载量计算值为 0.1468MPa，14m 深度处试验土体对应于屈服强度的试验加载量计算值为 0.1559MPa。

在回弹再压缩试验中，试验孔孔壁与 WC2 测试点之间的土体处于屈服状态，令此部分的土体在增量法计算时采用的弹性计算模量为 E_1，令第 1 个后继屈服面为试验孔侧壁在 0.273MPa 加载作用下的主应力状态，可利用如式（5.7-1）所示的拉梅方程式计算 E_1，囊压回弹再压缩试验后继屈服面及弹性计算模量计算表如表 5.7-4 所示。

$$E_1=\frac{\dfrac{2r_0^2(p_F-p_E)}{R^2-r_0^2}r_E}{U_{r_E}+\dfrac{1+v}{E}r_E p_E} \tag{5.7-1}$$

式中各符号意义同前。

囊压回弹再压缩试验后继屈服面及弹性计算模量计算表　　表 5.7-4

测试土层	测试点深度 H（m）	试验孔侧壁加载量 p_F（MPa）	WC2 处深层土体侧向位移 U_{r_E}（mm）	屈服圆柱面半径 r_E（mm）	屈服面加载量 p_E（MPa）	弹性模量 E（MPa）	弹性计算模量 E_1（MPa）
②$_3$层砂质粉土	8	0.273	1.44	1022	0.1468	53.82	6.89
④淤泥质黏土	14	0.273	2.18	945	0.1559	16.63	3.39

注：②$_3$层砂质粉土 v 取为 0.25，④淤泥质黏土 v 取为 0.42。

5. 破坏条件

根据如图 5.7-4（b）、图 5.7-6（c）、图 5.7-6（d）、图 5.7-7、图 5.7-8（b）与图 5.7-8（c）所示的测试数据可知，第④层淤泥质黏土在达到屈服点后，下一级加载产生的深层土体侧向位移量突然大幅度增加，并超过上级荷载（按照等量计算）产生位移量的 5 倍，从变形控制角度，可以判定土体已经达到破坏，因此，该层土体的屈服面可判定为破坏面；8.5m 深度下的第②$_3$层砂质粉土与 18m 深度深下的第⑤层黏土，在土体屈服后，未出现深层土体侧向位移量的突然大幅度增加现象，随着加载量的增加，出现土体加工硬化现象；根据如图 5.7-4、图 5.7-5（a）、图 5.7-5（b）、图 5.7-6（a）、图 5.7-6（b）所示的测试数据，对于第②$_3$层松散的砂质粉土，在加载屈服后，存在松散砂质粉土压密、刚度增大现象。

5.8 小结

（1）本章提出的土体本构模型，结合囊压原型试验，利用平面应力问题的圆孔扩张理论及拉梅公式推算土体屈服圆柱面与屈服后各后继屈服圆柱面的位置，由土体屈服圆柱面单元主应力状态组建土体单元在应力空间中的屈服面，当假定土体屈服面为平面且不考虑中间主应力 σ_2 影响时，本章提出的屈服准则退化为摩尔 - 库伦屈服准则；

（2）本章通过土体后继屈服同心土筒单元划分与理论分析，推导出推算土体后继屈服阶段弹性计算参数（主要是 E_i）的计算解析式，在试验中，因测试点的上覆土重产生的垂直向压力为中间主应力 σ_2，故可利用原型试验测得中间主应力 σ_2 的影响，建立了考虑 σ_1、σ_2、σ_3 三个主应力影响的土体本构模型；

（3）对于如式（5.3-8）所示的屈服面、式（5.3-10）所示的后继曲面及式（5.5-1）所示的破坏面，均含有测试点埋深参数，可通过分级加载试验，结合同层土测试点深度，确定大量的屈服面，弥补试验加载分级数量受限的缺陷，并可相互印证模型的合理性与正确性；

（4）囊压试验加载量大，试验成本低，试验产生的侧向位移量大，测试技术可靠。分级加载测试时间与加卸载变形稳定标准对测试值有所影响，可结合工程加载过程的快慢，选择相适应的试验方式，在这方面，可参照目前常用的快剪、固结快剪、慢剪适用条件，合理选用。囊压试验宜在同一试验中完成卸荷再加载回弹试验，可精确测定不同深度土层物理力学性质差异的影响；囊压试验中，应设置合适的测斜孔与试验孔的距离、试验孔的半径，以便于消除测试仪器精度、试验孔侧壁松动对试验精度的影响，测试深度越深，加载量要求越大；

（5）本章模型的应用方法：第一步，做囊压原型试验；第二步，根据囊压试验中的回弹再压缩试验阶段成果，测定各深度土体的弹性模量 E，测定泊松比 v；第三步，根据囊压试验测算屈服面、后继屈服面与破坏面；第四步，用增量法对计算分析对象进行弹塑性计算，每级加卸载计算时，确定计算对象的主应力状态，判定在土体应力空间中相对于屈服面、后继屈服面及破坏面的位置，并判定土体处于加载或卸载状态，选择下一步计算的弹性计算参数 E 或 E_i，完成分级加载计算。

第 6 章　土工控制新技术

6.1　全回收装配式钢管桩连续墙（WSP）深基坑围护系统与技术

钢管桩连续墙（Wall Made of Steel Pipe Piles，WSP）是基坑围护中以钢管桩作为承载结构，解决桩缝止水与拔桩带土问题，装配式全回收再利用的钢结构地下连续墙体。

现有的深基坑围护桩（墙）主要包括型钢水泥土搅拌墙（SMW 工法）、钻孔灌注排桩外加水泥土搅拌墙止水、钢筋混凝土地下连续墙，这些挡土构件均以在现场土体中制作为主，结构本身的缺陷可发现性能差，施工过程中造成的结构本身实质性缺陷会导致要素失效或部分失效，不宜列为基坑支护鲁棒性设计优选要素。现有缺陷可发现性较好的基坑围护桩主要是各种形式的钢板桩，但钢板桩为横截面开口的薄壁结构，承载力低，钢板桩之间的连接止水性能差，拔桩带土较多，一般只适用于周边环境宽松的较浅基坑。

钢管桩为横截面闭口的薄壁钢结构，抗弯、抗剪承载力高。之前，因钢管内的土体被钢管桩从原位土体中分割出来，拔桩带土多，回收对周边环境影响大而在应用中受限。

6.1.1　WSP 核心技术之一——土塞补偿法拔桩

WSP 实现以钢管桩作为基坑围护的主要受力结构，其第一项核心技术是以土塞补偿法拔桩，实现了钢管桩微扰动回收。

土塞补偿法推土拔桩原理示意图如图 6.1-1 所示。

土塞补偿法的核心思想是在拔桩的同时，向钢管桩内的土体施加推力，提供拔桩力，推出桩内土，适时密实回填拔桩留下的空隙，解决拔桩带土问题，实现钢管桩微扰动全回收。

6.1.2　土塞补偿法拔桩的极简实现方式——孔压反力施工方法

本节介绍的孔压反力施工方法，其核心是在施工过程中制作流体储存腔，通过向流体储存腔内注入气体或液体，增加流体储存腔内气体或液体的压强，利用流体储存腔内流体压强进行止水、封堵孔隙或作为拔桩力的一部分进行施工，以方便、快速、低造价地解决拔桩带土难题、提供拔桩反力。孔压反力钢管桩拔桩带土控制方法已经产业化。

（1）实施步骤

孔压反力钢管桩拔桩带土控制方法，充分调动桩内土体在拔桩过程中提供反力作用，解决钢管桩拔桩带土问题。包括以下步骤：

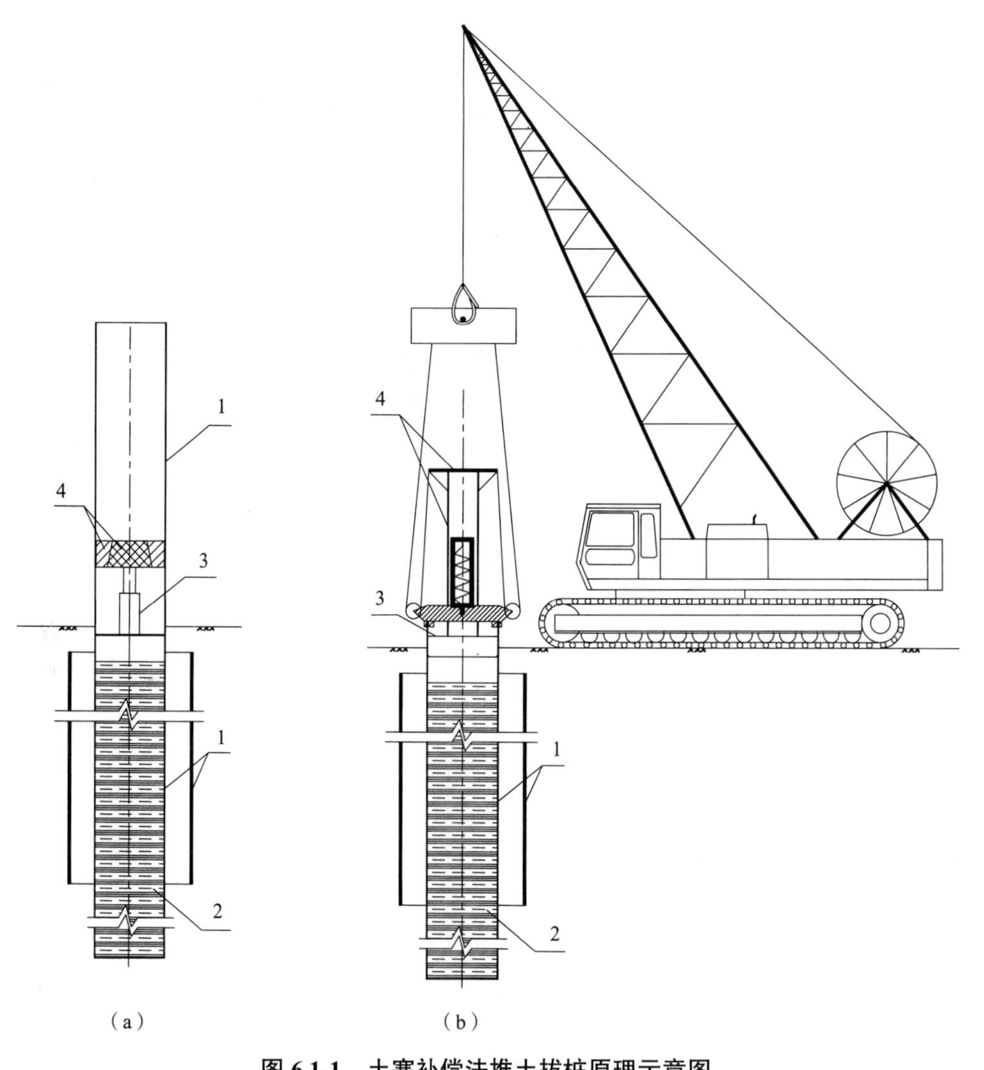

图 6.1-1　土塞补偿法推土拔桩原理示意图

（a）土塞下推示意图；（b）振动推土拔桩示意图

1—钢管桩；2—土塞；3—推土器具（示意）；4—推土反力装置（示意）

1）定位待拔钢管桩，安装钢管桩上的密封桩塞；

2）利用钢管桩的侧壁、密封桩塞、钢管桩内或钢管桩底部的土体，在钢管桩内形成流体储存腔；

3）向流体储存腔内注入气体、液体中的一种或两种组合；

4）通过向流体储存腔内持续注入气体或液体，增加流体储存腔内气体或液体的压强；

5）使钢管桩内土体的孔隙水压力或孔隙气压力增加；

6）利用注入流体储存腔内的气体或液体，将钢管桩内土体的孔隙水压力或孔隙气压力传递至位于钢管桩上的密封桩塞或钢管桩上；

7）利用作用于密封桩塞或钢管桩上的气体或液体压力作为拔桩力或作为拔桩力的一部分进行钢管桩拔出施工。

（2）具体实施方式

孔压反力钢管桩拔桩带土控制原理图如图 6.1-2 所示，本节主要介绍孔压反力钢管桩拔桩带土控制方法及其所用的拔桩装置的工作原理与实施方式。

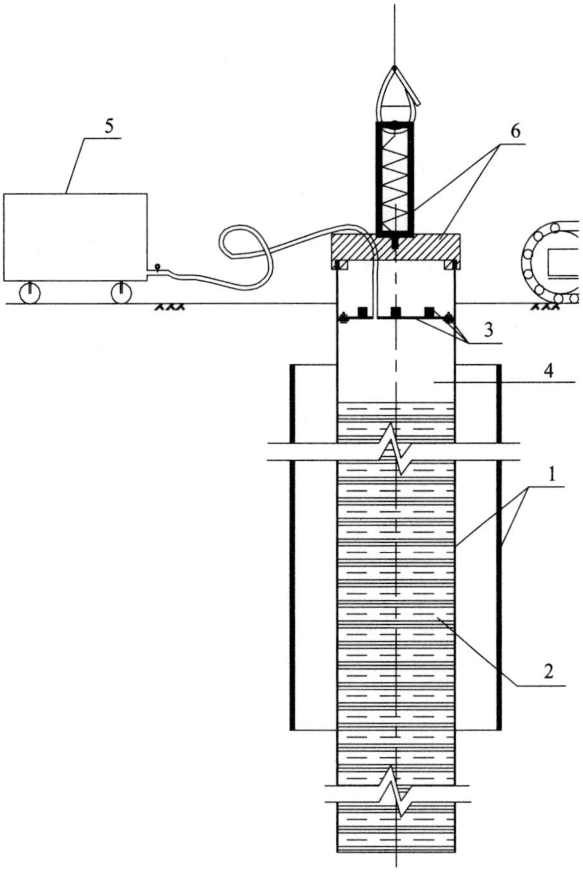

图 6.1-2　孔压反力钢管桩拔桩带土控制原理图

1—钢管桩；2—土体；3—密封桩塞；4—流体储存腔；5—流体注入器；6—振动锤

该拔桩装置将钢管桩作为拔桩装置的重要组成部分之一。在钢管桩插入土体的过程中，会有部分土体进入钢管桩内，形成如图 6.1-2 所示的钢管桩内或钢管桩底部的土体，如在拔桩前，钢管桩内或钢管桩底部的土体较少，可先回填补充足够，再进行拔桩。钢管桩内或钢管桩底部的土体也可以是可流动的泥浆。可在钢管桩的顶部设置密封桩塞，密封桩塞可以是焊接或通过螺栓连接于钢管桩顶部的钢板。还可以在钢板上焊接加劲板以提高密封桩塞的承载能力。密封桩塞还可以这样制作：先在钢管桩内侧一周牢固连接（如焊接）一定宽度的钢板作为挡板，将略小于钢管桩截面的盖板放置于挡板下方或上方，使盖板与挡板紧密连接，还可在盖板与挡板之间安装软垫以提高盖板与挡板接缝处的密封能力，可采用橡胶垫、塑料垫等材料作为软垫，由挡板、软垫与盖板共同组成密封桩塞。为了提高挡板与盖板的连接强度，可在挡板盖板之间设置连接螺栓，通过连接螺栓将挡板与盖板连接牢固，拔桩完成后，可通过连接螺栓将盖板与挡板分离。其中软垫与盖板、连接螺栓可以重复使用。还可以通过在钢管桩的侧壁上穿孔，在密封桩塞上方设置穿越穿孔的加强栓或在钢管桩的侧壁焊接加劲板提高密封桩塞与钢管桩之间的连接强度。可在密封桩塞或钢管桩的侧壁上开孔安装流体输送管道，流体输送管道可以是与空气压缩机连接的通气管，也可以是与水泵或油泵连接的水管或油管，流体输送管道需要有一定的承压能力，一般情况下达到 0.5～10MPa 即可。流体注入器是将流体加压后通过流体输送管道注入流体储存腔的器具。流体注入器可以是空气压缩机、水泵、油泵中的一种或几种组合，当拔桩力较大时，可采用高压水泵或高压油泵作为流体注入器。

密封桩塞的面积，与作用于密封桩塞上的压强的乘积即为作用于密封桩塞上的力。该力的方向与钢管桩的拔出方向为同一方向，故可利用作用于密封桩塞上的气体或液体压力作为拔桩力或作为拔桩力的一部分进行钢管桩拔出施工。钢管桩直径越大，孔压反力越大。如钢管桩上部是弯曲的结构，流体储存腔内的流体压力可传递至钢管桩并产生垂直向上的拔桩力。可在钢管桩顶部安装振动锤，通过振动锤的振动减小拔桩阻力。在安装振动锤的情况下，采用气体加压较为合适。因气体的可压缩性较好，振动锤振动的能量能较高效率地用于拔桩。在本步骤中，也可在钢管桩上施加上拔作用力协助拔桩施工，如布设吊车等，一方面可在拔桩过程中提供部分拔桩力，另一方面在钢管桩拔出后保持钢管桩的稳定性并可将钢管桩及时妥善放置或外运。可在拔桩的同时，利用钢管桩外围地面提供反力协助拔桩施工，同时减少钢管桩外侧拔桩带土。

本方法以钢管桩内或钢管桩底部的土体孔隙水压力或孔隙气压力所产生的反力作为拔桩力，最大优点是在拔桩过程中，土体与钢管桩侧壁的摩擦力基本不增加，虽然钢管桩侧壁的压应力增加，但主要是水压力或气压力等流体压力，因流体的抗剪强度为零，故积聚的流体压力不会增加钢管桩内土体与钢管桩侧壁的摩阻力。另外，在钢管桩的侧壁与土体接触面为土体强度薄弱环节，在流体储存腔内气压或液体压力达到一定程度后，会有部分气体或液体沿着钢管桩的侧壁溢出，在这一情况下，土体与钢管桩的侧壁之间将存在水膜或气垫层，可以达到润滑剂的效果，同时可形成流体压应力平衡桩周土压力，使得钢管桩与土体的摩擦力降低，减小拔桩难度，且可基本消除拔桩带土对周边环境的影响。钢管桩内存在的流体压力，钢管桩在拔桩过程中出现径向扩张，使得钢管桩内土体与钢管桩的摩阻力降低。钢管桩是具有封闭横截面且可以形成流体储存腔的结构，可以是钢管桩、钢管桩连续墙及其他在钢管桩上安装附属构件的结构。

6.1.3　孔压反力拔桩原型试验与工程实践

作者 2015 年 2 月提出孔压反力施工方法，于 2015 年 3 月 7 日完成了孔压反力拔桩原型试验，把 $\phi1400\times3.5$m 钢管埋入土中约 4m，将钢管顶部密封，向钢管内充入空气，直接将钢管吹出土体。孔压反力拔桩原型试验与工程应用场景如图 6.1-3 所示。

原型试验与工程实践证实，孔压反力拔桩时，桩内的孔压能够提供拔桩力，能够推出桩内土体，桩内气压增加，在桩土界面形成气垫减小桩侧摩阻力。

（a）

（b）

（c）　　　　　　　　（d）

图 6.1-3　孔压反力拔桩原型试验与工程应用场景

（a）吹土拔桩前（试验）;（b）吹土拔桩中（试验）;
（c）吹土拔桩后（试验）;（d）工程应用场景

6.1.4 WSP 核心技术之二——以水止水技术

WSP 的另一项核心技术是采用“以水止水”的方式实现邻桩接缝的无缝连接，使得深基坑周边止水构件可以全回收再利用。

地下水是影响地下空间开发的主要因素之一，工程建设需要隔水止水，以便于施工，预防水土流失。本节依托袋装流体土工控制介质，介绍“以水止水”邻桩接缝止水技术。

1. 技术原理

“以水止水”技术原理图如图 6.1-4 所示，主要通过在渗水缝附近设置贯通的止水腔，在止水腔内安装充水充气的止水囊，用柔性且体积可变的止水囊封堵缝隙，达到止水的目的。

图 6.1-4 “以水止水”技术原理图

2. 实施步骤

“以水止水”技术实施步骤如下：

（1）在入土构件缝隙附近设置贯通止水腔；

（2）在止水腔内安装密封袋；

（3）在密封袋内充入流体。

在上述步骤中，止水腔可以是如图 6.1-4 所示的位于构件接缝处的预制结构，也可以是在入土构件接缝处以其他方式形成的空间。

3. 试验研究

作者于 2014 年 9 月进行了原型试验，研究“以水止水”技术效果。

（1）试验场地的工程地质条件

试验场地位于上海市塘浦路，试验场地土层分布及物理力学性指标见表 6.1-1，试验场地静力触探试验曲线见图 6.1-5。试验场地属于典型的软土地区，地表以下 6～7m 深度分布有一层厚约 700mm 的粉砂夹层，该土层渗透系数大，易在基坑开挖时发生流砂、管涌灾害。

试验场地土层分布及物理力学性指标　　表 6.1-1

层序	土层名称	层厚（m）	孔隙比 e	含水量 ω（%）	重度 γ（kN/m^3）	状态或密实度	比贯入阻力 p_s（MPa）	压缩模量 $E_{s0.1\sim0.2}$（MPa）	固结快剪		渗透系数（cm/s）	
									凝聚力 c（kPa）	内摩擦角（°）	K_v	K_H
①	杂填土	1.2										
②	粉质黏土	1.6	0.735	23.8	19.1	可塑	1.31	6.15	37	16.5	0.779×10^{-6}	0.993×10^{-6}
③	淤泥质粉质黏土夹粉砂	4.1	1.219	41.6	17.1	流塑	0.89	3.53	15	15.5	0.863×10^{-6}	0.226×10^{-6}
④	淤泥质黏土	8.6	1.474	51	16.4	流塑	0.45	2.37	13	11.5	0.335×10^{-6}	0.436×10^{-6}
⑤$_2$	粉砂	4.2	0.87	29.1	18.2	中密	8.74	13.1			0.893×10^{-7}	0.126×10^{-6}
⑤$_3$	粉质黏土夹黏质粉土	5.3	1.007	34.1	17.8	软塑	1.36	4.36	15	20	0.368×10^{-5}	0.662×10^{-5}

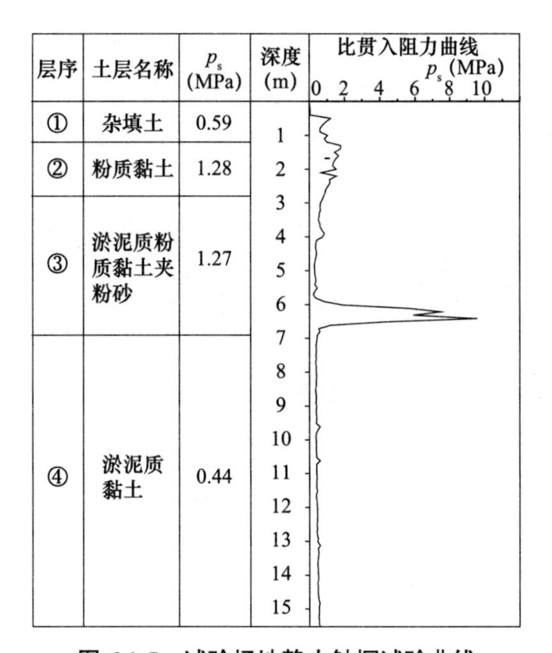

图 6.1-5　试验场地静力触探试验曲线

（2）试验概况

本试验的目的是通过在邻桩接缝处设置与工程应用一致的止水连接，验证止水效果。

试验坑设置于 6m×16m 的钢筋混凝土水池内。水池深 3m，侧壁与底板厚度为 300mm，水池周边均为厚 200mm 的混凝土地坪。试验场地及监测点平面布置图如图 6.1-6 所示。

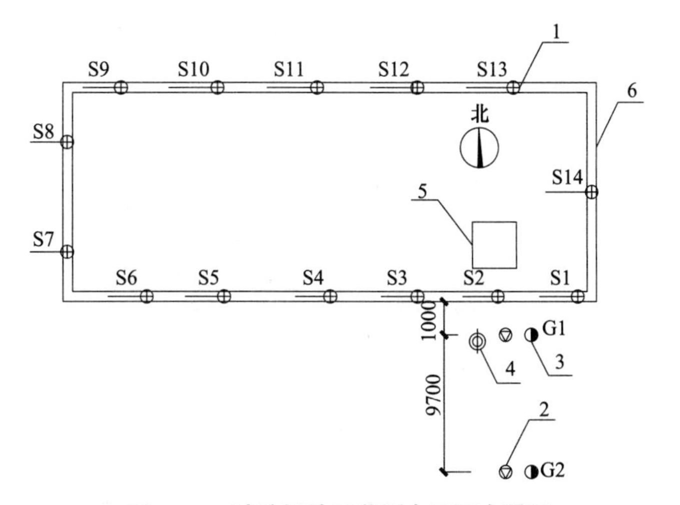

图 6.1-6　试验场地及监测点平面布置图

1—沉降监测点；2—静力触探勘探孔；3—钻探孔兼作水位监测孔；
4—承压水监测井；5—试验坑；6—钢筋混凝土水池

（3）试验坑及围护结构

为了检验钢管桩连续墙的止水效果，试验坑挖深较深。试验坑 WSP 围护结构如图 6.1-7 所示。边长为 1.6m，挖深为 13m。

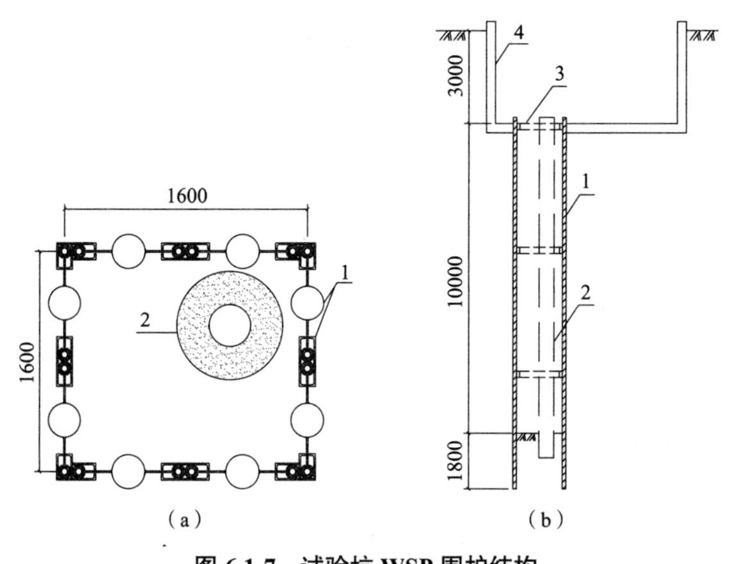

图 6.1-7　试验坑 WSP 围护结构

（a）平面布置图；（b）剖面图

1—钢管桩连续墙；2—降水管井；3—钢支撑；4—钢筋混凝土水池

试验坑的围护结构为钢管桩连续墙的一种形式，试验坑钢管桩连续墙围护结构详图如图 6.1-8 所示。

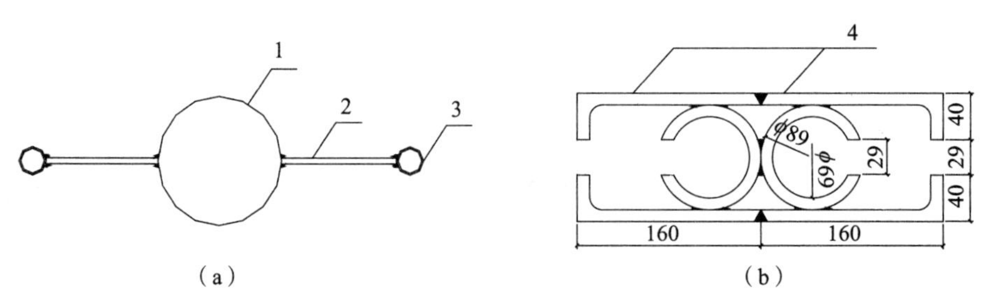

图 6.1-8　试验坑钢管桩连续墙围护结构详图

（a）子管构造；（b）子管连接

1—ϕ219 钢管；2—200mm×10mm×12000mm 钢板；

3—ϕ48 钢管；4—12m 长钢管桩连接

试验坑围护结构的止水连接构造与工程实例基本一致，考虑到试验坑面积小，采用了小直径的钢管桩，在坑内设置了三道水平钢支撑。试验坑有 16 条邻桩接缝。

（4）试验实施

采用振动法施工，利用机械手将钢管桩连续墙逐根插入土体。试验坑钢管桩连续墙插入施工与开挖如图 6.1-9 所示。每根钢管桩的插入施工时间为 3～5min。16 根围护桩均以如图 6.1-7、图 6.1-8 所示的子母相扣的方式插入，并围合成如图 6.1-7（a）所示的正方形。

在插入施工前，混凝土池壁沉降观测值如图 6.1-13 所示的 O 点之前部分，插入施工瞬时沉降最大值为 2mm。

（a）　　（b）

图 6.1-9　试验坑钢管桩连续墙插入施工与开挖

（a）插入施工；（b）试验坑开挖

插入施工完成后，在试验坑内设置一口降水管井进行降水。试验坑面积很小，仅约 2.5m^2，管井的抽水量很小。试验坑开挖前，测定的 6h 抽水量稳定在 5～5.1kg。故在基坑开挖前，围护结构侧壁与底部的渗水量微小。

试验坑的开挖分为四个阶段。第一阶段：为了从正反两方面检验止水效果，在开挖至坑底前，未安装止水连接，各围护桩之间通过子母相扣的咬合方式挡土，如图 6.1-11～图 6.1-13 所示的 OA 段；第二阶段：开挖至坑底后，在邻桩接缝处的止水腔内安装弹性袋，但未充水，如图 6.1-11～图 6.1-13 所示的 AB 段；第三阶段：将弹性袋内充满水，并使袋内水压力达到地面以上 7m 水头水压，如图 6.1-11～图 6.1-13 所示的 BC 段；第四阶段：向试验坑内注满水，用黏土泥浆充填流砂留下的孔隙，再将试验坑内的水抽干至挖深 13m 的位置，如图 6.1-11～图 6.1-13 所示的 CD 段。

（5）观测与分析

试验坑内积水浑浊程度对比图见图 6.1-10。

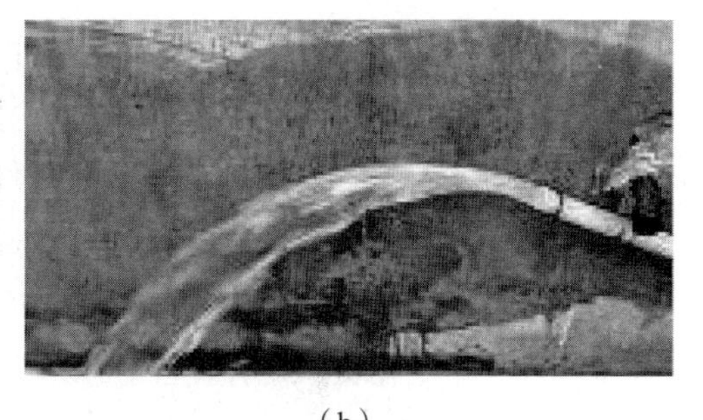

（a）　　（b）

图 6.1-10　试验坑内积水浑浊程度对比图

（a）试验第一、第二阶段抽出的坑内积水；（b）试验第三阶段抽出的坑内积水

试验中，定时计量试验坑内抽水量与间隔时间，试验中邻桩单缝渗水量观测值如

图 6.1-11 所示，试验坑外地下水位观测值如图 6.1-12 所示，试验坑外混凝土池壁沉降观测值如图 6.1-13 所示。

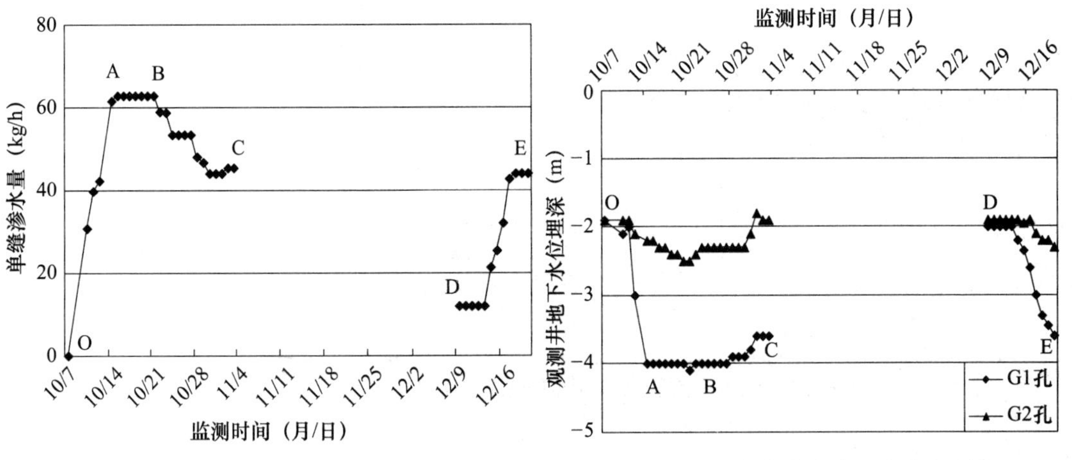

图 6.1-11　试验中邻桩单缝渗水量观测值

图 6.1-12　试验坑外地下水位观测值

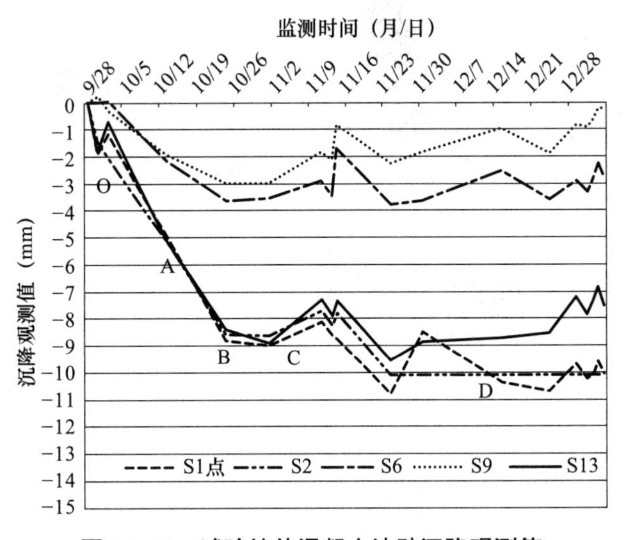

图 6.1-13　试验坑外混凝土池壁沉降观测值

由图 6.1-11～图 6.1-13 可以看出，在试验的第一阶段，即如图 6.1-11～图 6.1-12 所示的 OA 段，因未安装“以水止水”的弹性袋水囊，随着开挖深度的增加，单缝渗水量近似线性增加，对照图 6.1-12 与图 6.1-13，可以看出，伴随着地下水土的流失，坑外地下水位与试验坑附近的监测点沉降呈近似线性增加，挖至 13m 深度时，邻桩单缝渗水量每小时达到 63kg，坑外地下水位下降了 2.1m，下降至地面以下 4.0m，距离坑边 10.7m 远的 G2 观测孔地下水位也下降了 0.3m，至地面以下 2.2m，坑边最近观测点的沉降值达到 5mm。

在试验的第二阶段，即如图 6.1-11、图 6.1-12 所示的 AB 段，试验坑开挖结束。由图 6.1-11 可以看出，在本阶段，单缝渗水量基本稳定，保持在每小时 63kg；由图 6.1-12 可以看出，邻近坑边的 G1 观测孔的地下水位保持在地面以下 4.0m 的低位，但 G2 观测孔的地下水位持续下降至地面以下 2.5m；由图 6.1-13 可以看出，在此阶段，所有观测点的沉降继续增加，且增加的速率与第一阶段保持一致，距试验坑最近观测点的沉降达到 9mm。观测结果表明，在本阶段，地下水土继续以稳定的速度流失，导致试验坑周围土体持续沉降，对于本试验坑深度的深基坑，采用相邻桩咬合的方式进行止水是不能满足工程需要的。

在试验的第三阶段，即图 6.1-11、图 6.1-12 所示的 BC 段，向弹性袋内注入了水，并施加了高于地面 7m 水柱的水压力，弹性袋胀开并封堵了邻桩接缝。由图 6.1-11 可以看出，本阶段，邻桩单缝渗水量显著减小，最终稳定在 45.5kg/h；由图 6.1-12 可以看出，G1 观测孔地下水位亦有所回升，最终稳定至地面以下 3.4m，G2 观测孔的地下水恢复到开挖前水位；根据图 6.1-13，在第三阶段，各观测点的沉降不再增加，并伴随有少量回弹。由图 6.1-10 可以看出，在试验的第一与第二阶段，因出现流砂现象，坑内抽出的地下水较为浑浊。在第三阶段，由于充水弹性袋的封堵作用，尽管还有一定量的地下水渗入试验坑，但已经消除了流砂灾害，表现为渗入坑内的地下水不再浑浊。在第三阶段，有效解决了流砂问题，仍存在一定的渗水量，G1 观测孔的地下水位较开挖前有明显下降，试验坑周边观测点的沉降已得到有效控制。

经过前三阶段的试验与监测，经分析，发现在第一与第二阶段，试验坑侧壁的流砂导致试验坑周边土体空隙加大，土体渗透性大幅度增加，是导致邻桩单缝渗水量仍然较大的原因。据此，采取如下处理方案继续试验：将试验坑灌水充填，用试验坑挖出的黏土搅拌制作成泥浆注入试验坑外侧土体，以填充流砂留下的空隙。泥浆注入完成后，抽出试验坑中的水至坑底，进行了进一步的观测。由图 6.1-11 可以看出，在 D 点以后，单缝渗水量大幅度减小，仅为 12kg/h；由图 6.1-12 可以看出，坑外地下水位大幅回升至地面以下 2m，较开挖前仅下降了 0.1m；由图 6.1-13 可以看出，各观测点的沉降不再增加，水池有少量回弹。

由图 6.1-13 可以看出，各观测点的沉降趋势基本一致，且距离试验坑最近的观测点沉降值最大，距离试验坑越远，沉降值越小。

试验结束时，未继续保持水囊内的水压力，水囊自身收缩并脱离了止水腔的腔壁，止水连接失效，之前注入土体的泥浆快速流进试验坑，单缝渗水量快速增加至 44.1kg/h，与止水连接安装前的单缝渗水量相近，坑外潜水地下水位亦快速下降，G1 孔稳定在地面以下 3.6m，G2 孔稳定在地面以下 2.3m，与止水连接安装前相近，如图 6.1-11 与图 6.1-12 所示的 DE 段。表明试验中注入的泥浆未改变土体的渗透性，只是填充了前期开挖流砂产生的空隙。

（6）试验小结

本基坑围护止水试验为原型试验，能够很好地反映邻桩接缝处的止水效果。打桩对环境的影响测试方面，试验桩直径较小，有利于插入施工对环境影响控制；但在插入施工过程中，测定的钢管内土塞长度为 10～11.4m，存在少量的桩塞效应，不利于插入施工对环境影响控制，而在工程应用中可采用大直径钢管桩以消除桩塞效应；试验坑面积虽小，但试验坑的尺寸与混凝土水池尺寸的比例约为 1/4，且试验桩密集布置，围护结构施工结束后，试验坑内有涌土现象，坑内土体表面较施工前上升了 0.65m，加之，试验坑直接设置于水池底部，不利于插入施工对环境影响的控制。经综合分析判断，本试验证实了钢管桩连续墙插入施工对周边环境影响很小，可供工程应用参考。

6.1.5　以水止水技术的止水自修复原理

本节介绍的“以水止水”技术，以袋装流体封堵邻桩接缝，其止水效果具备自修复的功能，体现在以下两方面：

（1）当袋装流体与入土构件之间存在难以清理干净的土体或其他可被地下水带走的材料时，在止水功能发挥的前期，可能出现水土的局部流失，但密封袋是弹性体，且袋内承载流体压应力，袋装流体将适时充填水土流失后出现的空隙，因此，水土流失的速度是逐步减小的，且将很快停止；

（2）在挡土构件发生变形时，挡土构件间的缝隙大小同步发生变化，袋装流体在袋内流体压应力的作用下，能同步适应缝隙的变化，从而确保止水的可靠性。

6.1.6　以水止水技术的自检测方法

为了确保止水结构的有效性，适应地下空间的止水要求，可利用双重“以水止水”技术进行施工前的止水效果自检测，发现可能存在的安全隐患，在问题出现前进行预处理。双重止水构造详图如图 6.1-14 所示，止水效果自检测流程图如图 6.1-15 所示。

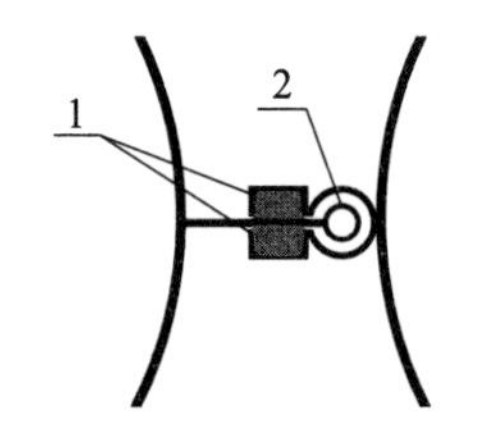

图 6.1-14　双重止水构造详图

1—密封袋；2—水位检测井管

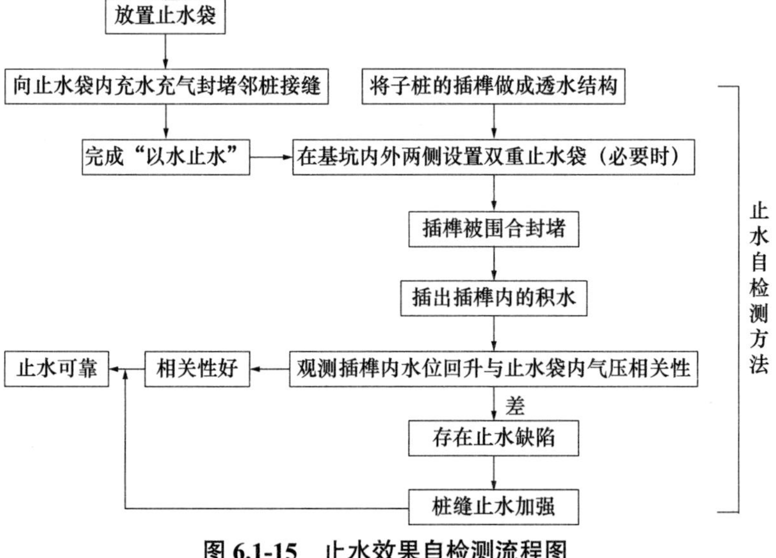

图 6.1-15　止水效果自检测流程图

“以水止水”止水自检测实施步骤如下：

（1）将水位检测井管侧面开孔；

（2）桩缝处双重止水袋安装；

（3）用真空泵抽出水位检测井管内部分积水；

（4）连续检测水位检测井管内的水位；

（5）绘制水位检测井管内的恢复水位的水位 − 时间变化曲线；

（6）根据绘制的恢复水位的水位 − 时间变化曲线，判定是否需要复测；

（7）对于需要复测的桩缝，加大止水袋内的气压，重复步骤（1）～步骤（5）；

（8）对于需要复测的桩缝，对比步骤（7）与步骤（5）绘制的恢复水位的水位 − 时间变化曲线，如果步骤（7）的水位恢复速度明显慢于步骤（5）水位恢复速度，则判定止水有效，否则，判定存在止水缺陷。

6.1.7 WSP 与钢板桩基坑支护原型对比试验

1. 试验工程地质概况

原型对比试验为南京市某管廊工程的一段，该段管廊总长度约 1000m，试验段基坑里程为 K0 ＋ 438～K0 ＋ 500 段，宽度为 6.75m，基坑开挖深度为 6.43～6.88m，试验场地土层分布图如图 6.1-16 所示。试验场地土体各项指标如表 6.1-2～表 6.1-5 所示。

2. 对比试验段基坑支护概况

对比试验段两端采用 15m 长的Ⅳ号拉森钢板桩支护，内加 2 道钢支撑。中部 62.1m 采用 WSP 围护，在挡土构件顶部加一道钢支撑。WSP 主管直径为 1020mm，壁厚 10mm，桩长 13m/15m 间隔布置，钢支撑在水平向间距为 6000mm，采用 609mm×16mm 钢管制作，围檩采用双拼 400H 型钢。WSP 与钢板桩对比试验段基坑支护剖面图如图 6.1-17 所示。

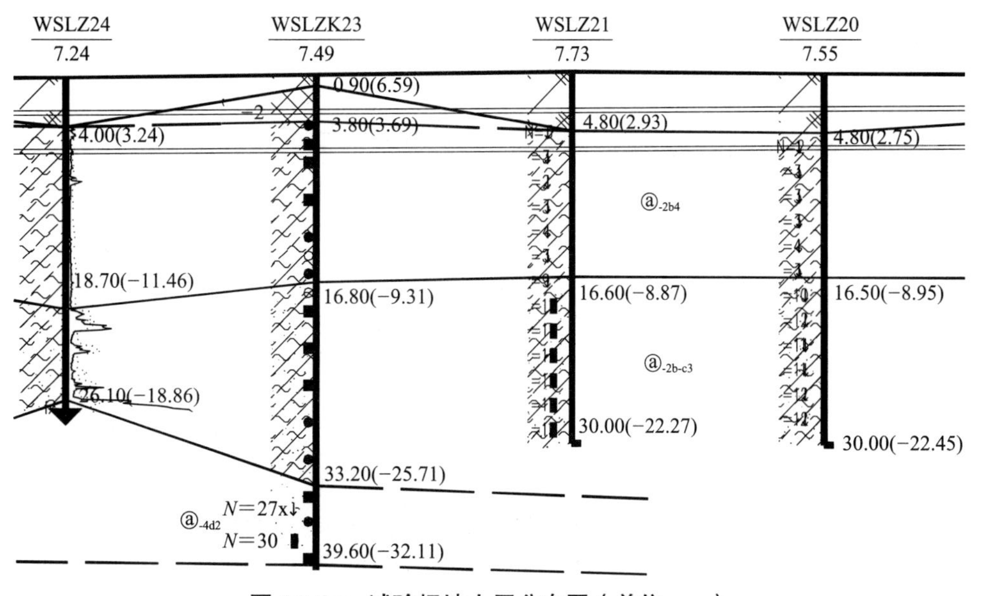

图 6.1-16 试验场地土层分布图（单位：m）

试验场地土体物理力学性质指标（平均值）　　表 6.1-2

层号及土层名称	含水量 ω（%）	土重度 γ（kN/m^3）	孔隙比 e	液限 W_L（%）	塑限 W_P（%）	塑性指数 I_P	液性指数 I_L
①$_2$ 素填土	26.1	19.5	0.769	34.8	20.7	14.2	0.38
②$_{-2b4}$ 淤泥质粉质黏土	37.9	18.2	1.071	36.0	21.2	14.8	1.13
②$_{-2b-c3}$ 淤泥质粉质黏土夹粉土粉砂	34.2	18.3	1.008	34.2	20.5	13.7	1.03

试验场地土体压缩性指标（平均值）　　表 6.1-3

层号及土层名称	压缩模量 $E_{s0.1\text{-}0.2}$（MPa）	先期固结压力 p_c（kPa）	压缩指数 C_c	回弹指数 C_s	静止侧压力系数 k_0
①$_2$ 素填土	5.12				（0.55）
②$_{-2b4}$ 淤泥质粉质黏土	3.48	93.4	0.281	0.033	0.60
②$_{-2b-c3}$ 淤泥质粉质黏土夹粉土粉砂	3.92	126.0	0.240	0.022	0.59

试验场地土体抗剪强度指标　　表 6.1-4

层号及土层名称	直剪快剪		直剪固快		三轴（UU）		灵敏度
	c_q（kPa）	φ_q（°）	c_{cq}（kPa）	φ_{cq}（°）	c_u（kPa）	φ_u（°）	S_t
②$_{-2b4}$ 淤泥质粉质黏土	15.6	6.7	15.1	11.2	17.6	1.1	3.19
②$_{-2b-c3}$ 淤泥质粉质黏土夹粉土粉砂	18.5	8.7	17.9	13.5	18.9	2.1	3.06

试验场地土体原位测试试验指标　　表 6.1-5

层号及土层名称	标准贯入试验 N（击）	静力触探试验标准值 Q_c（MPa）	平均波速（m/s）
①$_2$ 素填土	4.5	0.23	125.3
②$_{-2b4}$ 淤泥质粉质黏土	2.5	0.39	108.3
②$_{-2b-c3}$ 淤泥质粉质黏土夹粉土粉砂	7.7	1.34	121.3

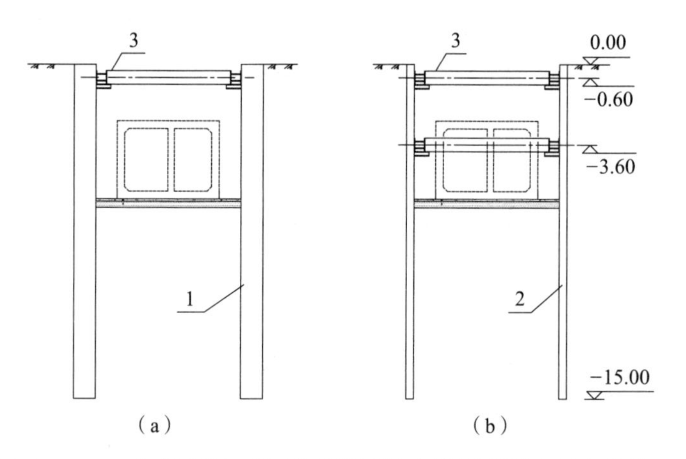

图 6.1-17　WSP 与钢板桩对比试验段基坑支护剖面图（标高单位：m）

（a）WSP 围护段（一道钢支撑）；（b）Ⅳ拉森钢板桩围护段（两道钢支撑）

1—WSP（ϕ1020@1600）；2—Ⅳ拉森钢板桩；3—钢管支撑 @6000

3. 试验监测成果与分析

在对比试验中，为了全方位对比 WSP 与钢板桩在打桩、围护与挖土、拔桩期间的地表沉降问题，在 WSP 拔桩期间，测量了钢板桩围护段、WSP 围护段的路面裂缝宽度。其中钢板桩围护段，根据施工工况，包括挖土完成后管廊结构施工、钢板桩已完成拔桩、基坑回填钢板桩尚未拔出三种工况。WSP 与钢板桩对比试验段坑边路面裂缝分布图如图 6.1-18 所示。现场照片如图 6.1-19 所示。

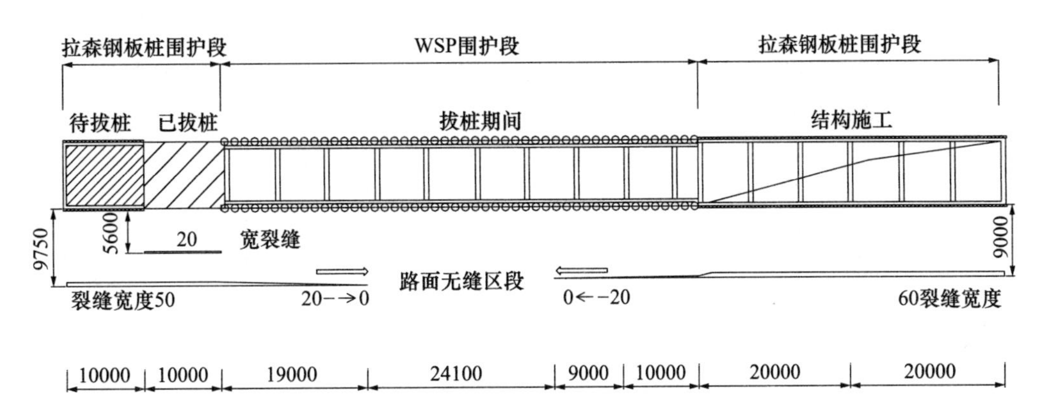

图 6.1-18　WSP 与钢板桩对比试验段坑边路面裂缝分布图

（a）　（b）　（c）

图 6.1-19　现场照片

（a）钢板桩围护段（宽 60mm）；（b）裂缝宽度过渡段（宽由 20mm 向 0 减小）；（c）WSP 围护段（无裂缝）

根据现场观察，在钢板桩围护段，距离基坑开挖面 10m 附近位置，钢板桩插入施工后即出现裂缝，表明插入施工对土体有一定的拖带沉降，在基坑开挖及管廊结构施工期间，路面裂缝持续扩大，总体平均宽度为 50～60mm，伴随的是裂缝与钢板桩之间的路面大幅度下沉，下沉量明显大于裂缝宽度。管廊基坑较窄，基坑开挖后垫层浇筑是及时的。开挖期间，虽然采用了两道钢支撑，路面开裂与下沉量仍很大，主要原因是钢板桩刚度小而产生较大变形所致。在基坑回填后，拔出钢板桩期间，因拔桩及带土影响，在距离钢板桩 5.6m 处，增加了宽度约 20mm 的第二条路面裂缝。表明钢板桩拔桩带土对周边路面影响大。

对比试验中，总计 WSP 围护段管廊长度为 62.1m，在 WSP 打入过程中，主钢管内形成了出土通道，桩身进入土体产生的挤压力通过出土通道释放，沉桩挤土效应很小，打桩没有引起路面裂缝。在基坑开挖期间，WSP 围护段的两端受邻近钢板桩围护段变形的影响产生 20mm 宽的路面裂缝，裂缝宽度由两端向中部明显减小，在经过长 19m 的 WSP 围护段后，路面不再出现裂缝。在中部长 24m 范围内没有路面裂缝和明显的路面沉降。

基坑开挖期间，WSP 围护段基坑支撑轴力监测成果（2018 年 7 月 29 日）如表 6.1-6 所示，WSP 围护段支撑轴力监测值历时曲线如图 6.1-20 所示。

WSP 围护段基坑支撑轴力监测成果（2018 年 7 月 29 日）　　表 6.1-6

监测点里程	K0 + 440	K0 + 460	K0 + 480	K0 + 500
支撑轴力监测值（kN）	830.11	820.72	447.62	354.18

注：WSP 围护段打桩施工时，前方钢板桩围护段（里程小于 K0 + 438）已完成开挖，后方钢板桩围护段（里程大于 K0 + 500）尚未开挖。

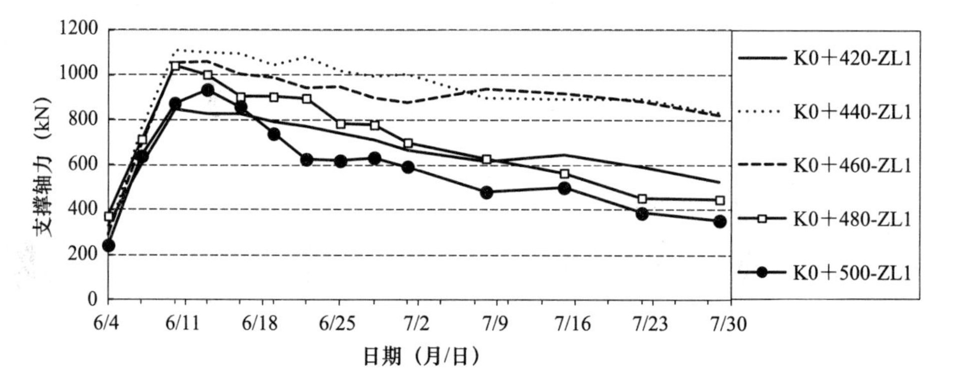

图 6.1-20　WSP 围护段支撑轴力监测值历时曲线

由表 6.1-6 与图 6.1-20 可以看出，前方钢板桩围护段基坑侧向位移大，而 WSP 围护段的侧向位移小，故在靠近钢板桩围护段的支撑轴力大，达到 830.11kN，在远离最先开挖的钢板桩围护段位置，WSP 围护段的支撑轴力逐步减小至 354.18kN，且减小幅度很大，表明，对比试验的 WSP 围护段在邻近钢板桩围护段，受钢板桩围护段侧向变形大的拖带影响明显，与图 6.1-18、图 6.1-19 所观察到的道路裂缝分布情况所揭示的规律一致，并能相互印证。

截至 2018 年 9 月 19 日，WSP 围护段开挖完成后深层土体侧向位移曲线如图 6.1-21 所示。WSP 围护段基坑土体深层水平位移计算最大值为 18.3mm，而实测最大值为 15.74mm，与计算值接近。由图 6.1-21 可以看出，各监测点土体深层水平位移实测值很接近，与测试点距离钢板桩围护段水平距离基本不相关，主要原因是土体深层水平位移监测点均紧贴 WSP 围护墙外侧布设，钢板桩围护段变形大对监测位移的拖带不明显，而对支撑轴力的影响大。

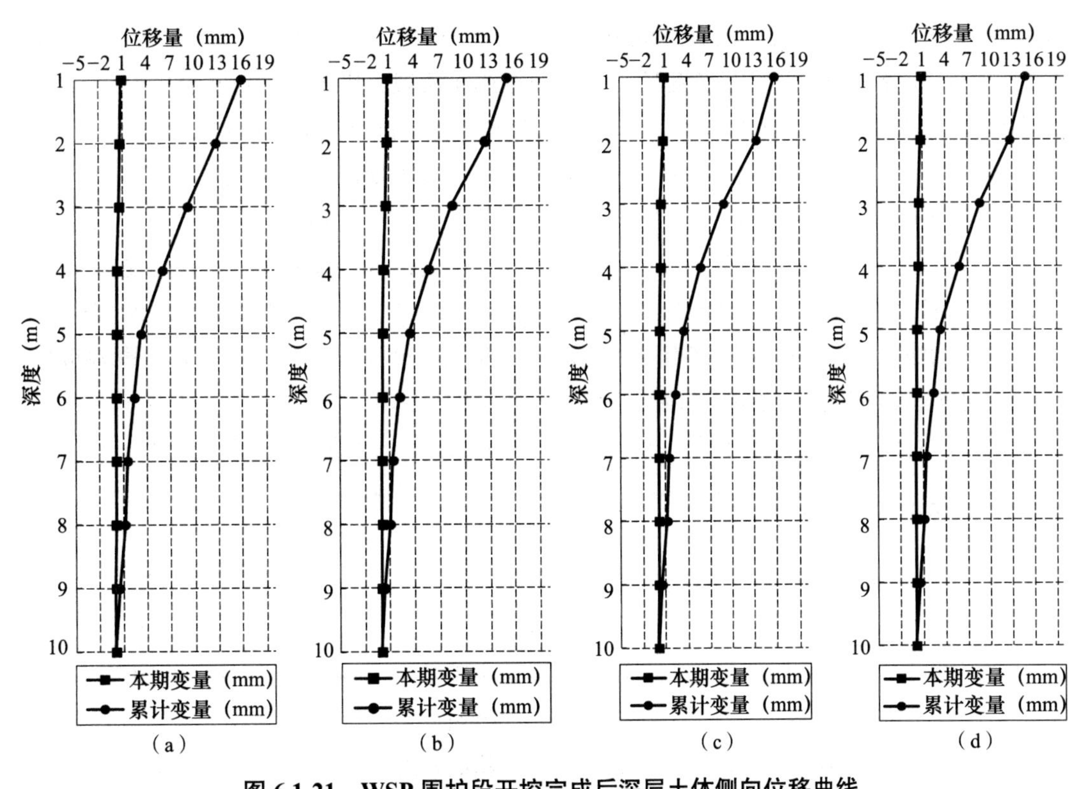

图 6.1-21　WSP 围护段开挖完成后深层土体侧向位移曲线

（a）K0 ＋ 440 测试点；（b）K0 ＋ 460 测试点；（c）K0 ＋ 480 测试点；（d）K0 ＋ 500 测试点

WSP 围护段道路沉降观测值历时曲线如图 6.1-22 所示。由图 6.1-22 可知，WSP 围护段的道路沉降较小，在基坑回填时，4 个观测点沉降值均小于 11mm。而钢板桩围护段出现很大沉降，并在道路裂缝处出现与裂缝宽度值相近的下沉台阶，路面沉降观测值达到 142mm。

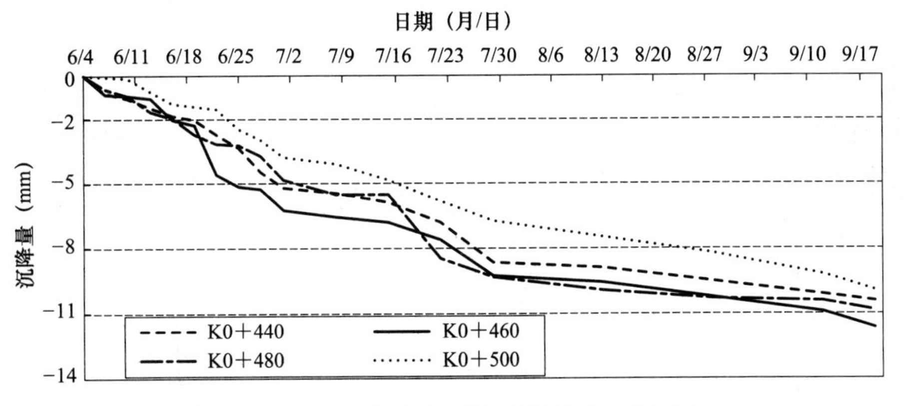

图 6.1-22　WSP 围护段道路沉降观测值历时曲线

4. 试验小结

本对比试验，将两种失效易发现的钢管桩连续墙（WSP）与钢板桩基坑支护结构进行对比，基坑挖深较深，详细观测了打桩施工、土方开挖与管廊结构施工、拔桩施工三阶段的基坑变形及支撑轴力情况，结果表明：① 在打桩施工阶段，当采用高频振动打桩施工时，WSP 能够在主钢管内形成冒土通道，桩体沉入土体产生的挤土效应可以得到较好地释放，打桩拖带沉降较钢板桩小；② 在基坑开挖及主体结构施工期间，虽然钢板桩采用了 2 道钢支撑，WSP 只采用了一道钢支撑，因 WSP 的刚度远远大于钢板桩，钢板桩围护段在此期间产生了较大的沉降与水平位移，并引起明显的路面裂缝；③ 在拔桩施工期间，钢板拔出带土及扰动再度引起土体较大的水平位移与沉降，并引起明显的路面裂缝增加，而 WSP 因采用土塞补偿法拔桩，消除了拔桩拖带不利影响。在试验过程中，WSP 围护邻近钢板桩段受到钢板桩围护段明显拖带影响，两端至中部路面裂缝逐步收敛至消失，是上述试验结果的直观体现，支撑轴力、路面沉降及土体侧向位移观测结果也印证了上述试验结果。

6.1.8　WSP 技术优越性

（1）WSP 实现了深基坑周边挡土构件采用全预制构件，装配式安装，使得掩埋于土体中的隐蔽工程质量可靠性提高，易于控制。且在插拔施工过程中，桩顶是最薄弱点，失效可发现性好，在设计安全系数足够，分节接头质量控制严格，打桩施工过程监控的条件下，可判定为绝对不失效构件，安全度高，是深基坑支护鲁棒性设计的优选挡土构件；

（2）WSP 的止水结构，可采用双保险控制，在基坑开挖前，可对止水效果进行自检测，WSP 止水的效果可检测性、可修复性及双重止水保障特征，很好地体现了深基坑支护的鲁棒性设计理念，安全度、可靠性高；

（3）工程实践证实 WSP 打拔施工拖带沉降微小；

1）采用高频振动打钢管桩时，钢管内外土体分离，形成桩内冒土通道，桩外挤土效应甚微，打桩拖带沉降小，WSP 微扰动打桩原理与实践如图 6.1-23 所示。图 6.1-23（b）给出了某边长为 50m，挖深 11.7m 的深基坑支护工程中长 25mWSP 打桩过程邻近地表沉降监测值（小于 5mm），图 6.1-23（c）为邻近天然地基房屋（净距离 1.7m）打入 WSP 的图片；

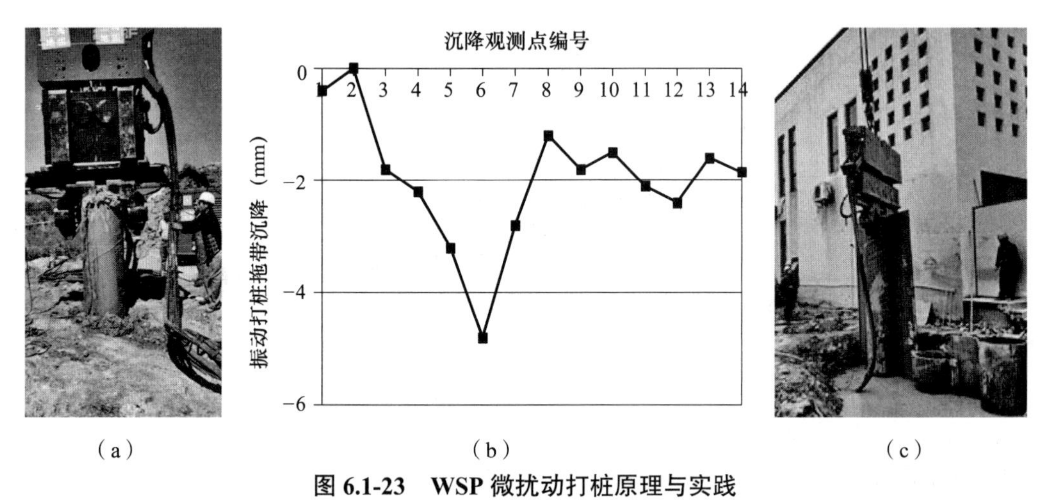

（a）　　（b）　　（c）

图 6.1-23　WSP 微扰动打桩原理与实践

（a）桩内冒土；（b）WSP 打桩过程地表沉降监测值；（c）紧贴天然地基房屋打桩（1.7m）

2）土塞补偿法可以消除拔桩拖带沉降问题：

土塞补偿法可以将钢管内的土体与拔桩同步从钢管桩底部推出，能实时密实回填拔出构件及其外侧带出土体而产生的空隙，可以通过推土压力调节回填密实度。因此，土塞补偿法可以消除拔桩拖带沉降问题。上海某天然地基地下车库基坑拔桩监测成果（距 WSP 净距离为 800mm）如图 6.1-24 所示。

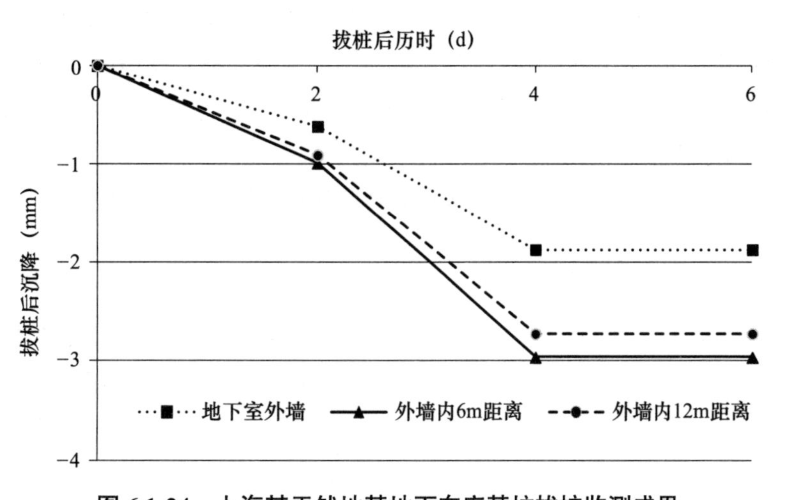

图 6.1-24　上海某天然地基地下车库基坑拔桩监测成果（距 WSP 净距离为 800mm）

（4）工程实践证实能节约工期 1～3 月，主要通过施工速度快、无需养护、易于交叉施工三方面实现；

（5）因实现全回收再利用，无原材料损耗，较现有技术可节约 15%～55% 造价；

（6）WSP 实现了深基坑周边挡土构件原材料的全回收再利用，达到资源消耗最省、土中固体废弃物为零的最佳环保目的，且施工过程中场地干净。

6.1.9　全回收装配式钢管桩连续墙（WSP）深基坑支护技术产业化

有生命力的新技术在经过试验验证、中试、初步应用后，进入产业化。新技术产业化的过程是曲折的，会遭遇很大的阻力，特别是对于深基坑支护工程，工程规模大、周期长、风险大、验证时间长，产业化过程更是艰难。

在产业化过程中，新技术的安全性、经济性及高效性是推动其产业化源源不断的内生动力。

土木工程新技术验证时间长，安全可靠性及其验证是可用的前提。WSP 技术在投入使用前，做了挖深 13m 的原型试验（如 6.1.4 节所述）。经过试验，掌握了钢管桩连续墙的止水机理，使钢管桩连续墙的制作、施工工艺成熟，较好地反映出插入与开挖施工对补偿基础建筑物的影响。

1. 首试工程应用至关重要

在原型试验完成后，从技术的角度，可以进行工程应用。但是，要得到行业界的认可任重道远，在土木工程行业内，肯定一项新技术成功的难度很大。WSP 试用时，选择了一个挖深 5.25m 的基坑。

（1）首试工程概况

基坑挖深 5.25m，面积约 5500m^2，周长约 360m，呈 L 形。周边环境十分复杂：邻近东侧南段为地下一层地上二层的补偿基础建筑物，距离基坑开挖面约 2.4m；南侧紧邻韩村路，在围护桩外侧 200～300mm 有光缆通过，距离开挖面 2～3m 分布有高压电缆，1～0.5m 处有 ϕ600 的铸铁自来水管；西侧距离开挖面约 4m 有光缆，距离开挖面约 7m 有高压电缆。

场地工程地质条件与试验场地较为相似，分布有上海地区较典型的软土地层，在基坑开挖影响范围内有较易发生流砂、管涌灾害的砂质粉土层，地层分布及主要物理力学性指标如表 6.1-7 所示。

地层分布及主要物理力学性指标　　表 6.1-7

层序	土层名称	层厚（m）	孔隙比 e	含水量 ω（%）	重度 γ（kN/m^3）	状态或密实度	比贯入阻力 p_s（MPa）	压缩模量 $E_{s0.1\sim0.2}$（MPa）	固结快剪		渗透系数 K（cm/s）
									凝聚力 c（kPa）	内摩擦角 φ（°）	
①	填土	1.7									
②	粉质黏土	1.3	0.867	29.9	18.6	软塑～可塑	0.73	4.7	20	17.0	3E-6
③	淤泥质粉质黏土	1.5	1.179	42.3	17.5	流塑	0.39	3.0	11	14.5	4E-6
③$_{夹}$	砂质粉土	0.9	0.817	28.1	18.6	松散	2.3	12.9	1	30.5	4E-4
③	淤泥质粉质黏土	7.6	1.179	42.3	17.5	流塑	0.51	3.0	11	14.5	4E-6
⑤$_1$	黏土	12.9	1.143	39.7	17.5	软塑	0.78	3.5	16	13.5	

（2）首试 WSP 结构构造

在基坑南侧与西侧选用钢管桩连续墙（WSP）围护结构。基坑西侧，上部 2m 按照 1：1.5 放坡，下部采用 ϕ1220×12mm@1900×14500mm 的钢管桩悬臂式围护结构，基坑南侧采用 ϕ1020×10mm@1600×13000mm 钢管桩连续墙围护，近 2 层房屋段采用 6 根 ϕ820×10mm@1400×13000mm 钢管桩连续墙围护，采用型钢角撑与斜撑作为水平承载结构。钢管桩连续墙的构造如图 6.1-25 所示。

图 6.1-25　钢管桩连续墙的构造

图 6.1-25 中，钢管桩连续墙由子管与母管组成，均为对称结构。子管包括一根钢管，两块连接板及两根插榫。插榫采用 ϕ60×6mm 钢管制作，子管的各部件之间设置通长焊缝；母管包括 1 根钢管、2 根插槽与 4 根槽钢。插槽采用 ϕ121×8mm 的钢管制作，一侧开口。母管的各部件沿钢管长度方向满焊连接，在钢管、插槽与槽钢之间设置加劲板以提高连接强度。子管上的插榫与母管上的插槽通过子母相扣的形式连接，同时由子管上的连接板与母管上的槽钢围成沿邻桩接缝方向的止水腔，在止水腔内置入弹性袋并充水封堵邻桩接缝，实现“以水止水”。

（3）首试工程插入施工

采用振动法插入施工，施工设备如图 6.1-26 所示，施工完成后的钢管桩连续墙如图 6.1-27 所示。

图 6.1-26　施工设备

图 6.1-27　施工完成后的钢管桩连续墙

2015 年 3 月 30 日开始打桩，先施工基坑南侧，自西向东逐根施工，至 4 月 10 完成；再施工基坑西侧，自南向北逐根施工，至 4 月 21 日完成。此后进行基坑降水、支撑及挖土施工。

在打桩过程中，钢管桩连续墙以“切入”的方式插入土体，插入施工后，钢管内外侧土体表面情况如图 6.1-25 所示，钢管内的土体表面高于施工前 200～500mm。

本工程共插入钢管桩 104 根，单根桩插入施工时间一般为 10～20min。

（4）基坑开挖

该基坑近房屋侧，自 2015 年 6 月 5 日开始开挖，至 6 月 15 日结束。开挖后，钢管桩连续墙围护段未发现漏水，共计 103 条邻桩接缝未出现脱开问题。

（5）房屋影响分析

插入施工、基坑开挖过程中，对补偿基础两层房屋与邻近的管线进行了跟踪观测，邻近基坑二层补偿基础房屋沉降观测点平面布置图如图 6.1-28 所示。邻近基坑二层补偿基础房屋沉降历时曲线如图 6.1-29 所示。

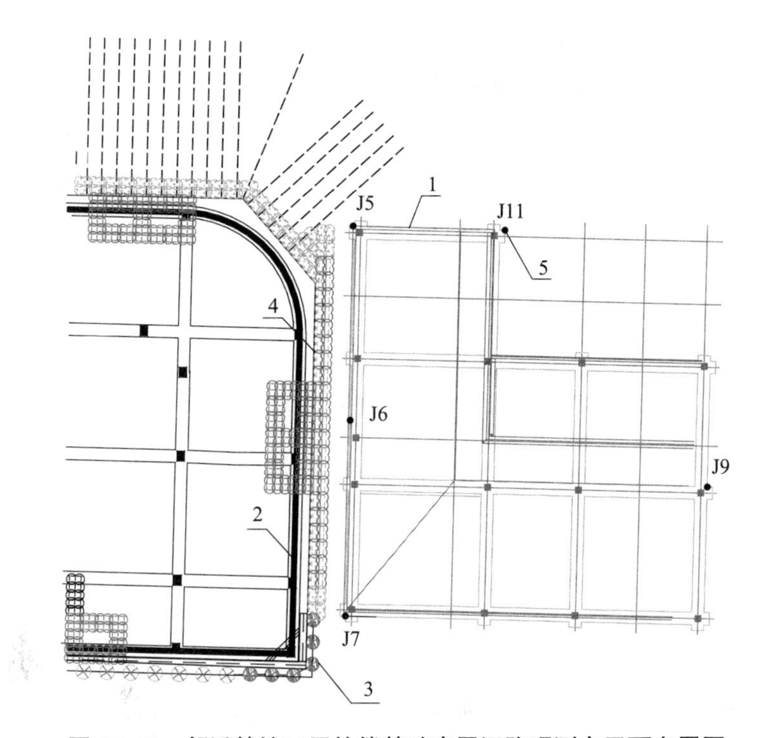

图 6.1-28　邻近基坑二层补偿基础房屋沉降观测点平面布置图

1—已建房屋天然基础；2—新建地下室；3—WSP；4—双轴搅拌桩；5—沉降监测点

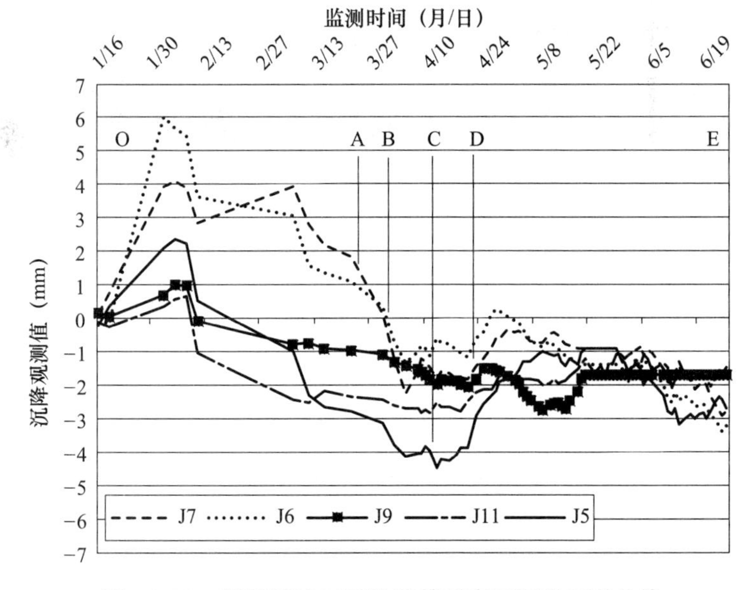

图 6.1-29　邻近基坑二层补偿基础房屋沉降历时曲线

如图 6.1-29 所示，房屋的沉降观测自施工前的 2015 年 1 月 5 日开始，历时 6 个多月，可分为以下 5 个阶段：第一阶段自 1 月 5 日至 3 月 22 日，为房屋西侧北段双排水泥土搅拌桩隔水帷幕、坑底加固施工阶段，即 OA 段；第二阶段自 3 月 22 日至 3 月 30，为休止期，即 AB 段；第三阶段自 3 月 30 日至 4 月 10 日，为基坑南侧钢管桩连续墙插入施工阶段，即 BC

段，第四阶段自 4 月 10 日至 4 月 21 日，为基坑西侧钢管桩连续墙施工期，即 CD 段；第五阶段自 4 月 21 日后，用于接缝处理的少量旋喷桩施工、基坑降水、开挖阶段，即 DE 段。

在如图 6.1-29 所示的第一阶段，双排双轴水泥土搅拌桩隔水帷幕的施工使得房屋局部抬升，其中，离基坑较近的 J5、J6、J7 观测点抬升幅度较大，J6 点达到 6mm，离基坑稍远的 J9、J11 点抬升较小，均不大于 1mm。在春节放假期间，各测点均有较明显的下沉。春节后，在 J7 点附近进行搅拌桩坑底加固，J7 点又有少量抬升，且各点下沉速度放缓。第二阶段，各点均下沉，下沉速度较第一阶段后期稍快。第一阶段与第二阶段监测表明：与本基坑相邻的两层补偿基础房屋，对地基土的扰动反应敏感，少量的搅拌桩施工亦会导致较为明显先抬升再下沉的垂直位移变化，地基土微小的施工扰动便会导致明显的垂直位移。在 BC 段，钢管桩连续墙由远及近施工。开始时，各点下沉回调的趋势仍较为明显，在后期趋于稳定。各观测点垂直位移变化均在 2mm 以内，表明钢管桩连续墙的插入施工对周边环境影响甚微。在第四阶段，邻近房屋无施工项目，各点的沉降趋于稳定，变化量小于 1mm，表明钢管桩连续墙插入施工后，后期沉降极其微小；在第五阶段，在不同围护结构的衔接处及搅拌桩施工冷缝处进行少量的旋喷桩，邻近基坑的 J5、J6、J7 点有 1～3mm 的抬升，而较远的 J9、J11 点有略小于 1mm 下沉。邻近房屋的补偿基础埋深仅高于本基坑底 700mm，基坑开挖时，房屋沉降很小。最终各观测点均有微量沉降，其值均控制在 4mm 之内，达到了极佳的围护效果。

（6）拔桩施工

该基坑于 2015 年 10 月开始拔桩施工，拔桩施工采用了孔压反力土塞补偿法拔桩，即利用钢管桩连续墙的钢管桩内土塞提供部分拔桩推力，在拔桩的同时，将钢管桩内的土体从钢管桩底部挤出，密实充填桩体拔出及桩身外侧带土引起的空隙，很好地控制了拔桩拖带沉降。拔桩过程中及拔桩后地表沉降监测值如图 6.1-30 所示。

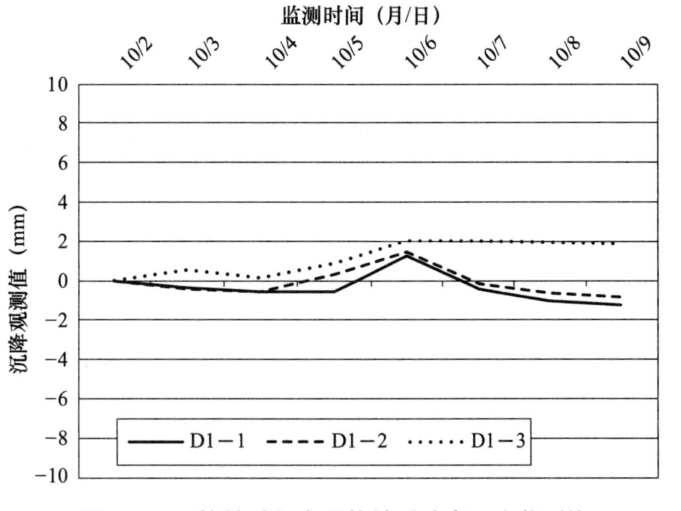

图 6.1-30　拔桩过程中及拔桩后地表沉降监测值

因基坑上部放坡，图 6.1-30 中的三个监测点距离围护桩的距离为 7～9m，监测点 D1-1、

D1-2略有下沉，D1-3 监测点略有抬升，但其数值均小于 2mm。

（7）首试工程小结

1）钢管桩连续墙是一种全回收的基坑围护墙形式，本节介绍在邻桩接缝处采用“以水止水”技术。通过挖 13m 深坑的止水原型试验，针对设置与不设置止水连接两种工况，基于渗水量、流砂情况、坑外水位与沉降观测与分析，表明不设置止水连接难以满足深基坑止水要求，设置止水连接可以避免地下水渗透引起的灾害，能很好满足深基坑止水要求；从正反两方面证实了“以水止水”的止水连接是必要且有效的；

2）通过钢管桩连续墙在基坑支护中的应用，结合监测成果分析，表明在复杂环境条件下，钢管桩连续墙可采用振动法插入施工，插入施工过程中，部分被挤压土体从钢管内侧涌出，不存在桩塞效应，沉桩挤土效应甚微；

3）拔桩过程中的监测资料表明，采用土塞补偿法拔桩可以有效控制拔桩对周边环境的影响；

4）工程实例的监测分析证实，钢管桩连续墙插入施工拖带沉降很小，在试验与工程实例中，插入施工拖带沉降均控制在 2mm 之内，且主要为瞬时沉降。

2. 十六项细节问题解决方案与成套技术体系

新技术产业化过程中，经常带来大量的细节问题需要及时发现，妥善解决，逐步形成产业链，使业态成熟。WSP 在产业化过程中，解决了大量的细节问题，使技术走向成熟，而所有的细节都需要在实践中发现，在实践中检验解决方案的优劣。WSP 在产业化过程中，解决了钢管桩局部压屈问题、钢管桩垂直度与平行度控制问题、调直与整圆机械研制、分节接头的试验与优选、止水袋设计与制造、密封袋与止水腔接触缝隙处理、微扰动插拔施工工艺研发与设备制造、配套结构研发与应用、免振扰自钻进施工设备研发等诸多细节问题，这些细节问题的解决与方案的优化，实现技术革新系统化，本节举例介绍。

（1）不同地层施工可行性试验

WSP 的设计与施工和建设场地的地基土特性密切相关，施工工艺的选择与地基土特性及周边环境保护要求密切相关。在 WSP 产业化过程中，结合需求方的要求及工程需要，做了大量的打桩原型试验，涉及的土层包括软土、硬黏土、卵石层、粉性土层及密实粉细砂层（俗称铁板砂），采取有区别的施工处理方式。

1）软土沉桩试验

软土是 WSP 打拔施工较易的土层，可以直接选择高频液压振动锤打桩，施工速度快，一般每分钟沉桩速度可达 2～4m。图 6.1-31 为上海软土地区 WSP 打桩试验，桩径 1.2m，带有 WSP 止水结构，桩长 24m，7～8min 即完成单桩沉桩施工，WSP 打桩试验场地地层分布及静力触探试验曲线如图 6.1-32 所示。

2）黏土中沉桩方案

对于 WSP，在可塑～硬塑、硬塑、坚硬的黏性土中沉桩较软土困难，综合考虑速度、经济性等因素，根据原型打桩试验结果，可在打桩前，在黏土中钻孔或用搅拌桩机搅拌扰动土体，可大幅度降低打桩阻力，然后用液压振动锤打桩。图 6.1-33 为上海青浦地区粉质黏土与中密砂质粉土中的 WSP 沉桩试验。本试验场地地层特点为 3.5～6.7m 以上海青浦地区可塑～硬塑的⑥$_1$层粉质黏土，其下为中密的砂质粉土，试验场地地层分布及静力触探试验曲线如图 6.1-33（b）所示。

图 6.1-31　上海软土地区 WSP 打桩试验

土层编号	土层名称	层底深度(m)	平均值p_s(MPa)
①$_1$	填土	1.9	1.37
②$_1$	粉质黏土	3.1	1.01
③	淤泥质粉质黏土	9.0	0.57
④	淤泥质黏土	19.8	0.82
⑤$_1$	粉质黏土	25.6	1.45
⑤$_4$	粉质黏土	29.3	2.86

图 6.1-32　WSP 打桩试验场地地层分布及静力触探试验曲线

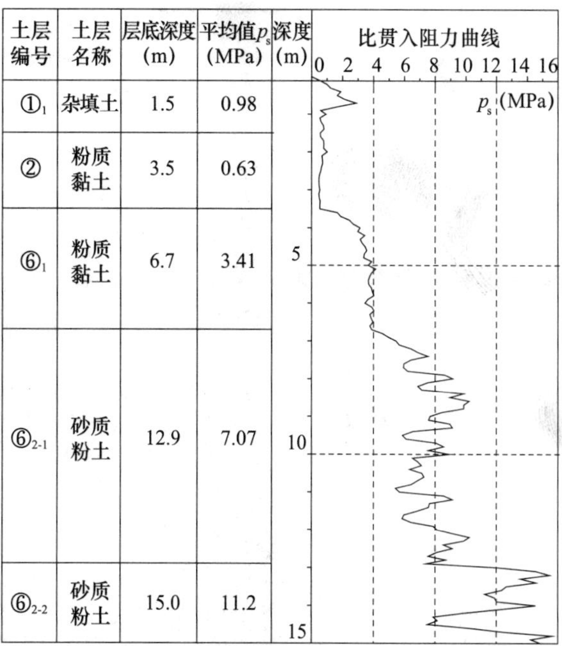

土层编号	土层名称	层底深度(m)	平均值p_s(MPa)
①$_1$	杂填土	1.5	0.98
②	粉质黏土	3.5	0.63
⑥$_1$	粉质黏土	6.7	3.41
⑥$_{2-1}$	砂质粉土	12.9	7.07
⑥$_{2-2}$	砂质粉土	15.0	11.2

（a）　（b）

图 6.1-33　上海青浦地区粉质黏土与中密砂质粉土中的 WSP 沉桩试验

（a）试验照片；（b）地层分布及静力触探试验曲线

试验前，采用直径 300mm 的长螺旋钻进行扰动引孔，孔深 12m，WSP 主管直径为 1m，每根桩扰动孔 3 个，扰动施工后，采用高频液压振动锤打桩。打桩过程中，在 7m 以上，扰动效果明显，7m 以下效果不明显。表明，在黏性土中可以采用引孔扰动减小打桩阻力，而在粉性土中采用扰动法降低打桩阻力的效果不明显。

3）松散～稍密砂性土、粉性土中沉桩

在松散～稍密的砂性土、粉性土中，适宜采用高频液压振动方式沉桩，高频液压振动可引起桩土接触面土体液化，从而大幅降低沉桩阻力。图 6.1-34 为稍密砂质粉土中高频液压振动沉桩。

（a）

土层编号	土层名称	层底深度(m)	平均值 p_s (MPa)
①$_1$	素填土	1.8	0.77
②$_1$	粉质黏土		
②$_3$	砂质粉土	9.1	3.86

深度(m)：2　4　6　8　10

比贯入阻力曲线

0　2　4　6　8　10

p_s (MPa)

（b）

图 6.1-34　稍密砂质粉土中高频液压振动沉桩

（a）沉桩照片；（b）地层分布及静力触探试验曲线

4）密实粉细砂中沉桩

密实粉细砂，俗称铁板砂，密实度高、承载力高，桩端阻力大，且在振动作用下存在振密现象，是作者在多种地层 WSP 沉桩施工中遇到沉桩难度最大的地层。WSP 桩体直径大，在密实粉细砂中采用静压、锤击法沉桩困难大，采用振动法沉桩，阻力也非常大。在沉桩试验中，首先采用高压旋喷扰动后，再沉桩，沉桩难度降低不多。后来采用先钻孔，再沉桩的方式完成沉桩施工。试验中证实，采用高压水冲结合振动沉桩的方式也是可行的。图 6.1-35 为南京浦滨路密实粉细砂中引孔沉桩试验场景。

5）卵石地层中沉桩

卵石地层对于大量的地下工程施工是比较困难的，对于 WSP，如果采用振动法沉桩，因钢管壁较薄，可以通过震碎、挤偏等方式避开卵石，完成沉桩。图 6.1-36 为浙江省宁海市卵石地层中沉桩试验场景。试验结果显示，在卵石地层中，直接采用振动法沉桩是可行的，但沉桩阻力较大。在试验中，试用了进口及国产高频液压振动锤进行试沉桩，虽然可以将直径 1220mm 的钢管桩沉入土体 12m，但振感很明显。为了减小打桩振动的影响，试验后期，调用了旋挖钻机进行引孔，然后采用免共振高频液压振动锤沉桩，同时对沉桩振动进行了检测。检测结果表明，对直径 630mm 的钢管桩，采用引孔及免共振锤施工措施后，在距离打桩点 5m 范围以外，打桩振动的影响在规范允许范围之内。

（a） （b） （c）

图 6.1-35 南京浦滨路密实粉细砂中引孔沉桩试验场景

（a）钻孔后沉桩；（b）高压旋喷扰动与引孔打桩施工；（c）现场勘察取样

层序	层底埋深(m)	层厚(m)	层底标高(m)	图例	土层描述
1-1	0.90	0.90	12.01		填土
	2.40		10.51		粉质黏土：灰黄色，多呈可塑～硬塑状，层底含砂和砾石，稍有光泽，无摇震反应，干强度高
	2.90	0.50	10.01		
2	4.80	3.90	8.11		
4	9.90	5.10	3.01		含黏性土圆砾：稍密状，中低压缩性，主要由黏性土、砂、砾石和卵石组成，骨架颗粒粒径以1～4cm为主，呈次圆状，分选性差，占总质量的50%～60%，局部砂含量较高变相为砾砂

（a） （b）

图 6.1-36 浙江省宁海市卵石地层中沉桩试验场景

（a）试验照片；（b）试验地层分布

6）地下障碍物避让

WSP 主要构件为薄壁的钢管，横截面材料占用体积小，可以避开分布于地下的废旧桩等障碍物，使障碍物位于钢管内侧或外侧，避免拔桩等难度高的清障工作。图 6.1-37 为 WSP 避让废旧管桩图示。

（a）

（b）

图 6.1-37　WSP 避让废旧管桩图示

（a）围护桩位置的废旧 PHC 管桩；（b）WSP 在废旧管桩区形成围护

（2）钢管桩的局部压屈问题与解决方案

钢管桩是薄壁结构，工程实践中必须解决局部压屈问题。本节结合 WSP 工程应用实践中的问题发现、计算分析、问题解决方案及后续成功应用，旨在强调 WSP 局部稳定性控制的重要性。

1）局部压屈问题工程概况

某地铁站出入口基坑，挖深为 11.74m，基坑长度为 37m，狭长形基坑。基坑南侧为 WSP 围护，基坑北侧为厚 800mm 的地下连续墙围护。钢管桩局部压屈工程概况图如图 6.1-38 所示，场地地层分布及静力触探试验曲线如图 6.1-39（a）所示，场地各土层的强度指标见表 6.1-8。第一道支撑为钢筋混凝土支撑，第二道与第三道为钢支撑，钢支撑与 WSP 之间采用双拼 400mm×400mmH 型钢腰梁，设计要求腰梁与 WSP 之间的缝隙用素混凝土填实。

（a）

（b）

图 6.1-38　钢管桩局部压屈工程概况图

（a）基坑概况；（b）素混凝土回填不足

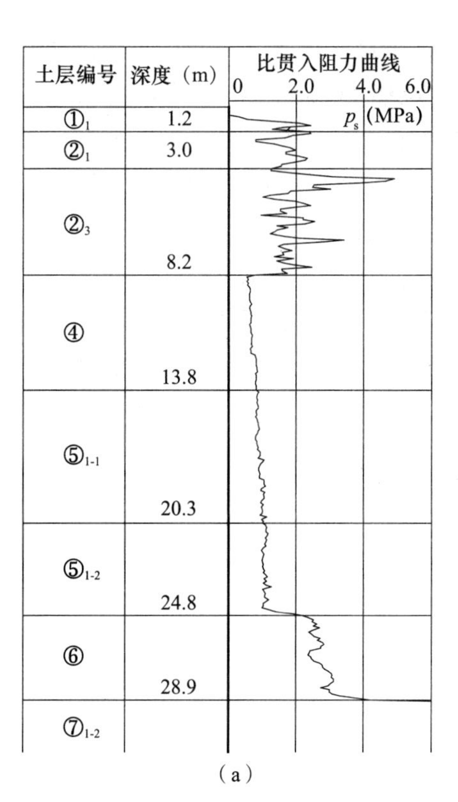

（a）

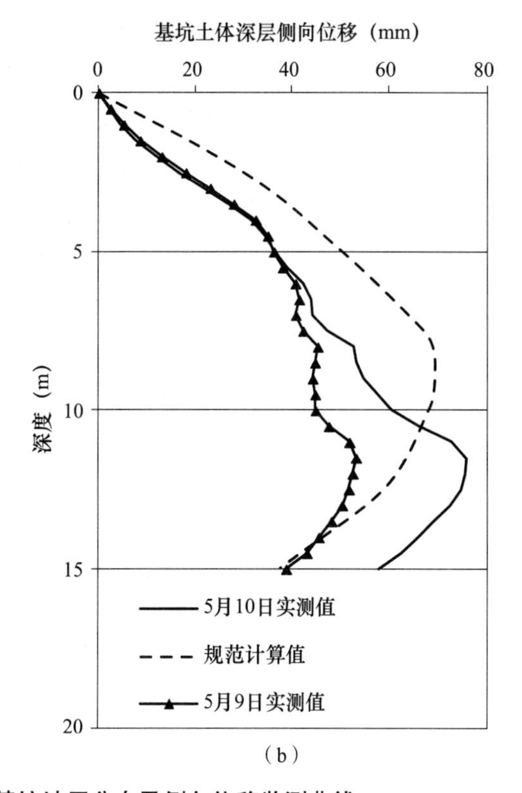

（b）

图 6.1-39　出现局部压屈问题基坑地层分布及侧向位移监测曲线

（a）地层分布及静力触探试验曲线；（b）深层土体侧向水平位移计算值与监测值

场地各土层的强度指标　　表 6.1-8

层序	土层名称	厚度（m）	重度 γ（kN/m³）	固结快剪 c（kPa）	固结快剪 φ（°）	不排水抗剪强度 CU（kPa）	静止侧压力系数 k_0	水平向基床系数 K_{h0}（kN/m³）	灵敏度 S_t
①	填土	0.45	18.0	10	10				
②$_1$	粉质黏土	1.80	18.4	20	18.5				
②$_3$	黏质粉土夹淤泥质粉质黏土	4.00	18.4	5	26.5		0.48	191233	
③	淤泥质粉质黏土	1.48	17.2	12	15.0	24.2	0.54	70837	3.28
④	淤泥质黏土	5.32	16.8	11	11.0	28.4	0.49	91388	3.10
⑤$_{1-1}$	黏土	6.20	17.5	13	11.5	37.0	0.46	117509	3.37
⑤$_{1-2}$	粉质黏土	4.00	18.1	15	18.0	44.5	0.45	141856	3.55
⑥	粉质黏土	4.60	19.6	42	18.0	110.4	0.45	382056	
⑦$_{1-2}$	砂质粉土	5.00	18.5	6	31.0		0.45	1397623	

在基坑支撑施工过程中，支撑安装单位未按照设计要求回填素混凝土，只是在腰梁的上表面回填了厚 150～350mm 的素混凝土，平均 220mm，腰梁高 800mm，下部留有孔洞，如图 6.1-38（b）所示。

上述问题导致第二道（471kN）和第三道（784kN）钢支撑轴力一直很小，支撑效果差，基坑深层水平位移很大（2017 年 5 月 10 日最大侧向位移 75.8mm，位于开挖面位置），开挖到坑底时，坑底附近深层土体侧向日位移量达到 23.1mm/d，出现局部压屈问题。

根据图 6.1-39（b），本基坑深层土体侧向位移具备以下特征：① 最大侧向位移发生在坑底位置，与常规最大侧向位移发生在坑底以下 2～4m 有明显区别；② 第二道支撑位置发生了较大侧移（日变化量达到 10.43mm），但支撑轴力没有增加，表明支撑端部（钢管桩邻近开挖面位置）未出现明显位移，钢管迎土面发生较大位移，说明支撑处钢管被压扁。

比较幸运的是，该基坑面积小，在开挖至坑底后，立即完成了厚 300mm 的素混凝土垫层浇筑，垫层浇筑完成后，基坑变形趋于稳定。

2）局部压屈计算分析

针对图 6.1-38（b）出现的问题，结合钢管力学特性及土层力学特性，对局部压屈问题进行了计算分析。钢管桩局部压屈问题计算模式图如图 6.1-40 所示。计算钢管桩的壁厚为 10mm，直径为 1020mm，桩间距为 1.28m。

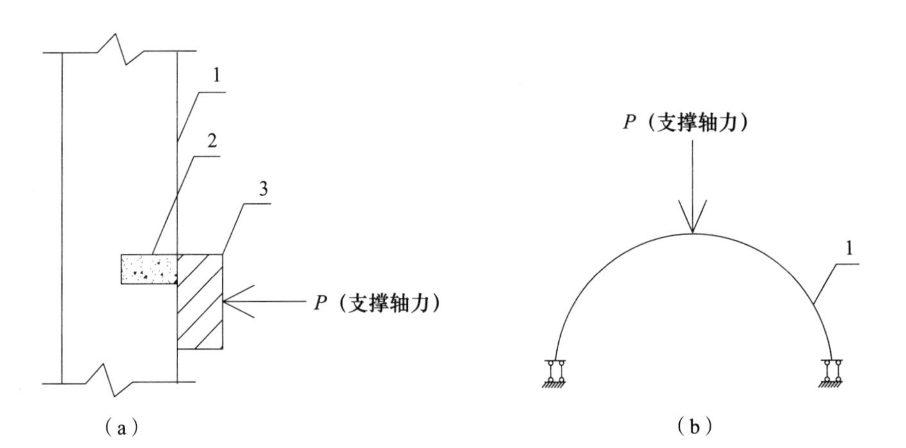

图 6.1-40　钢管桩局部压屈问题计算模式图

（a）纵剖面计算模式图；（b）横断面计算模式图

1—钢管桩；2—混凝土填充（厚 150～350mm）；3—钢圈梁

根据如图 6.1-40 所示的计算模式，钢管桩与钢腰梁线接触（腰梁与钢管桩缝隙间不填充）局部压屈承载力计算值非常低。

在考虑桩内土体静止土压力作用的情况下，局部压屈时钢管支撑轴力计算值与实测值对比见表 6.1-9。由表 6.1-9 可以看出，计算值与实测值基本一致。

局部压屈时钢管支撑轴力计算值与实测值对比　　表 6.1-9

支撑位置	单桩接触面局部压屈条件下水平向极限承载力（kN/根）	钢支撑间距（m）	桩梁接触面（偏心回填）局部压屈条件下支撑轴力计算值（kN）	支撑轴力实测值（kN）	桩梁接触面密实填筑单桩局部压屈承载力设计值（kN/根）	备注
第二道支撑	120	3.8	453	471	＞1800	桩间距 1.28m
第三道支撑	180	3.8	679	784	＞1800	

以素混凝土将钢管桩与钢腰梁之间的空隙密实回填时，桩梁接触面密实回填局部压屈计算模式图如图 6.1-41 所示。由表 6.1-9 可知，桩梁接触面密实回填与偏心回填的单桩局部压屈承载力存在很大的区别，密实回填后，局部压屈承载力可提高 10 倍以上。

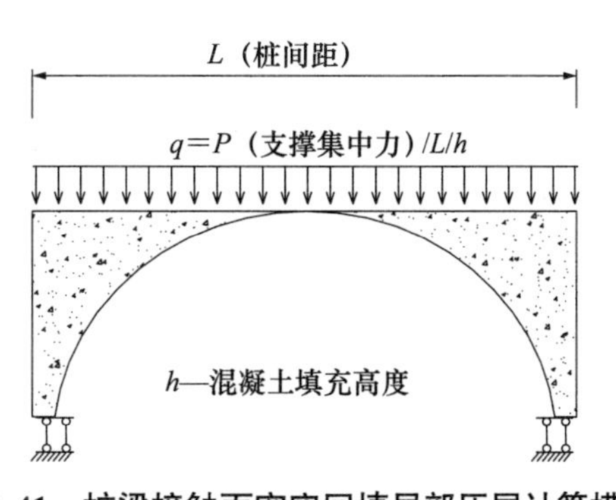

图 6.1-41　桩梁接触面密实回填局部压屈计算模式图

3）钢管桩局部压屈工况下基坑位移核算及与实测值比较

该项目钢管桩局部压屈问题出现后，结合支撑布设、地层分布及地层条件，对开挖至坑底时的钢管桩变形及应力进行了计算分析，计算时，将实测的两道钢支撑轴力代替钢支撑。由图 6.1-39（b）可以看出，用支撑实测轴力代替钢支撑，钢管桩深层侧向位移计算值与实测值相符较好。而此时的钢管最大拉应力计算值达到 236MPa，略大于材料强度设计值。

4）U 形型钢混凝土垫块及后续成功应用

局部抗压承载力是钢管作为受力结构必须满足的要求，考虑到钢腰梁与 WSP 之间充填素混凝土需要一定的养护期，设计如图 6.1-42 所示的解决钢管桩局部压屈问题的 U 形型钢混凝土垫块，使得支撑结构在开挖后能够快速施加预应力，控制基坑变形。该预制的 U 形型钢混凝土垫块在后期工程中得到了广泛应用。

图 6.1-42　解决钢管桩局部压屈问题的 U 形型钢混凝土垫块

（3）打桩振动问题及多样化施工方案

本节依据作者较长时间在多种土层中的打拔桩经验，结合打桩振动监测原型试验，概要介绍振动打桩机械性能、存在的问题及作者在打拔桩工艺、设备上的研发成果。

1）电动振动打桩锤

电动振动打桩锤主要构造包括电动机、与电动机连接的偏心块、夹具及打桩锤机座四部分。其中，电动机与偏心块成对布设，每对偏心块在水平方向同步反向旋转，水平向的离心力相互抵消，在垂直方向同步旋转，偏心块同步转至最高点及最低点，从而产生向上、向下的离心力，通过夹具与钢桩连接，带动桩体上下振动。当桩与打桩锤作为整体所承担的合力向下时，桩体将在上下高速振动过程中下沉，即为打桩过程；当上述合力方向向上时，桩在振动中上移，即为拔桩过程。

电动振动打桩锤价格较低，振动频率低，当需要较大打桩激振力时，锤头的重量大，对起吊设备要求较高，且打桩振动大。

2）高频液压振动锤

高频液压振动锤重量轻，因振动频率高而产生较大的打桩激振力，同时可在桩土接触面以高频振动使土体较充分液化，减小打桩阻力。打桩过程中，机械振动频率高，所产生的噪声较小，机械安装运输便捷，几小时内便可投入使用，且将动力供给装置，将振动打桩锤头分离，通过输油管实现打桩能量传送。锤头重量轻，使得起吊设备要求降低，是目前技术成熟的钢桩打拔机械。

3）免共振高频液压振动锤

在振动打桩的开始阶段，振动锤的振动频率由零增加至工作频率，停止打桩时，振动锤的振动频率再由工作频率减小至零，经常会与地基土及依土而建的工程在某个频率段产生短时间的共振，振幅叠加，振感强。在高频液压振动锤工作原理的基础上，通过提高振动频率、降低振幅等措施减小振动锤与土体及依土而建工程的共振。免共振高频液压振动锤打桩振感因高频率、低振幅而有所降低，但打桩振动仍然存在，特别是当打桩速度慢时，打桩设备输出能量的一部分通过土体振动耗散，比快速度沉桩时振感更加明显。

4）免共振高频液压振动锤打桩原型试验与振动监测

免共振高频液压振动锤是目前最好的振动打拔桩设备，作者于 2015 年 7 月，在浙江宁海的卵石地层中采用多种振动锤进行了打桩振动原型对比试验，测试了四种工况下沉桩振动情况：一是在经 1.2m 钢管桩先打入再拔出后的扰动土体中打桩工况；二是对原状土体直接振动打桩工况；三是先完全旋挖成孔再振动打桩工况；四是预先引孔 6m 再振动打桩工况。

试验地层分布如图 6.1-36（b）所示。试验桩为 $\phi630$×12mm×1500mm 的钢管桩，旋挖钻头的直径为 600mm。使用的打桩设备为免共振高频液压振动锤。

试验中采用两套监测设备实施监测，免共振高频液压振动锤打桩振动监测点布置图如图 6.1-43 所示。

① 工况一条件下打桩振动监测

在工况一条件下，上午 8：52 分开始打桩，8：58 分打桩结束，打桩过程历时 6min，在停了 2min 后开始拔桩，拔桩过程历时 6min。工况一条件下 B 测点实测竖向振动曲线如

图 6.1-44 所示。

由图 6.1-44（a）～图 6.1-44（c）可以看出，拔桩振动明显小于打桩振动，由图 6.1-44（d）可以看出，免共振高频液压振动锤在打拔桩时也存在共振现象。

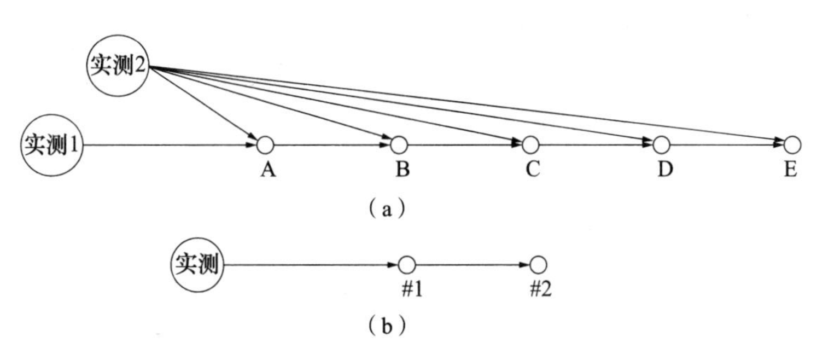

图 6.1-43　免共振高频液压振动锤打桩振动监测点布置图

（a）SVSA系统采集点布置图；（b）集成测试系统布置图

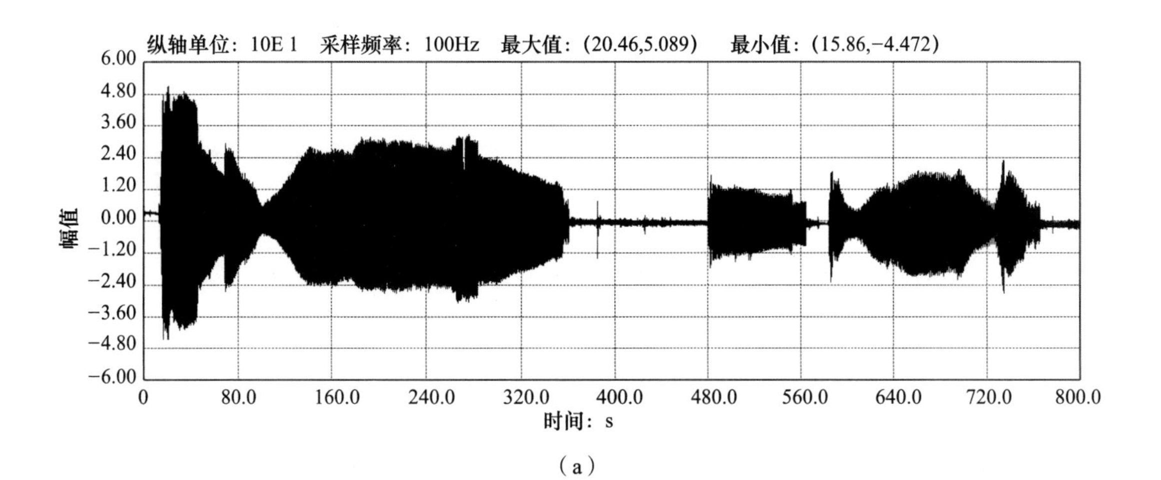

（a）

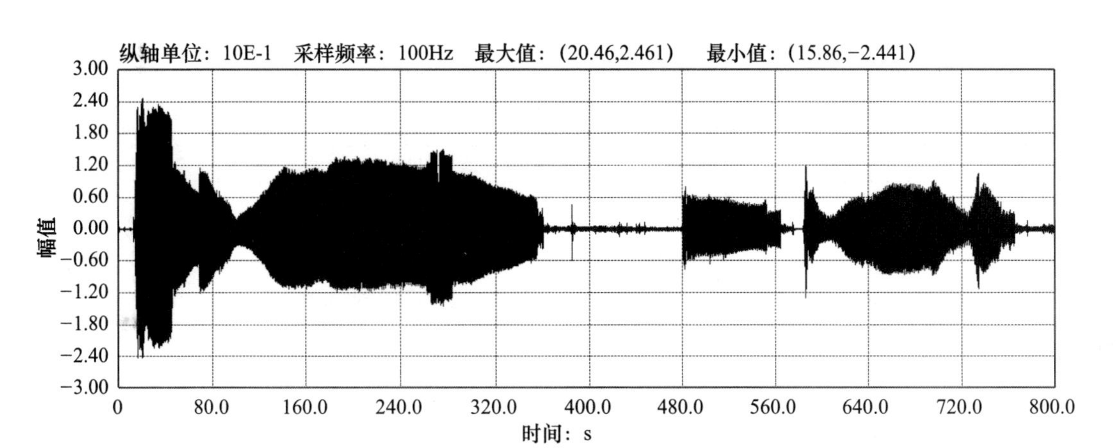

（b）

图 6.1-44　工况一条件下 B 测点实测竖向振动曲线（一）

（a）竖向加速度时程曲线（单位为 cm/s^2）；（b）竖向速度时程曲线（单位为 cm/s）

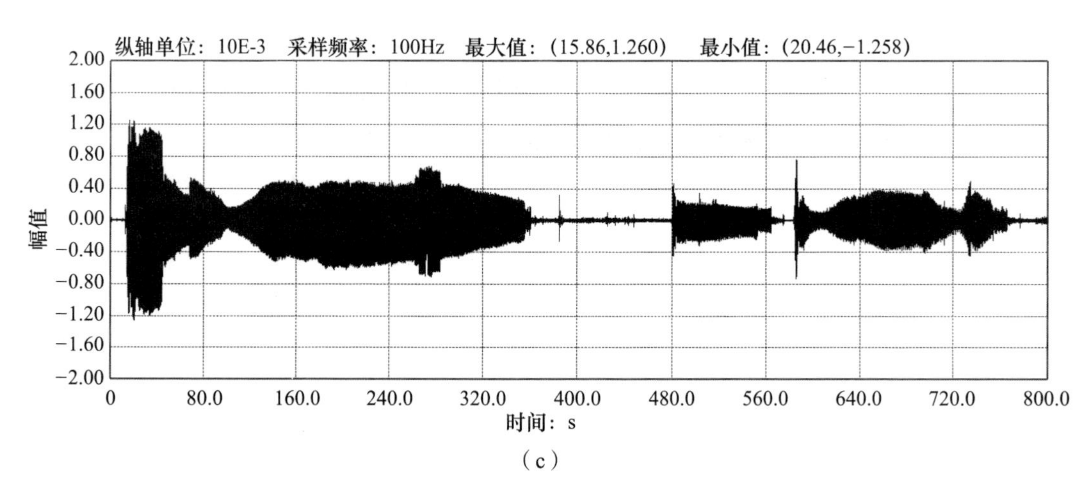

（c）

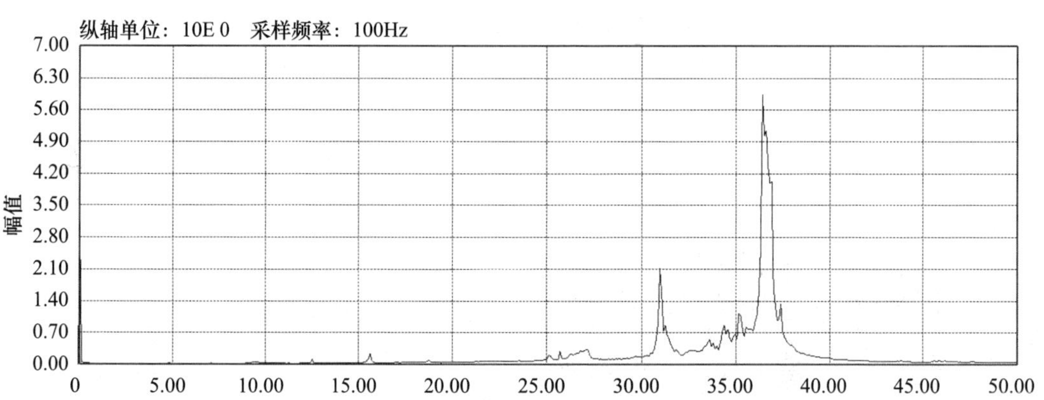

（d）

图 6.1-44　工况一条件下 B 测点实测竖向振动曲线（二）

（c）竖向位移时程曲线（单位为 cm）；（d）频谱曲线

试验中测得的各测点竖向加速度、速度、位移实测最大值统计结果如表 6.1-10 所示。

各测点竖向加速度、速度、位移实测最大值统计结果　　表 6.1-10

桩深（m）	A 测点（距离 3m）			B 测点（距离 6m）		
	a（cm/s²）	v（mm/s）	s（10^{-3}mm）	a（cm/s²）	v（mm/s）	s（10^{-3}mm）
2.5	36.7	1.53	6.88	29.5	1.22	5.32
5	42.2	1.81	8.04	27.1	1.13	5.02
7.5	30.4	1.38	6.06	32.0	1.38	6.22
10	17.7	0.74	3.24	28.2	1.21	5.40
最大值	42.2	1.81	8.04	50.9	2.46	12.6
桩深（m）	C 测点（距离 10m）			D 测点（距离 16m）		
	a（cm/s²）	v（mm/s）	s（10^{-3}mm）	a（cm/s²）	v（mm/s）	s（10^{-3}mm）
2.5	24.1	0.982	4.46	8.11	0.236	1.05
5	15.2	0.607	2.76	7.77	0.268	1.18
7.5	15.0	0.634	2.94	3.81	0.161	0.695
10	8.75	0.359	1.79	5.89	0.247	1.08
最大值	31.7	1.475	7.58	8.32	0.393	1.84

② 工况二条件下打桩振动监测：对原状土体直接振动打桩试验

工况二是对原状土体直接振动压入，桩完全打入土中历时 30min，在本次试验中，桩刚入土 2m 时遇到较大阻力，无法继续压入，产生的振动较大。工况二条件下测点实测竖向振动加速度时程曲线如图 6.1-45 所示。工况二条件下各测点竖向振动加速度随距离衰减规律曲线如图 6.1-46 所示，表明在 5～16m 的距离上振动线性衰减。

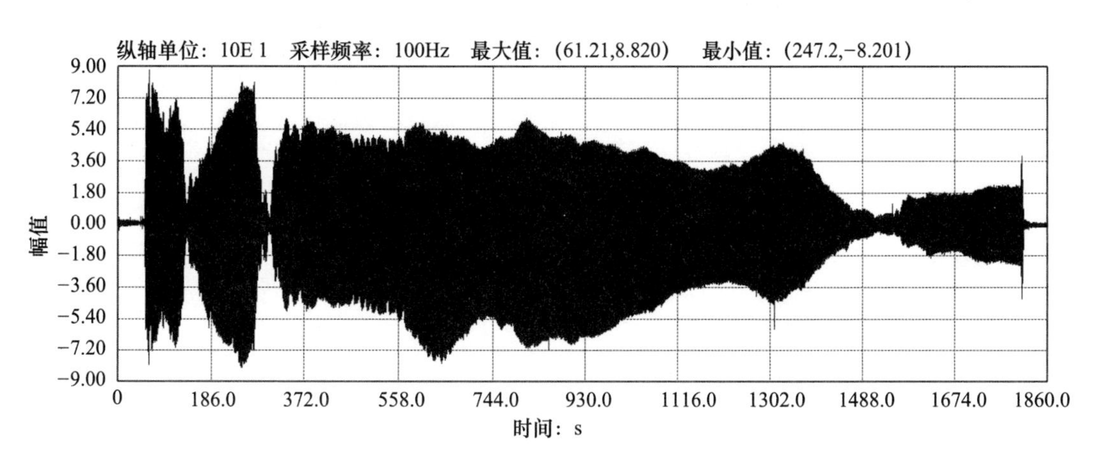

图 6.1-45　工况二条件下测点实测竖向振动加速度时程曲线

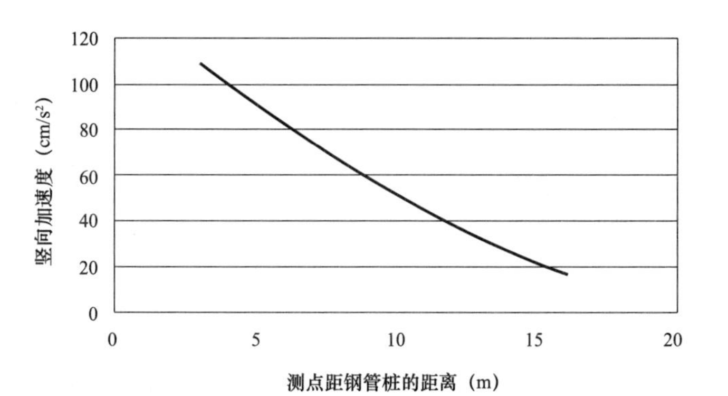

图 6.1-46　工况二条件下各测点竖向振动加速度随距离衰减规律曲线

③ 工况三条件下全程先引孔再打桩试验

打桩时长为 6min 左右，图 6.1-47 是工况三条件下一号机实测竖向振动加速度时程曲线。一号机距离桩 5.5m，测得的竖向试验加速度峰值（绝对值）为 42.3cm/s^2，速度峰值（绝对值）为 1.86mm/s。

④ 工况四：先引孔 6m 再打桩试验

一号机距离桩 5m，测得的加速度峰值和速度峰值（绝对值）为 64.6cm/s^2 和 2.32mm/s。工况四条件下一号机实测竖向振动加速度时程曲线如图 6.1-48 所示。

5）打桩振动原型试验小结

经过四种工况在卵石地层中的原型打桩振动监测试验，结合该试验早期使用过的多种高频液压振动锤打桩试验，对于钢管桩打桩振动问题小结如下：

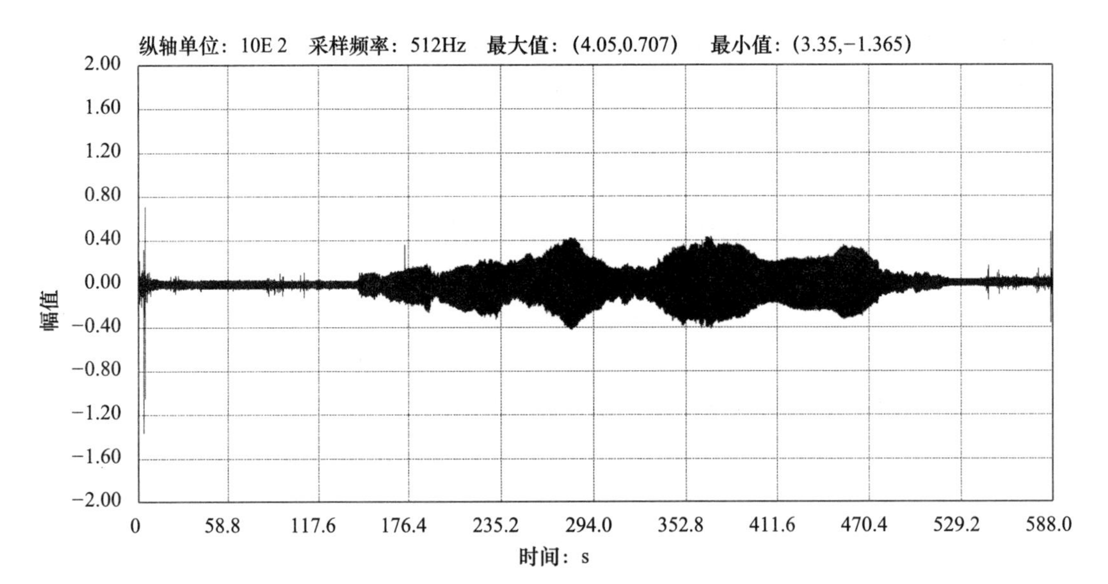

图 6.1-47　工况三条件下一号机实测竖向振动加速度时程曲线（测点距离 5.5m，单位为 cm/s^2）

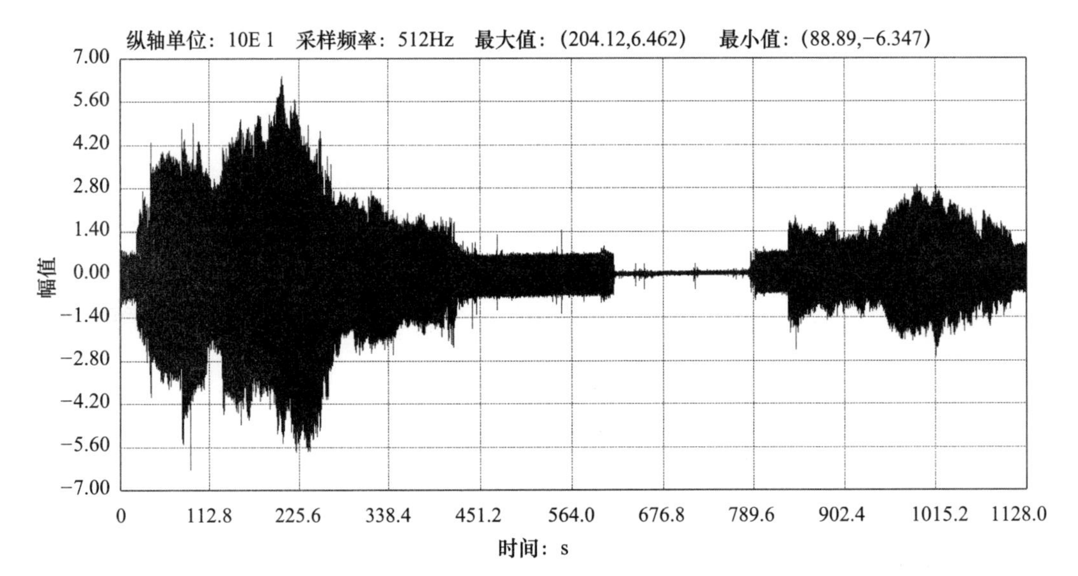

图 6.1-48　工况四条件下一号机实测竖向振动加速度时程曲线（距离 5m，竖向加速度时程曲线 cm/s^2）

① 免共振高频液压振动锤打桩因设备振动频率高、振幅小，可使打桩振动与共振大幅度减小，但是不能消除打拔桩振动问题，也不能完全消除打桩共振问题，可使共振时段缩短；

② 免共振高频液压振动打桩的振动与土体物理力学性质密切相关，原状土振动大，扰动土振动小；

③ 打桩速度快，振动较小，打桩速度越慢，振动越大，拔桩振动小于打桩振动；

④ 超过一定距离后，打桩振动随打桩距离增加近似线性减小。

（4）自钻进钢管桩连续墙

WSP的钢管桩直径大，需连续套接挡土，采用静压法沉桩会产生一定的拖带沉降。在静压法沉桩施工机械方面，采用抱压式垂直度控制难度高，可能带来套接结构被破坏问题，采用顶压式对较长的桩，机械稳定性控制难度高，安全风险大。自钻进施工设备与工艺简单、对周边环境影响小，可多根群桩同时施工，能够解决 WSP 沉桩振动影响及静压拖带沉降问题。

1）单管自钻进钢管桩连续墙

单管自钻进钢管桩连续墙施工原理图如图 6.1-49 所示，与本书前述的钢管桩连续墙相比较，增加了动力装置、自进钻头、自进钻杆三部分。其中动力装置为安装在钢管桩上可以提供转动力矩的装置，自进钻头为位于钢管桩底部将土体钻扰松动的结构，自进钻杆为连接于动力装置与自进钻头之间将动力装置的动力传递至自进钻头的杆状结构。

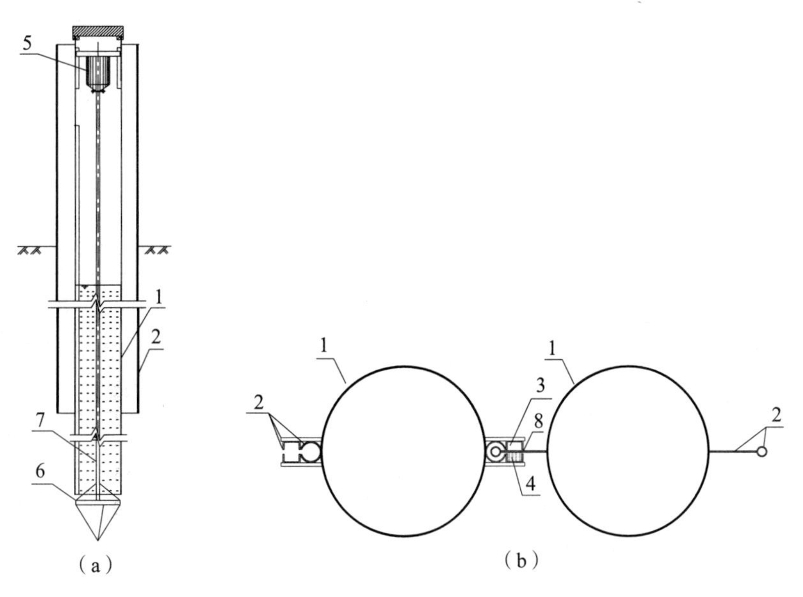

图 6.1-49　单管自钻进钢管桩连续墙施工原理图

（a）剖面图；（b）横断面图

1—钢管桩；2—钢管桩连接；3—止水空腔；4—止水体；

5—动力装置；6—自进钻头；7—自进钻杆；8—接缝

上述的单管自钻进钢管桩连续墙，可以在钢管桩上安装振动锤、打桩锤、静力压桩装置中的一种或几种组合，辅助沉桩。自进钻头可以是螺旋板钻头、搅拌桩钻头、钻孔桩钻头、旋喷桩钻头中的一种或几种组合。

2）双管自钻进钢管桩连续墙

双管自钻进钢管桩连续墙，与本节所介绍的单管自钻进钢管桩连续墙类似，区别在于将两根或多根钢管桩相互连接成整体，通过自进钻头在施工时成对反向旋转的方式抵消单管自钻进钢管桩连续墙沉桩钻进时产生的扭矩。

3）双筒环钻自钻进钢管桩连续墙

钢管桩为薄壁结构，前述的自钻进钢管桩连续墙均是通过将钢管内侧及部分外侧的土体进行钻扰后沉桩，WSP 采用大直径的钢管桩，WSP 横截面钢结构面积小，但钻扰体截面积大，使得一方面钻扰土体工作量大，另一方面，拔桩后受钻扰的土体处理成本高。双筒环钻自钻进钢管桩连续墙，通过在钢管桩底部设置环形钻头，在钢管桩内侧设置筒状钻杆，实现仅沿着钢管桩的侧壁附近完成环形土体钻孔。双筒环钻自钻进钢管桩连续墙构造原理图如图 6.1-50 所示。双筒环钻自钻进钢管桩连续墙试验如图 6.1-51 所示。可结合静压或振动法提高沉桩速度，沉桩完成后，动力装置与筒状钻杆可拔出重复使用，可实现多根桩同时依次钻进。拔桩时可结合土塞补偿法、振动法、静力法拔桩，也可利用袋装流体消减拔桩阻力，密封袋在沉桩的同时沉入土体，能实现土压补偿的目的。

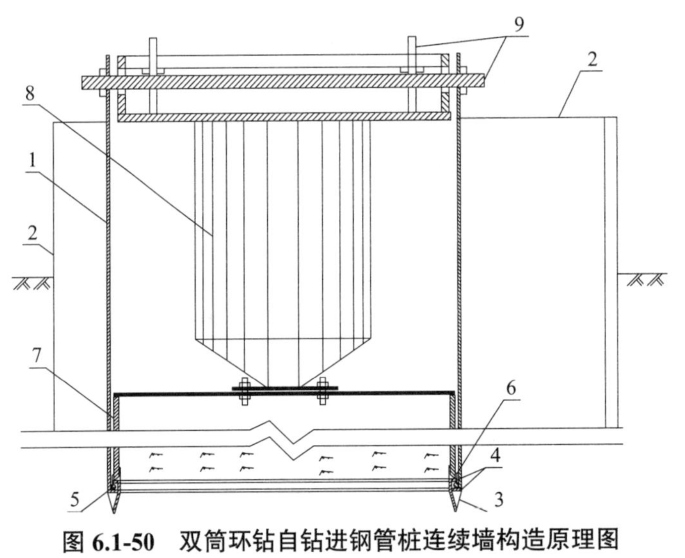

图 6.1-50　双筒环钻自钻进钢管桩连续墙构造原理图

1—钢管桩；2—钢管桩连接；3—环形钻头；4—钻头连接器；5—钻头定位器；6—钻杆卡槽；7—筒状钻杆；8—转动动力装置；9—动力装置固定器

图 6.1-51　双筒环钻自钻进钢管桩连续墙试验

（5）钢管桩施工垂直度控制技术持续研发与不断实践

1）振动打桩垂直度控制机械的研制

图 6.1-52 为 WSP 打桩垂直度控制设备，在首试工程中，因打桩锤只能与竖立的钢管桩连接，制作了如图 6.1-52（a）所示的单桩控制架。该控制架只能将钢管桩立起，竖起后的钢管桩重心高，倾覆风险大。后来购置了 6m 长的大直径（直径 2600mm）钢管套筒，先将钢管套筒立起，打入土体，然后将待施工的钢管桩放置于钢管套筒内立起打桩。利用 WSP 带有相互套接的连接件，只是第一根桩利用立桩套筒，后续桩利用 WSP 的邻桩连接件维持临时立桩的稳定性。但立桩套筒直径大，转运费用较高，再到后来，利用钢管桩内部是空心的特性，先将小直径的较短钢管打埋至土中，WSP 需要立桩时，将钢管桩套在较小钢管的外侧保持临时稳定。为了控制打桩垂直度，研制了如图 6.1-52（b）所示的打桩控制架。该打桩控制架有利于控制打桩垂直度，但打桩控制架上的滚轮易与振动锤共振产生较大噪声，且打桩控制架高度受限，使得控制打桩垂直度的能力不足。于是研制了如图 6.1-52（c）所示的步履式单桩控制机，经过长期努力，实现了功能的增加与改进，研制了如图 6.1-52

（d）所示的打桩控制一体机，该一体机工作状态下，控制装置、振动锤在打桩前位于桩顶位置，重心较高，对机械稳定性要求高。

（a）

（b）

（c）

（d）

图 6.1-52　WSP 打桩垂直度控制设备

（a）单桩控制架；（b）打桩控制架；（c）步履式单桩控制机；（d）打桩控制一体机

2）单桩垂直度控制设备的极简形式

WSP 打桩垂直度控制设备的研制及使用经历了一个由简单到复杂，再到极简的过程。如图 6.1-52（d）所示的打桩控制一体机稳定性要求高，对施工场地的要求也高，需要配备吊车喂桩，打桩效率较低。

为了兼顾效率与控制精度，作者针对高频振动打桩单桩垂直度控制提出了极简控制装置。振动打桩单桩垂直度控制极简装置原理图如图 6.1-53 所示。在图 6.1-53 中，控制套环可以沿着 WSP 的单桩上下移动。使用时，可以利用打桩的吊车将控制套环吊在需要的高度，通过在地面固定拉索固定控制套环的平面位置，结合地表处桩位平面位置限位，通过钢管桩在不同高度的两点平面位置控制打桩垂直度，适应于高频振动打桩沉桩速度快的效率要求。当桩顶处的振动锤下移到控制套环高度时，再将控制套环下移，拉紧拉索，继续有效控制沉桩姿态。

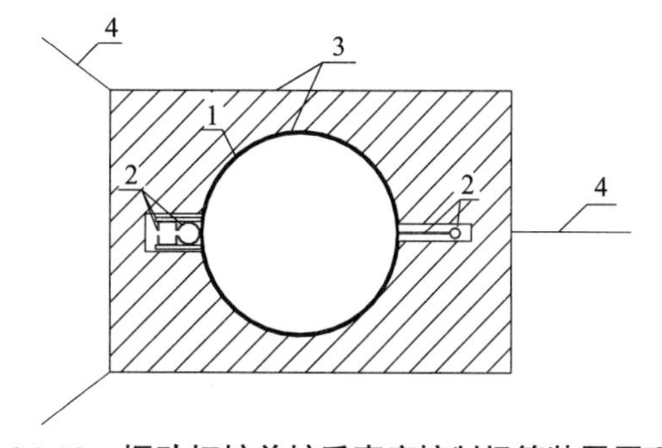

图 6.1-53　振动打桩单桩垂直度控制极简装置原理图

1—钢管桩；2—钢管桩连接；3—控制套环；4—拉索

作者针对自钻进钢管桩连续墙施工时的垂直度控制要求，提出自钻进钢管桩连续墙群桩垂直度控制装置（图6.1-54）。自钻进钢管桩连续墙，沉桩动力设备可以放置在WSP的钢管桩内，可以大量群桩同时施工，沿墙面方向通过各根钢管桩之间的套接确保平行施工，不开叉即能满足垂直度控制要求。故自钻进钢管桩连续墙的沉桩垂直度控制主要是控制垂直于墙面方向的垂直度。在实施时，控制框可以用吊车放置于适宜高度，也可以在地面将立柱支撑设置在合适高度。

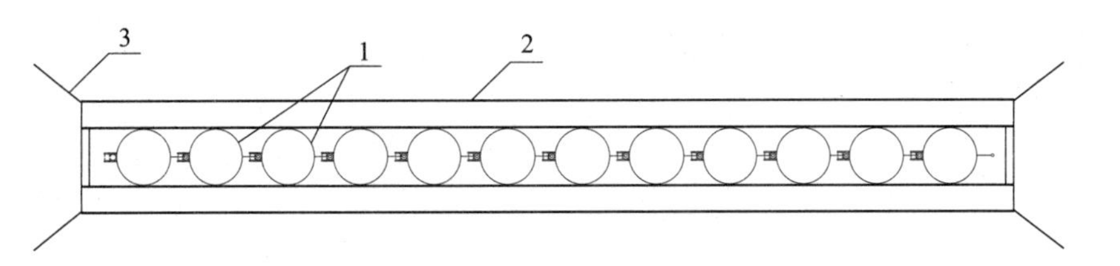

图6.1-54　自钻进钢管桩连续墙群桩垂直度控制装置

1—WSP；2—控制框；3—拉索

（6）止水结构设计及实践优选

WSP的止水结构设计与最终通过实践优选也经历了一个较为曲折的过程。在这个过程中，设计了“以水止水”套接接头形式（图6.1-55）。第一次设计的止水结构形式如图6.1-55（a）所示的A型套接，应用中效果很好；后来尝试使用了如图6.1-55（b）所示的B型套接，在振动打桩时发现作为粘结物的混凝土极易脱落而改为焊接结构，B型套接主管间承载力高，对制造精度要求高。

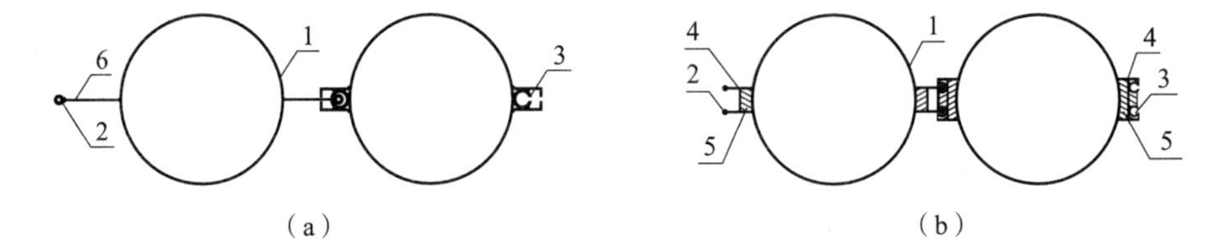

图6.1-55　“以水止水”套接接头形式

（a）A型套接；（b）B型套接

1—主管；2—插隼；3—插槽；4—H型钢；5—粘结体；6—钢板

（7）桩缝间隙土体局部稳定性判定

WSP作为基坑支护结构，承载基坑挡土与止水两项功能。钢管桩间的止水连接入土深度一方面要满足止水要求，另一方面须满足桩间土支挡要求。桩间土的支挡要求应结合地基土层分布进行核算，考虑到目前的设计标准规范尚无明确的桩间连接局部挡土计算方法，在实施中，可依据坑内被动土压力与坑外主动土压力的平衡点作为桩间连接入土深度的限制条件之一。

（8）分节接头试验与优选

当基坑很深时，单节钢管桩难以满足基坑支护的使用要求，结合普通运输车辆长度标准，当钢管桩长度大于18m时，需要现场接桩。作者在实现WSP产业化的过程中，试用了如图 6.1-56 所示的钢管桩分节接头形式。其中，A 型焊接接头，主管对接处满焊连接，采用外套板加强，承载力较高；B 型抗剪螺栓接头，在振动打桩时易松动，桩身在接头处抗弯承载力低；C 型抗拉螺栓接头，不适用于振动打桩，桩身在接缝处抗剪承载力低。A 型焊接接头不应在同一位置重复焊接，有一定的材料损耗量。

（a）

（b）

（c）

图 6.1-56　钢管桩分节接头形式

（a）A 型焊接接头；（b）B型抗剪螺栓接头；（c）C 型抗拉螺栓接头

（9）止水袋设计与使用

止水袋的结构构造，包括管带、端部封堵器、端部封堵胶结体、流体通道四部分。其中，端部封堵器位于管带的端部，套在管带端部的外围，端部封堵器宜具备一定的强度，主要目的是防止管带流体充入后在端部撕裂，同时便于端部封堵胶结体的安装，采用圆钢管制作；端部封堵胶结体部分或全部位于端部封堵器内，将端部封堵器与管带的端部胶结为一整体的物质。流体通道为与管带的空腔连通的中空管状结构，穿越端部封堵胶结体，与管带的空腔连通。可在上述的流体通道上安装止流阀，止流阀与流体通道密封连接。管带可以是中空带状部件，不充入流体时体积小，充入流体后呈柱状。为了方便完成管带内高压充水或充气，可在流体通道上安装止流阀，增加止水可靠度。WSP“以水止水”的止水袋构造与使用如图 6.1-57 所示。

止水袋可在打桩完成后安装，安装前先用水冲法将止水空腔内的土体清理，然后放入止水袋，止水袋放置后，通过流体通道先充入水，再充入气，生成有压袋装流体止水。

（10）型钢混凝土围檩

考虑到 WSP 施工定位偏差等因素，为了提高 WSP 与支撑体系的整体性，作者设计了与钢管桩整体连接的型钢混凝土围檩，已多次成功应用。型钢混凝土围檩设计理念主要包括两点，一是用槽钢代替钢筋混凝土中的钢筋，兼作混凝土浇筑时的模板，可回收再利用；二是用对穿螺栓代替箍筋，避免箍筋穿越钢管，与 WSP 配套使用的型钢混凝土围檩结构构造如图 6.1-58 所示。型钢混凝土围檩设计时，支撑位置的抗冲切承载力验算很重要，施工时须将对拉螺栓拧紧。型钢混凝土围檩构造设计可参照组合结构。

（a）　（b）　（c）

图 6.1-57　WSP“以水止水”的止水袋构造与使用

（a）止水袋构造图；（b）止水袋安装；（c）止水效果

1—管带；2—端部封堵器；3—端部封堵胶结体；4—流体通道；5—止流阀

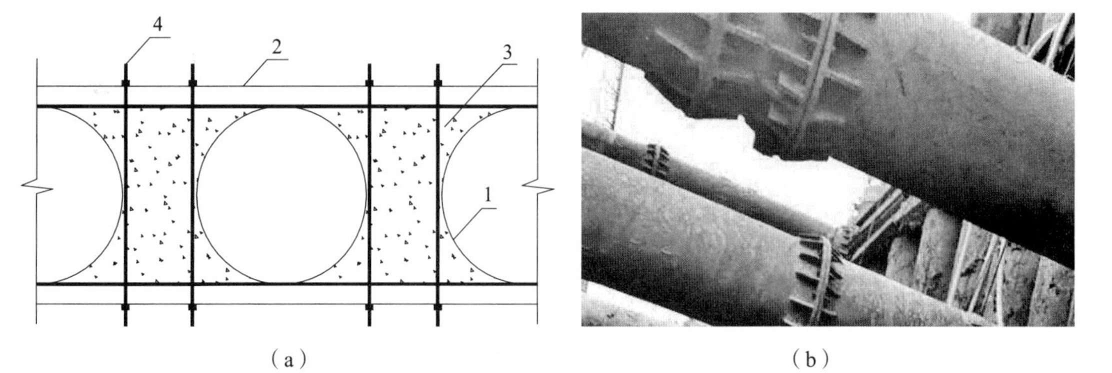

（a）　（b）

图 6.1-58　与 WSP 配套使用的型钢混凝土围檩结构构造

（a）型钢混凝土围檩与钢管桩连接详图；（b）实用中的型钢混凝土围檩

1—钢管桩；2—槽钢；3—混凝土；4—对拉螺栓

（11）密封袋张力与接触缝隙

WSP 的止水袋是柔性结构，止水空腔壁为钢结构，当止水袋内冲入流体后，止水袋的横截面为光滑曲线，止水腔壁难以避免存在棱角，止水袋与止水腔壁的接触面存在竖向贯通的孔隙，WSP 止水结构流体张力缝充填处理示意图如图 6.1-59 所示。竖向贯通孔隙的存在，对止水袋水平方向的止水能力影响不大，但使得止水袋与止水空腔之间存在竖向贯通的流水通道，一旦出现局部渗水问题，如出现地表水灌入等问题时，会增加整条桩缝止水风险，且难以确定渗水点的位置。作者在工程实践中，发现这一问题，并提出在止水袋充水前，向止水空腔内灌入少量的水泥浆、水泥土或砂浆等可凝固的流体材料，在止水袋充填流体后，密封袋张力引起的接触面孔隙即被封堵。拔桩实践证实，用水泥浆局部填充止水空腔，不会增加拔桩难度。

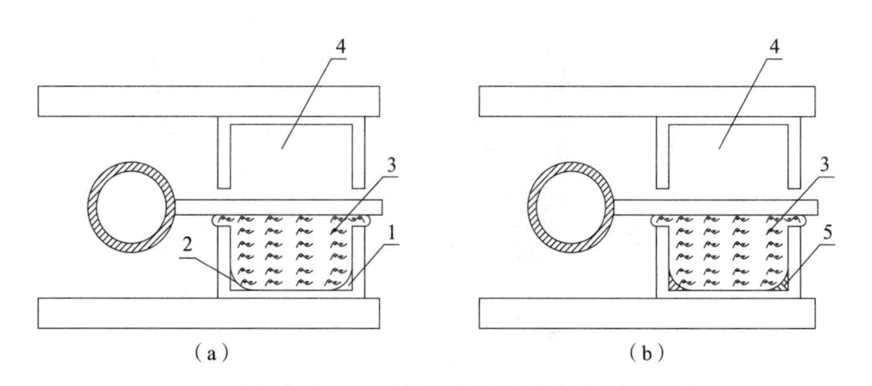

图 6.1-59　WSP 止水结构流体张力缝充填处理示意图

（a）流体张力缝示意图；（b）流体张力缝填充

1—流体张力缝；2—止水袋；3—流体；4—止水空腔；5—张力缝充填

（12）导向法平行施工控制

WSP 可行的打拔桩施工方法包括振动法、自钻进、静压法，每一种方法都需要满足邻桩套接、邻桩平行打拔的要求。在施工过程中，打拔桩阻力不平衡、打拔桩动力偏心等因素会导致邻桩套接位置出现卡桩问题，影响施工质量与效率。解决 WSP 邻桩卡桩问题，可以参照本书第 2 章所述的固体土工控制介质解决第Ⅱ类土工控制的途径，即“以约束实现有序控制，以运动实现实时控制”，具体实施时，结合 WSP 的结构特征，采用锥台形导向杆实现 WSP 的导向法平行施工。WSP 锥台形导向器构造图如图 6.1-60 所示。

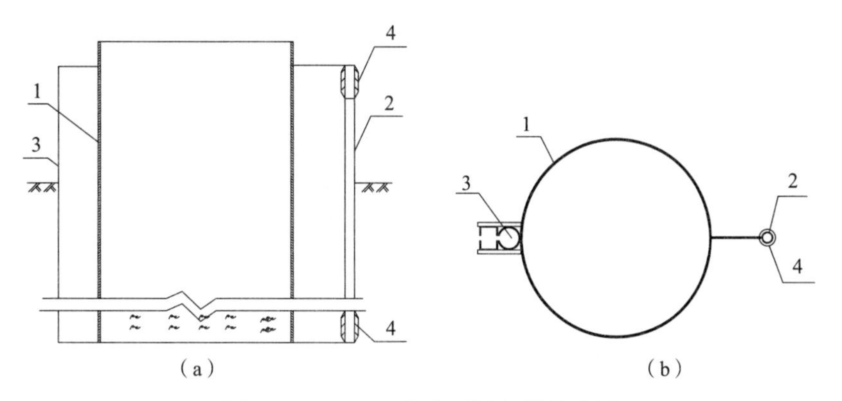

图 6.1-60　WSP 锥台形导向器构造图

（a）剖面图；（b）横断面图

1—钢管桩；2—插隼；3—插槽；4—锥台形导向器

（13）协助拔桩的土塞反力千斤顶

在拔桩阻力较大或水上拔桩等提高拔桩反力难度大的情况下，依据土塞补偿法原理，可利用钢管内土塞提供反力协助拔桩，利用相邻短桩内的土塞，与振动法、静力法等拔桩方法相结合实施，土塞反力千斤顶协助拔桩场景如图 6.1-61 所示。

图 6.1-61　土塞反力千斤顶协助拔桩场景

（14）吊装器具的改进

WSP 使用的较大直径钢管桩体积较大，装卸时一般需要 3～4 人操作，由于反复使用，装卸车成本较高。作者结合电磁吸盘原理，设计了无需人工装卸的钢管电磁吊具。该电磁吊具包括两个柱形面电磁吸盘、吊绳，及固定两个柱形面电磁吸盘间距的连杆三部分组成，通过电源开关控制柱形面电磁吸盘与钢管之间的连接与分离，实现钢管的起吊与安放。用连杆将两个柱形面电磁吸盘以固定距离分割，以实现两点吊装。

（15）下部无止水段桩缝补强应急预案

WSP 设计时，桩间连接入土深度应满足桩缝止水挡土要求，钢管桩的长度须满足基坑稳定性控制要求，桩间连接长度往往小于钢管桩长度。深层土体中，桩缝位置是否会出现漏土问题曾引起诸多专家质疑。通过以下三种途径释疑：一是理论分析，基坑外围土体通过桩缝挤入基坑内侧的前提是存在挤土动力，即桩缝位置，坑外的主动土压力必须大于坑内的被动土压力，一般在满足止水情况下，可以通过无争议的土压力理论计算确定在止水连接以下位置，不存在桩缝漏土的动力；二是通过成功的案例释疑，也可以借助海量公认的排桩工程实践释疑；三是在桩缝处施打钢板桩、小直径钢管桩作为桩缝漏土的应急预案。

（16）WSP 整圆与分节连接

WSP 的主要受力构件是大直径钢管，沿钢管外侧轴线方向焊有连接件，在焊接加工、插拔施工、运输过程中，经常出现钢管横截面瘪曲问题，使得插拔施工难度增加，分节连接困难。现有的钢管整圆设备，难以应用至外侧焊有连接件的 WSP，人工处理效率低，成本高。

经过多次试制与改进，利用钢材的塑性屈服变形特性，制造了抽拉式 WSP 钢管整圆机。抽拉式 WSP 钢管整圆机如图 6.1-62 所示。

图 6.1-62　抽拉式 WSP 钢管整圆机

3. 技术体系标准化

技术体系标准化是产业化基本完成的标志之一，作者于 2016 年完成 WSP 企业标准，其内容包括结构构造、设计计算方法、施工工艺、验收标准、检测与监测方法等诸多内容。随着 WSP 应用案例的增加及技术的完善，技术标准也有所更新完善。

4. 工程实践中的新技术启发

作者 2012 年提出依托袋装流体的“以水止水”技术，在 WSP 中经过应用后取得很好效果，经历数年，依托袋装流体土工控制介质，应用于土体原型测试，提出了囊压试验方法，结合拉梅公式，提出了一种基于原型试验的土体本构模型，详见本书第 5 章。

得益于袋装流体在 WSP 中的成功应用，将袋装流体应用于第 I 类土工控制问题，提出了零位移工程技术，详见本书第 6.2 节。

结合工程实践中遇到的诸多工程难题，提出了众多利用袋装流体的解决方案，详见本书第 8.1 节。

在 WSP 产业化过程中，土塞补偿法推土拔桩技术得到广泛应用，对于消除拔桩带土效应卓有成效。拔桩过程中，被拔钢管桩内的土塞被推出后，中空钢管桩司空见惯。在邻桩冒土施工现场，钢管桩拔出前，出现了被拔钢管桩内土塞被完全推出现象。受这一现象启发，结合锚固工程需求，提出了锚定筒理论与技术体系，详细介绍见第 6.3 节与第 7.4 节。

作者将邻桩冒土现象应用于地基处理工程领域，提出了土墩置换地基处理方法与技术，详细介绍见第 6.4 节。

在 WSP 产业化过程中，振动打桩中，伴随有桩内冒土现象，作者结合 PHC 管桩打桩挤土控制需求，提出了中振法预制桩微挤土施工方法与技术构想，详细介绍见第 8.3 节。

5. 产业化成果

（1）2015 年完成第 1 个小型基坑支护项目，产值 200 万元；

（2）2016 年完成 2 个小型基坑支护项目，产值 280 万元；

（3）2017 年同时施工 4 个项目，签订合同 1200 万元，配套技术、管理技术人员到位，达到产业化；

（4）2018 年签订合同约 2000 万元；

（5）2019 年签订合同 4700 万元；

（6）连续四年实现每年产值翻一番，WSP 产业化过程中年产值柱状图如图 6.1-63 所示。

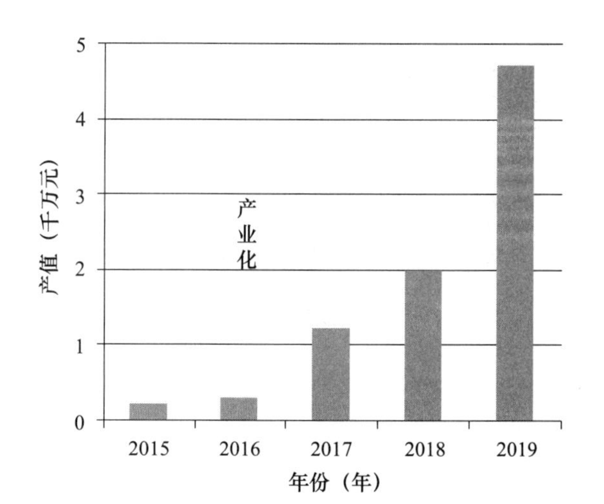

图 6.1-63　WSP 产业化过程中年产值柱状图

6.1.10　技术小结

2012 年，作者提出“以水止水”技术构想，2014 年，提出土塞补偿法拔桩，2015 年，推动 WSP 技术应用至工程实践，现已历时 10 年。期间，结合生产加工、插拔施工、质量控制、整修与运输实践需求，进行了全面系统化的技术创新，经过实践检验。WSP 产业化过程中，深受启发，提出锚定筒锚固技术，在工程造价、质量、工期、环保方面，提供了有足够市场竞争力的装配式全回收深基坑支护体系，并得到广泛应用。

涉土工程专业性强、造价高、工期长，技术效果验证时间长，新技术推广应用阻力大，适合以“小步快跑”的步伐推广应用。应用于工程实际前，原型试验、操作练习都是不可缺少的，不同地质条件与周边环境的影响也需要重视。

WSP 技术体系的研发与产业化过程是艰辛漫长的，引导了本书所涉及的主要科学技术创新，包括第 5 章介绍的本构模型，第 6.2 节介绍的零位移工程原理与技术，第 6.3 节与第 7.4 节介绍的锚定筒技术，第 6.5 节介绍的土墩筒地基处理技术，第 8.1 节介绍的解决多种岩土工程难题的构想，第 8.3 节介绍的中振法 PHC 管桩微挤土施工新技术构想。

6.2 零位移工程原理与技术

零位移工程，是一种施工过程中对被保护对象位移进行实时控制的工程，旨在利用袋装的流体与颗粒状固体混合物作为土工控制介质，以袋装流体压强增加，实时补偿土体卸荷施工过程中伴随的土压力释放，维持施工面外围应力边界条件稳定，根据土工控制下限原理，对被保护对象的位移进行实时控制，消除涉土工程施工对周边环境的影响；选用密度大于流体的颗粒状固体充填于流体中，以持续维持密封袋体积稳定，避免流体渗漏可能引发的位移突变，使袋装的流体与固体颗粒混合物成为绝对不失效部件，确保达到预期的土工控制目标。

零位移工程是解决第 I 类土工控制问题的代表性技术之一，作者将 6.1 节介绍的“以水止水”技术所用的袋装流体用于解决第 I 类土工控制问题，于 2018 年 12 月得到完善，2019 年 8 月提出零位移工程原理与系列技术，2021 年 7 月，完成了零位移基坑工程原型试验。

零位移工程可用于基坑、盾构（或顶管）、管幕、地基隔振等工程领域。

6.2.1 零位移工程施工方法

当涉土工程位于密集城区，且邻近重要的被保护土工对象为地铁、自来水管、煤气管等压力管道、历时文物等建（构）筑物时，被保护对象的位移控制非常严格。本节提出的零位移工程，以实时维持隔离区土体应力水平不变的方式实现。

1. 实施步骤

零位移工程施工方法包括以下步骤：

（1）确定施工面与被保护对象的位置，在施工面与被保护对象之间划立隔离区；

（2）在隔离区的土体内置入具备盛装流体功能的密封袋；

（3）在密封袋内盛装流体与颗粒状固体，形成袋装流体土工控制介质；

（4）通过密封袋内的流体对密封袋外侧的土体施加应力，补偿被保护对象一侧土体因施工产生的应力损失，并通过颗粒状固体的沉积，确保位移控制的安全可靠性；

（5）通过被保护对象一侧土体应力损失的补偿，控制被保护对象的位移。

2. 实施方式拓展

本节结合如图 6.2-1 所示的零位移工程隔离区布置示意图，以基坑工程为例，介绍零位移工程施工方法的原理与实施方式拓展。

第一步，确定基坑开挖面与被保护对象的位置，在基坑开挖面与被保护对象之间划立隔离区。在本步骤中，充分了解不同被保护对象的分布及其与基坑的相对位置关系，根据不同位移控制要求划立隔离区。例如，对于地铁、高铁、磁悬浮、原水管等线状被保护对象，隔离区可以沿邻近线状被保护对象的基坑一侧划立，并在基坑近似垂直于线状被保护对象的两侧适当延伸，如图 6.2-1（a）所示。在本步骤中，如果被保护对象为住宅等有限长度与宽度的建（构）筑物，可在基坑邻近被保护对象一侧划立隔离区，并在两端适当延长，如图 6.2-1（b）所示。如果被保护对象为点状建（构）筑物，且占地面积较小，如古塔等文物，在用地许可的条件下，可在被保护对象的周边设置隔离区，如图 6.2-1（c）所示。本步骤主要目的是使得隔离区的位置、范围与被保护对象的位置、被保护要求相适应，可建立模型，通过有限元法或利用弹塑性力学计算理论进行计算分析，设立合理的隔离区，使得后续工作经济、可行、高效，并能满足被保护对象的位移控制要求。

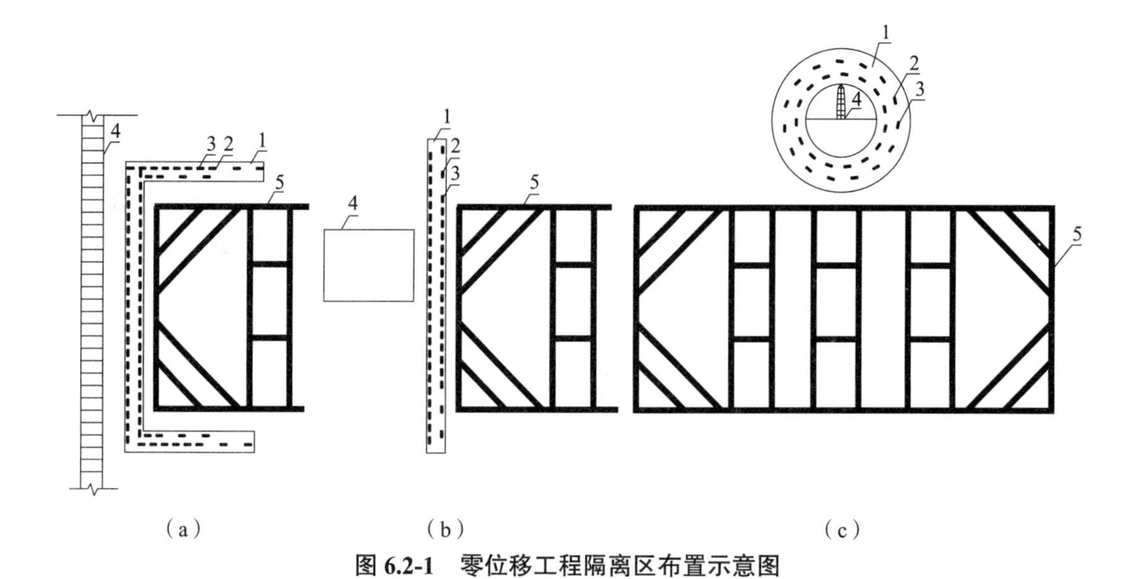

图 6.2-1　零位移工程隔离区布置示意图

（a）线状被保护对象；（b）面状被保护对象；（c）点状被保护对象

1 —隔离区； 2 —密封袋； 3—流体； 4 —被保护土工对象； 5 —基坑支护结构

第二步，在隔离区的土体内置入具备盛装流体功能的密封袋。密封袋为体积可变结构，置入前可以不盛装流体，易于置入。可采用引孔法、静力法、锤击法或振动法中的一种或几种组合将密封袋置入土体。比如，可将密封袋临时固定在条形结构上，将条形结构插入土体，同时将密封袋插入土体，还可以将条形结构回收再利用。密封袋具备盛装流体的功能即可，为提高效用，密封袋宜能够承受一定压力。在本步骤中，也可以在土体中钻孔，将密封袋折叠后放入土体。在本步骤中，可在隔离区内设置一条或多条入土深度相同或不同的密封袋。具体每一条密封袋的深度、大小可根据基坑开挖的深度、大小、基坑支护的结构形式、场地土层分布及被保护对象的位移控制要求，通过计算分析或经验判断确定。在本步骤中，可在同一平面位置，不同的深度设置一条或多条密封袋，并使密封袋与地面连通，以提供更多的位移控制操作段。在本实施例中，垂直放置密封袋对于补偿土体内部水平方向的压应力损失效果明显。密封袋也可倾斜放置，可兼顾土体垂直方向压应力损失的补偿。

第三步，向密封袋内盛装流体。本步骤的实现方法是通过密封袋与地面的连通口直接灌入流体即可。灌入的流体可以是气体、液体或胶体中的一种或几种组合。在实际操作中可以是水、空气或泥浆等。在本步骤中，可向密封袋内装入固体或固体颗粒，以减少流体的用量，同时预防流体流失可能产生的位移突变，确保控制过程的安全。

第四步，通过密封袋内的流体对密封袋外侧的土体施加应力，补偿被保护对象一侧土体因基坑施工产生的应力损失。密封袋内装有流体，且密封袋是体积可变的，密封袋内的流体压应力会传递至密封袋外侧的土体。在基坑开挖过程中，土体开挖会引起原位土体的应力释放。本步骤通过密封袋的流体对被保护对象一侧土体的应力损失进行补偿，同时将补偿应力的反作用力传递至基坑支护结构。在本步骤中，可将密封袋密封并充入液体或气体，通过对密封袋内的气体或液体加压对密封袋外侧的土体增加应力。在本步骤中，对密封袋外侧土体施加的应力可局部或全部大于等于或小于因基坑施工而引起的应力损失，通过应力补偿的叠加效应控制被保护对象的位移。在本步骤中，可以结合基坑开挖的不同工况与时间，通过实时调整密封袋内流体的压强，实时调整对密封袋外侧土体施加应力的大小与分布。

第五步，通过被保护对象一侧土体应力损失的补偿，控制被保护对象的位移。在本步骤中，通过调节被保护对象与基坑之间隔离区土体的应力状态，总体维持隔离区内土体应力边界条件稳定，实现对被保护对象位移的控制。在具体实施中，可通过有限元法等计算手段，通过上述隔离区的设置、密封袋的分布、数量及深度，再结合实时调控密封袋内的压强，可实现基坑开挖过程中被保护对象的“零位移”目标。也可以在实施过程中，结合观测结果，提高计算精度，最终实现满足预期的位移控制目标。在本实施例中，基坑施工包括基坑支护结构施工、挖土施工、支撑施工、换撑施工、降水施工、地下结构施工、基坑回填施工等。

6.2.2 零位移工程设计施工要点

零位移工程是通过袋装流体施加土体控制力，实时补偿工程施工过程中伴随的土压力释放实现的。而土体控制力作用于被保护土工对象邻近土体时，由涉土施工的结构提供平衡反力。因此，零位移工程设计与常规工程设计不同，设计要点包括以下三方面：

1. 土压力的确定

土压力作为作用在结构上的水平向荷载，是结构所承载的主要作用力。零位移工程施工过程中，根据土工控制下限原理，需要维持隔离区内土体应力边界条件保持不变，并由结构提供平衡反力。对于零位移工程，作用在结构外侧的土压力可为静止土压力。

对于重要的零位移工程，在土压力选用时，宜偏安全考虑，选用静止土压力与土中竖向应力等值的土压力较大值作为作用在结构上的土压力，即用式（6.2-1）与式（6.2-2）计算。

$$p_{zs} = \sum \gamma_{wi} H_i \tag{6.2-1}$$

式中：

p_{zs}——z 深度处微扰动土压力，kPa；

γ_{wi}——z 深度以上各土层的重度，kN/m³；

H_i——z 深度以上各土层的厚度，m。

$$p_z = \max\ (p_{zs},\ p_{z0}) \tag{6.2-2}$$

式中：

p_z——z 深度处控制土压力（即为作用在结构上的土压力），kPa；

p_{z0}——z 深度处静止土压力，kPa；

其他符号意义同前。

2. 密封袋布设

（1）密封袋的埋设深度

密封袋的埋设深度是零位移工程设计的主要内容之一，宜设置于不做零位移处理条件下的应力释放区段。对于零位移基坑工程，密封袋的上部可设置在填土层下表面，密封袋的下部可设置在基坑开挖面外侧主动土压力区域下端。当基坑开挖较深时，可在单孔不同深度设置两个或多个密封袋，以实现分层实时应力补偿，密封袋的上端通过管道与操作面连通。对于盾构、顶管等地下穿越零位移工程，密封袋宜埋设在不出现塌方情况下，地下穿越施工引起的应力释放顶部与底部区段之间，并宜用硬质管把密封袋与操作面连通。

（2）密封袋的最大直径与放置孔直径

密封袋的放置孔直径是指在密封袋放置安装时所需要的引孔的横截面尺寸。密封袋宜空腹安装，可以抽真空后安装，使密封袋占用最小的体积。可采用钻孔法放置密封袋，也可采用（排水板）插板机放置密封袋，当采用钻孔法放置密封袋时，可在密封袋内放置一根硬质杆件（如钢管等），便于安装施工，并控制密封袋的入土深度。密封袋的最大直径，是指密封袋完全胀开后的圆柱体直径，可根据放置成本、岩土体体积补偿大小、密封袋的材质及造价综合确定。密封袋完全胀开后的体积减去密封袋安装时占用的岩土体体积，即为密封袋最大补偿体积，可用式（6.2-3）表示。

$$dv = dv_{max} - dv_0 \tag{6.2-3}$$

式中：

dv——单只密封袋单位长度最大补偿体积，m²；

dv_{max}——单只密封袋单位长度完全胀开时的体积，m²；

dv_0——密封袋安装时单位长度占用的岩土体体积，m²。

（3）密封袋的平面布置

密封袋在隔离区内的平面布置应间隔成排布置，间距可取 400～800mm，可布置 2 排或多排，排距宜取 400～800mm，应错缝布置，密封袋完全胀开后在被保护对象上的投影宜均匀，并力求连续。密封袋的平面布置，应结合密封袋的最大直径、涉土工程活动最大补偿位移需求，可按照以下步骤综合计算确定：

1）计算涉土工程活动补偿位移设计值：

根据涉土工程活动的特点、地基土特性，结合理论计算及以往工程经验，确定涉土工程活动可能产生的最大位移作为补偿位移计算值，再结合被保护对象的重要性、计算精度、其他不确定性因素，确定安全系数，用式（6.2-4）计算。

$$S = KS_c \tag{6.2-4}$$

式中：

S——补偿位移设计值，m；

S_c——补偿位移计算值，m；

K——位移控制安全系数，对于土体，可以取2，对于岩体建议适度增加，可取4。

2）确定密封袋数量：

① 满足控制应力分布要求

密封袋数量的确定需要满足土工控制下限原理，即达到隔离区边界上的应力在涉土工程活动的过程中趋于不变，在采用袋装流体介质时，可采用柱状孔扩张理论与叠加原理，计算袋装流体作用在被保护对象一侧边界上的应力分布，通过密封袋的直径与平面布置调整，使袋装流体施加的应力分布与静止土压力分布近似。

在条件允许时，可通过设置多排依次错开的密封袋，使得密封袋完全胀开的同时在隔离区边界上的投影连续，实现同一水平面的均布加载。

当密封袋较长时，且袋内流体的密度与土体密度差异较大时，可通过在同一平面位置分段设置多个密封袋，达到沿深度方向与控制土压力 p_z 分布一致目的。

② 满足补偿位移控制要求

密封袋的数量应满足补偿位移控制要求，即密封袋完全胀开的情况下，对土体的最大位移补偿量不小于位移补偿设计值，可按照式（6.2-5）计算密封袋的数量。

$$n \geqslant \frac{SL}{\mathrm{d}v} \tag{6.2-5}$$

式中：

L——隔离区边长，m；

n——隔离区内密封袋的布设数量，条；

其他符号意义同前。

（4）密封袋的抗拉强度

密封袋的抗拉强度的设计目的是确保密封袋不会在使用中被有压流体胀破损坏，可按式（6.2-6）计算。

$$H_b \geqslant \Delta H \tag{6.2-6}$$

式中：

H_b——密封袋容许承担的压力水头高度，当深埋于土体中时，可根据现场试验确定，m；

ΔH——施加在密封袋内的地表以上等效最大压力水头与地下水水头差，m。

3. 流体压力控制

密封袋内的流体压力控制是零位移工程的技术核心，考虑到静止土压力 p_{z0} 的确定存在一定误差，微扰动土压力 p_z 不可能对土体产生难以接受的位移量，因此，在实施中，宜选用微扰动土压力 p_z 作为密封袋内流体控制压力。

4. 安全可靠性保障措施

零位移基坑工程一般均是可靠度要求高的工程，应在密封袋内实时充填中粗砂，以预防密封袋渗漏等问题引发被保护土工对象位移突变，可通过振动等方式使粗砂填实密封袋。

6.2.3　零位移工程价值

1. 消除基坑开挖对周边环境的影响

零位移工程适合于密集城区基坑工程施工，利用袋装流体这一土工控制介质，能以较小的成本实时控制基坑工程施工对周边环境的影响，特别适合于周边环境复杂的工程。

2. 消除盾构、顶管等地下非明挖施工对敏感被保护对象的影响

盾构、顶管等地下非明挖工程施工，会引起一定量的邻近土体位移，可利用袋装流体这一土工控制介质，在施工前预设于隔离区内，在施工过程及施工后一定时期内维护，可消除非明挖工程施工引起的土体位移，保护敏感周边环境完好无损。

3. 提高全回收高强材料基坑支护体系普适性

高强围护结构，如钢结构，能回收再利用时，在造价、工期、环保等方面，均存在巨大优势。高强材料在设计时多由刚度控制，通过袋装流体进行实时位移补偿，可充分发挥高强材料的高承载能力，弥补刚度不足缺陷，全回收高强钢结构对基坑工程具有重要意义，且节省运输与安装成本。

4. 避免大基坑分坑支护

当基坑邻近地铁等重要保护对象时，为了控制变形，大量采取了分坑施工，使得工程成本与工期大幅增加。零位移基坑工程，可以消除内支撑杆件太长引起压缩变形的不良影响，避免大量的分坑施工。

6.2.4　零位移基坑工程原型试验

1. 试验工程概况

试验场地位于上海市，试验坑设计挖深 6m，宽 4m，长 18m，试验坑采用钢管桩连续墙（WSP）围护，围护桩长分别为 13m、14.5m，隔离区侧采用直径 1m、壁厚 10mm、间距 1.35m 的 WSP 围护，隔离区对面采用直径 1.2m、桩长 14.5m、壁厚 12mm、间距 1.9m 的 WSP 围护，密封袋埋置深度 12.5m，设置一道水平钢管支撑。零位移基坑原型试验图如图 6.2-2 所示。试验坑及监测点平面布置图如图 6.2-2（a）所示，剖面图如图 6.2-2（b）所示，袋装流体平面布置详图如图 6.2-2（c）所示，开挖后的照片如图 6.2-2（d）所示。

试验场地土层分布及主要常规物理力学性指标见表 5.7-1。

2. 试验过程

试验过程及主要完成的试验内容如表 6.2-1 所示。

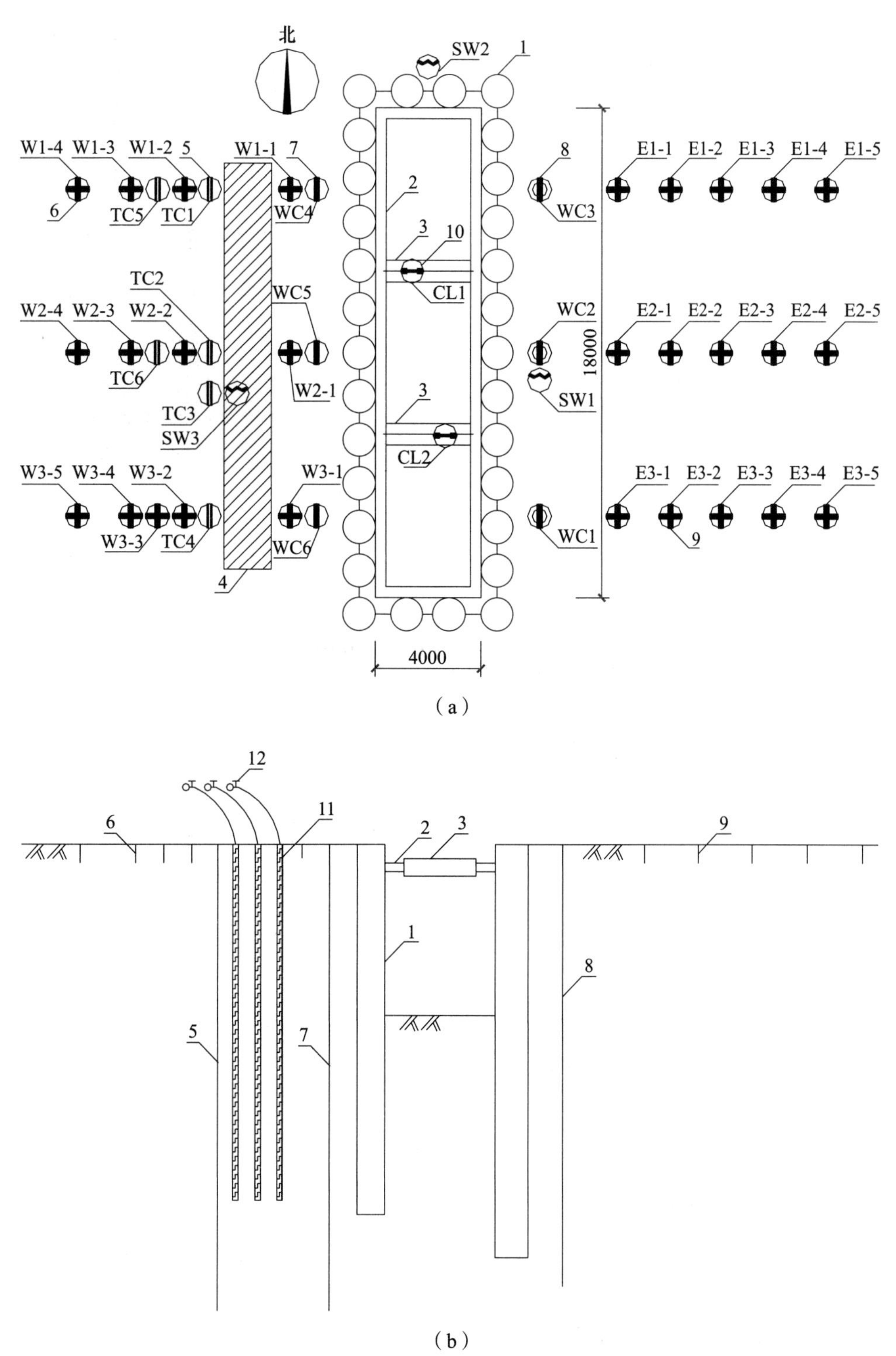

图 6.2-2　零位移基坑原型试验图（一）

（a）试验坑及监测点平面布置图；（b）剖面图

1—WSP 围护结构；2—H 型钢腰梁；3—钢管支撑；4—隔离区；5—隔离区与被保护区之间的测斜孔；6—被保护区地表沉降监测点；7—隔离区与围护结构间测斜孔；8—隔离区对面围护桩外侧测斜孔；9—隔离区对面地表沉降监测点；10—支撑轴力监测点；11—密封袋；12—流体控制阀

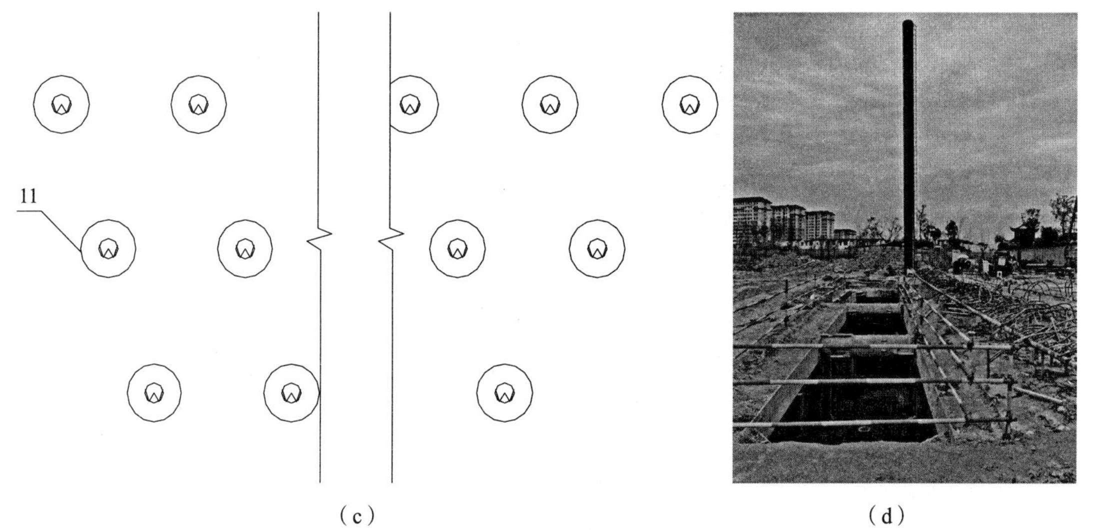

图 6.2-2 零位移基坑原型试验图（二）

（c）袋装流体平面布置详图；（d）开挖后的照片

11—密封袋

试验过程及主要完成的试验内容 **表 6.2-1**

分项序号	完成内容	起始时间	同时实施内容	备注事项
1	钢管桩连续墙围护施工	2020.12.11～2020.12.12		
2	安装钢支撑、钢腰梁	2020.12.17～2020.12.29		
3	安装袋装流体	2020.12.22～2021.3.22	密封袋 6m 高水柱预压后填满中砂	
4	袋装流体施加钢支撑预应力	2021.3.22～2021.3.23	5～6m 高水柱预压	
5	开挖试验基坑	2021.3.24～2021.3.26	在基坑东侧北角搭接处流砂并封堵	浇筑 200mm 素混凝土垫层
6	试验基坑置放与观测	2021.3.26～2021.5.31	对密封袋逐条轮流填砂，水压力由 5m 高水柱增加至 10～12m 高水柱	
7	用水回灌基坑	2021.5.31～2021.7.18		
8	抽水回弹试验	2021.7.18～2021.7.20		
9	回弹监测	2021.7.20～2021.7.22		

3. 试验监测成果与分析

本原型试验的监测，结合试验目的，划分为四个阶段。第一阶段为围护结构施工阶段；第二阶段为袋装流体钢支撑预应力施加阶段；第三阶段为基坑开挖与位移实时控制阶段；第四阶段为基坑抽水回弹测试阶段。

（1）围护结构施工

本阶段主要施工内容包括表 6.2-1 中的 1～3 分项，试验过程中，因密封袋的密封性能需要，在安装前及安装后进行压力测试与改进，因此，安装袋装流体的施工时间较长。

（2）袋装流体钢支撑预应力施加与监测

本次原型试验中，采用袋装水对试验坑的钢支撑施加预应力，本阶段主要施工内容为表 6.2-1 中的第 4 分项。袋装水的水压高度维持在 5～6m。袋装流体钢支撑预应力施加阶段深层土体侧向位移监测成果如图 6.2-3 所示。

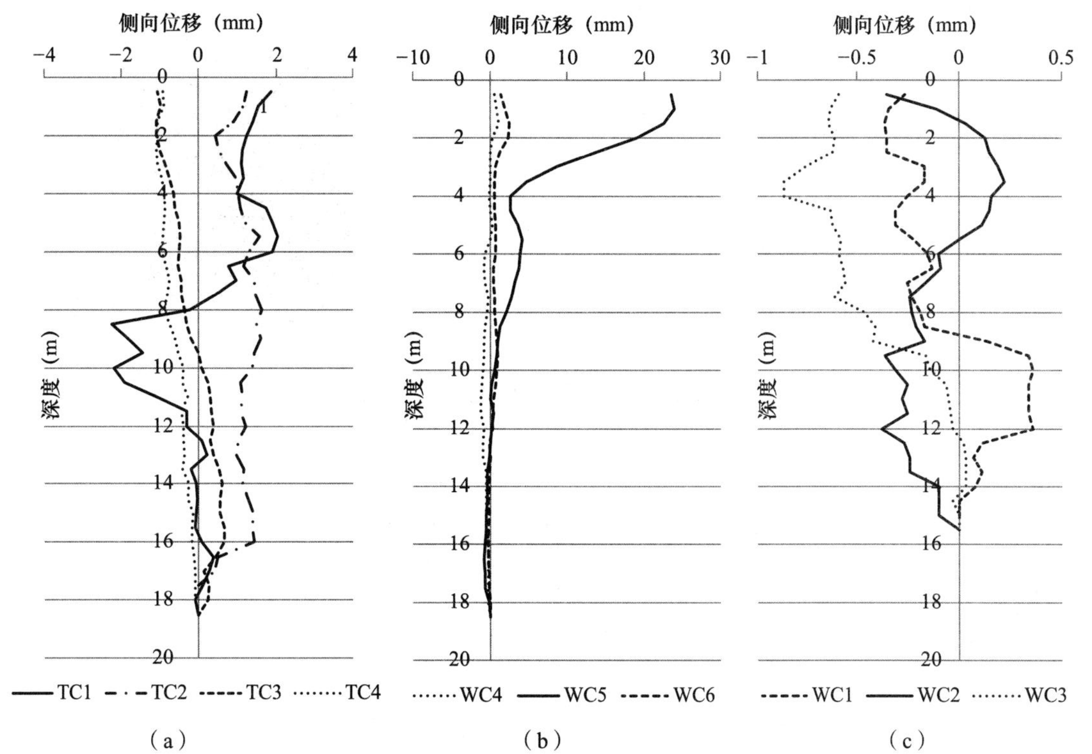

图 6.2-3　袋装流体钢支撑预应力施加阶段深层土体侧向位移监测成果

（"+"表示向基坑内侧产生位移，"−"值表示向基坑外侧产生位移）

（a）被保护区与隔离区之间；（b）隔离区与围护桩之间；（c）隔离区对面围护桩外侧

根据图 6.2-3，在支撑底部以下土体开挖前，在水压高度 5～6m 的压力作用下，被保护区的深层土体侧向位移较小，均在 2mm 之内，表明袋装水压力的施加对隔离区土体产生的位移很小；隔离区与围护结构之间的土体，在基坑中部（WC5 测点），因钢支撑之前未施加预应力，因此产生了一定量的侧向位移，最大值位于地表附近，达到 23.84mm，表明在袋装水压力作用下，被保护区一侧的围护桩向坑内侧移，对钢支撑产生预应力，在此工况下，两根钢支撑的实测轴力分别增加了 94.9kN 与 106kN。位于基坑两端的监测点，深层土体侧向位移很小，最大值为 2.63mm，因基坑挖至支撑底部，呈现明显的上部大，下部小的变化趋势；在隔离区对面的基坑外侧，围护桩附近产生了向基坑外侧较小位移，最大位移量为 −0.87mm，表明该侧围护桩承担了来自钢支撑的推力。

（3）基坑开挖与位移实时控制阶段

本阶段主要施工内容包括表 6.2-1 中的第 5 分项与第 6 分项。基坑开挖前后，对深层土体侧向位移、地表沉降等进行了较长期的观测，零位移基坑原型试验开挖前后地表竖向位移值历时曲线如图 6.2-4 所示。

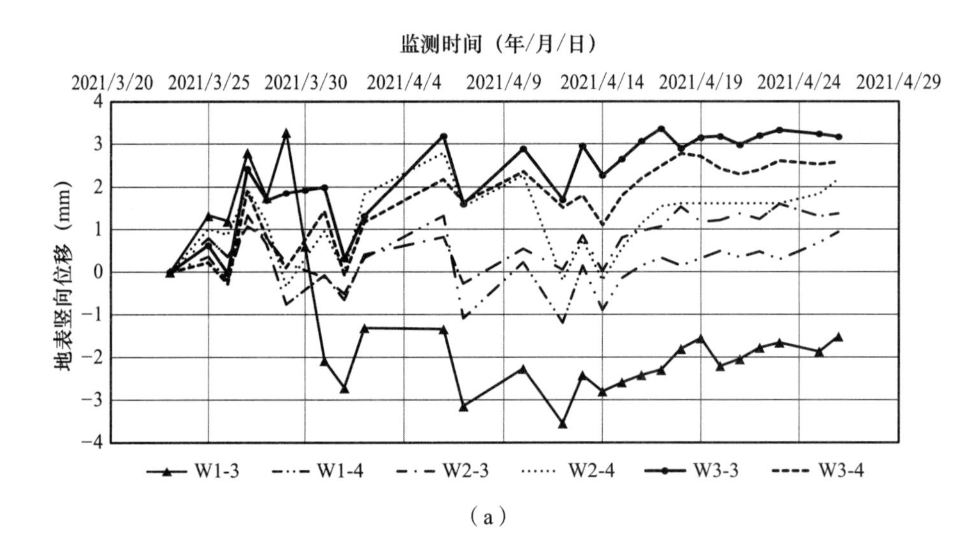

（a）

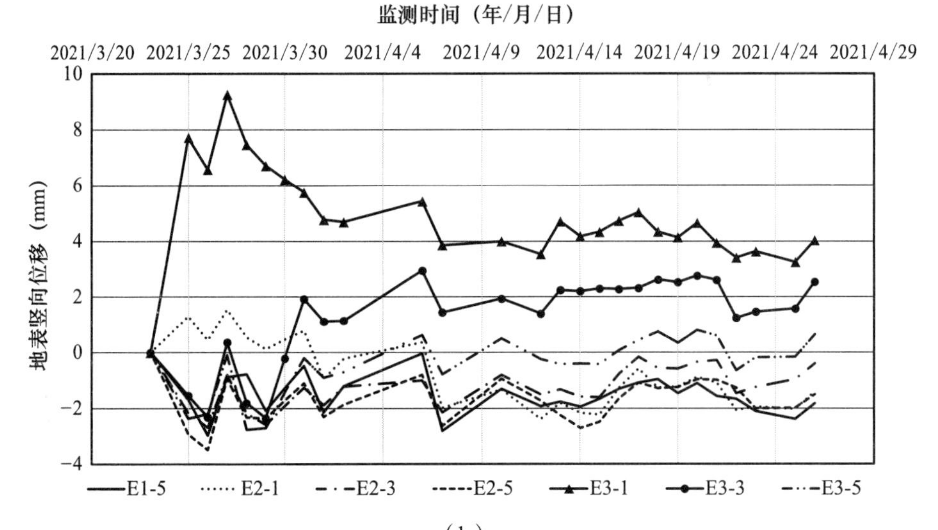

（b）

图 6.2-4　零位移基坑原型试验开挖前后地表竖向位移值历时曲线

（“−”表示下沉，“＋”表示抬升）

（a）被保护区地表竖向位移；（b）被保护区基坑对面地表竖向位移

图 6.2-4 所示的地表沉降监测成果，反映了以下特点：① 在基坑开挖完成后，尽管基底仅浇筑了 20cm 厚的素混凝土垫层，长期置放期间，在袋装水压力的实时作用下，各监测点地表竖向变形保持稳定，变化幅度一直控制在 2～3mm，零位移基坑工程原型试验结果令人满意；② 被保护区一侧的地表竖向位移得到了良好的控制，最大值控制在 5mm 以内；③ 在控制被保护区一侧地表沉降的同时，基坑东侧的地表沉降也得到了有效控制，除流砂引起少量监测点沉降破坏外，其他区段沉降最大值控制在 12mm 以内；④ 在试验后期，将袋装水的水头高度从地表以上 10m 提高到 12m，被保护区地表各监测点出现少量的抬升，表明零位移工程可以实现基坑周边地表部分沉降的修复；⑤ 试验坑东侧 E1-1 监测点地表沉降比其他监测点大的原因是离渗漏点最近；⑥ 被保护区 W1-3 监测点，因位于渗漏点侧基

坑对面，出现了 2～4mm 的较小沉降，而其他监测点沉降微小，有的略有抬升；⑦ 在袋装水的水头高度从地表以上 10m 提高到 12m 时，东侧基坑地表竖向位移保持稳定；⑧ 本试验基坑的形状，支护结构及袋装水的布设均是南北方向对称，因东侧围护桩东北角附近 3～4m 深度，在基坑开挖期间出现流砂问题，使得被保护区地表竖向位移出现南部向上微小抬升，北部向下微小下沉现象。

基坑开挖前后，零位移基坑原型试验 2m 以下深层土体最大侧向位移值历时曲线如图 6.2-5 所示，零位移基坑原型试验变形稳定时深层土体侧向位移监测值如图 6.2-6 所示。

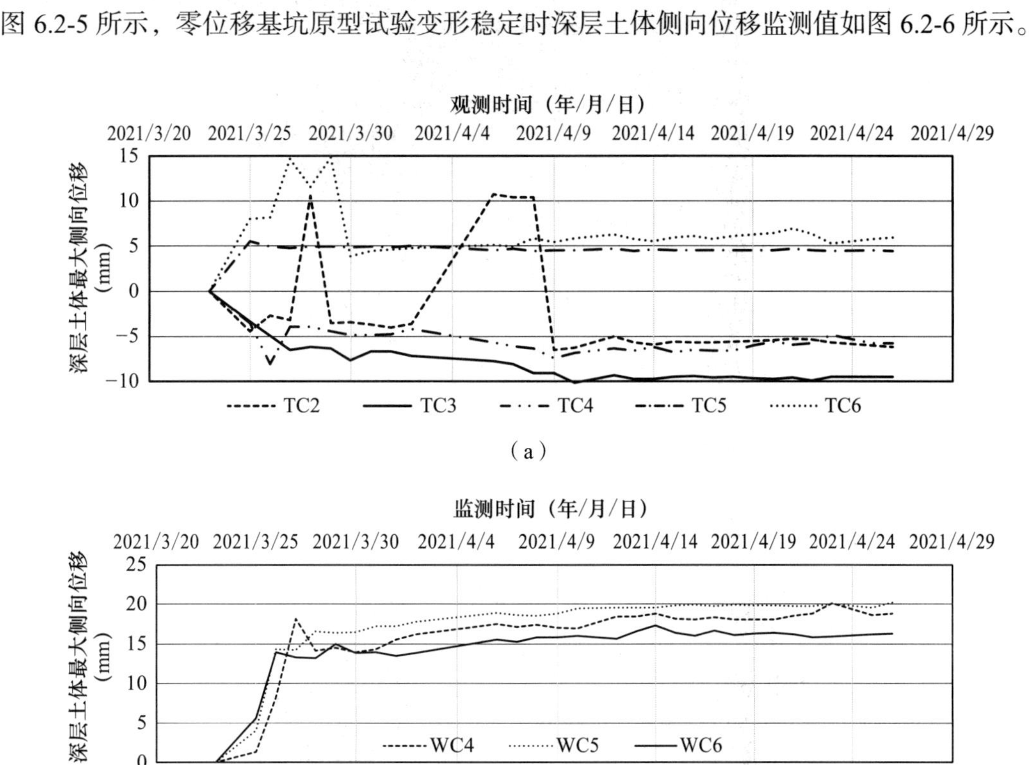

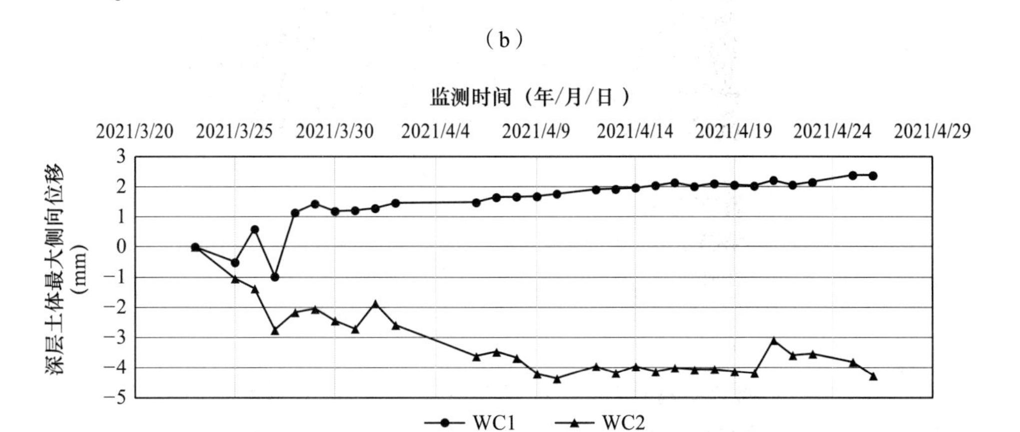

图 6.2-5　零位移基坑原型试验 2m 以下深层土体最大侧向位移值历时曲线

（“−”表示向坑外侧方向，“+”表示向坑内侧方向）

（a）被保护区与隔离区交界处；（b）隔离区与西侧围护桩交界处；（c）邻近东侧围护桩外侧

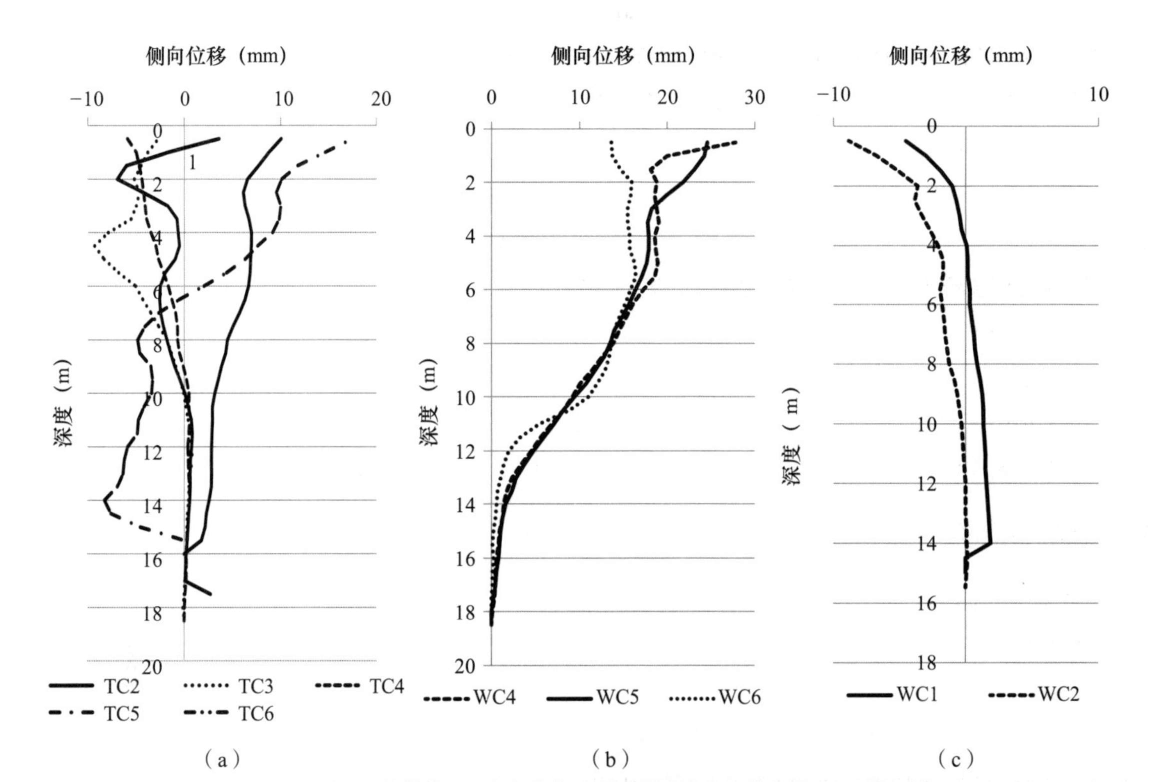

图 6.2-6　零位移基坑原型试验变形稳定时深层土体侧向位移监测值

（“+”表示向基坑内侧产生位移，“−”值表示向基坑外侧产生位移）

（a）被保护区与隔离区交界处；（b）隔离区与西侧围护桩交界处；（c）东侧围护桩外侧邻近

图 6.2-5 与图 6.2-6 监测成果，反映了零位移基坑原型试验的以下特点：① TC2、TC3、TC4 三个监测点位于被保护区与隔离区交界处的南段，受对面基坑流砂影响小，深层土体最大侧向位移均向基坑外侧移动，位移最大值在基坑开挖后稳定在 5～10mm 之间；② TC5、TC6 监测点 2m 以下深层土体最大侧向位移量一直稳定在 5mm 附近，向坑内发生位移；③ 位于基坑中部的 TC2、TC6 监测点，前期向基坑内侧位移，后期向基坑外侧产生较大的位移回调；④ 所有监测点在坑底以上的深层土体侧向位移均呈 S 形，且向坑内方向的最大值均在 3～4m 深度位置，与流砂点深度一致，离流砂点越近，向坑内方向位移越大。在本试验中采用的零位移工程技术，有效控制了被保护区地表沉降；⑤ 被保护区基坑对面土体，除流砂点邻近的 WC3 监测点外，其他两个监测点，深层土体产生总体向基坑外侧的水平位移，最大值在支撑深度位置，为 5～10mm；⑥ 坑底以下，深层土体侧向位移受流砂影响小，在被保护区与隔离区之间，总体向基坑外侧方向产生少量侧向位移；⑦ 被保护区侧围护桩与隔离区之间的土体产生 15～30mm 向基坑内侧的侧向水平位移，沿深度方向分布，距离流砂点较远的 WC6 监测点，侧向水平位移沿深度方向的分布趋势与常规一道内支撑基坑相近，围护桩附近土体未因袋装水的压力产生明显的侧向位移；⑧ 图 6.2-5（b）显示，在基坑开挖后，随着时间推移，被保护区侧围护桩邻近土体的深层侧向位移持续以稳定的速率慢速增加；⑨ 图 6.2-6（a）与图 6.2-6（b）揭示，在隔离区东西两侧存在深层土体侧向位移差，在试验中，由袋装水和砂对隔离区土体体积进行补偿。

在本试验中，密封袋延伸至地表，充水后，出现如图 6.2-7 所示的零位移基坑原型试验位移补偿产生的地表裂缝，随后对其进行灌浆处理。

图 6.2-7　零位移基坑原型试验位移补偿产生的地表裂缝

袋装水加压后，基坑开挖时，地表被袋装水胀裂，裂缝宽度最大可达 51mm，裂缝宽度沿基坑长边方向延伸，中部大、两端小，后灌以水泥浆封堵，彰显袋装流体位移补偿原理。

（4）基坑注、抽水回弹测试阶段

本阶段包括表 6.2-1 中的第 7～第 9 分项三项试验内容。

基坑灌满水及抽水期间，保持袋装水的水头高度为地面以上 5～6m，在此期间，地表竖向位移稳定，最大值是下沉 0.27mm，基坑灌水历时 48d，在此期间，零位移基坑原型试验灌满水期间深层土体侧向位移监测值如图 6.2-8 所示。

根据图 6.2-8，土体深层水平位移监测结果具有以下特点：① 在 48d 灌水工况下，基坑的深层土体侧向位移都较小，最大值小于 5mm；② 基坑开挖期间的流砂对本阶段深层土体位移仍有幅度不大的影响，体现在基坑灌水回填后，距离流砂点最近的 WC3 监测点与流砂点基坑对面的 T1、T2 监测点，仍向基坑内侧方向产生了 2～4mm 的侧向位移；③ 距离流砂点较远的监测点，深层土体向坑外产生了少量的侧向位移，最大值接近 5mm；④ 受基坑侧壁流砂影响的深层土体侧向位移增量，在坑底以上段仍然呈“S”形或镜向“S”形，距离流砂点越近，越明显；⑤ 在应力叠加作用下，基坑中部的侧向变形大于两端。

2021 年 7 月 18 日监测后，抽出灌入基坑的水，抽水后对坑进行了 3d 监测，抽水前后，零位移基坑原型试验坑内抽水前后深层土体侧向位移变化值如图 6.2-9 所示。

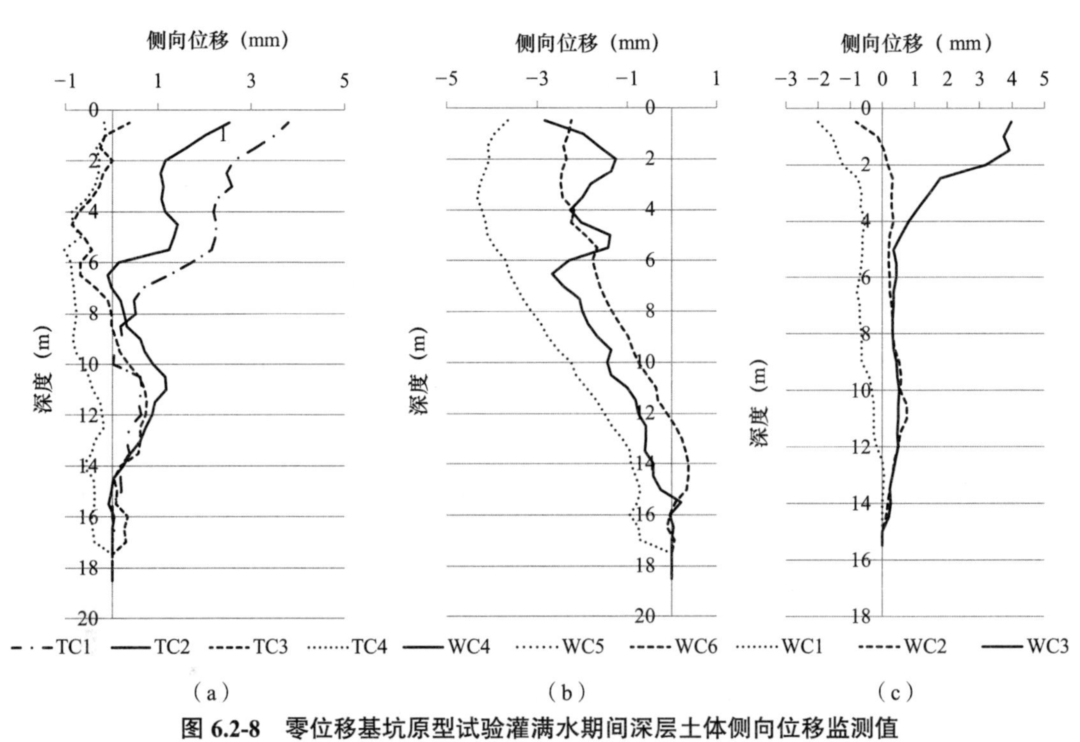

（a）　（b）　（c）

图 6.2-8　零位移基坑原型试验灌满水期间深层土体侧向位移监测值

（“+”表示向基坑内侧产生位移，“−”值表示向基坑外侧产生位移）

（a）被保护区与隔离区交界处；（b）隔离区与西侧围护桩交界处；（c）东侧围护桩外侧邻近

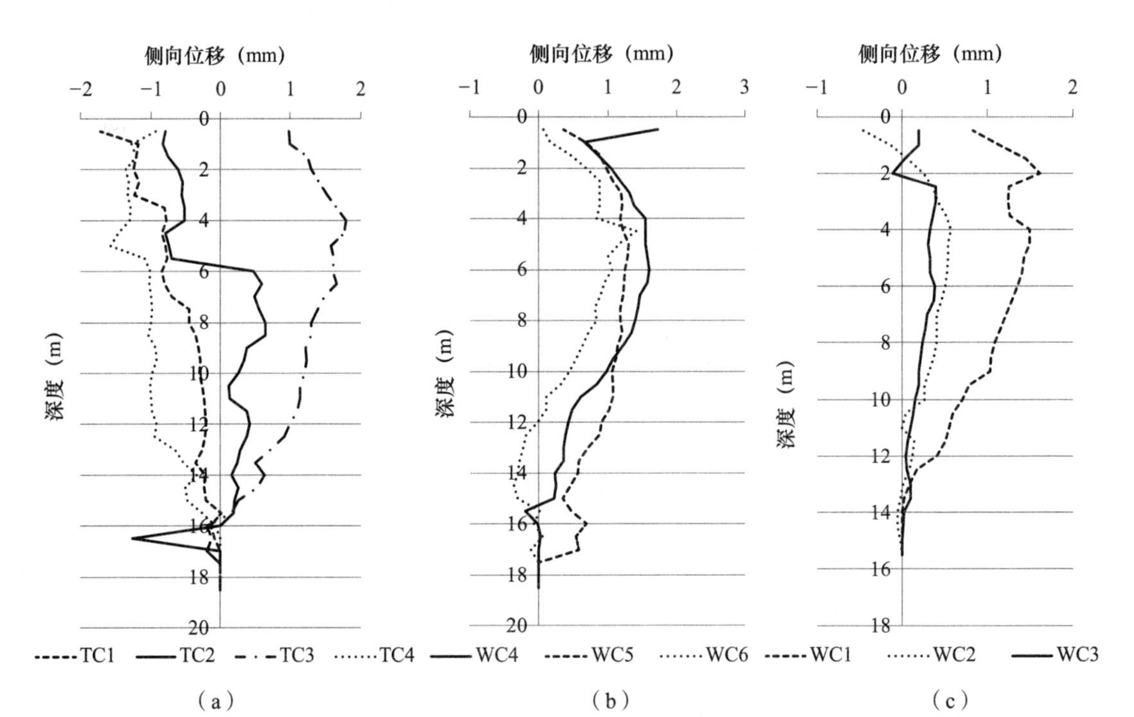

（a）　（b）　（c）

图 6.2-9　零位移基坑原型试验坑内抽水前后深层土体侧向位移变化值

（“+”表示向基坑内侧产生位移，“−”值表示向基坑外侧产生位移）

（a）被保护区与隔离区交界处；（b）隔离区与西侧围护桩交界处；（c）东侧围护桩外侧邻近

根据图 6.2-9，基坑回灌水抽出前后，深层土体侧向位移有以下特点：① 抽水前后，深层土体因基坑抽水产生的侧向位移都很小，最大值小于 2mm；② 邻近围护桩的监测点，均向基坑内侧产生了回弹变形，基底附近变形值较大；③ 位于隔离区与被保护区之间的监测点，变形规律不明显。

6.2.5 技术小结

涉土工程活动对周边环境影响控制，即第 I 类土工控制问题，主要是控制涉土工程活动引起的周边土体变形，零位移工程技术基于土工控制下限原理，为解决第 I 类土工控制问题提供了有效技术途径。零位移工程设计需考虑以下因素：① 确定微扰动土压力 P_{zs}，并作为土中应力实时补偿控制值，同时作为施工荷载标准值；② 计算最大补偿位移，确定密封袋的直径、数量、埋设深度、竖向及平面布置；③ 应实时在袋装流体中置放密度大于袋内流体密度的压缩性低的固体颗粒，使位移补偿不可逆，以确保零位移工程安全可靠。

本节介绍了零位移基坑工程原型试验研究成果，试验证实，尽管试验开挖过程中，被保护区对面的围护桩施工缝出现流砂问题，被保护区的地面沉降与深层土体侧向位移仍得到了很好的控制，接近零位移。零位移工程原理简单、可靠、易于实现，可实时控制，达到极简形式，是解决第 I 类土工控制问题的钥匙。本节介绍的原型试验，同时证实了本书零位移工程设计施工方法有效可行，检验了该项技术的安全可靠性。

6.3 锚定筒施工方法与技术

利用深层土体提供抗拉承载力是土木工程、水利工程中经常使用的技术方案，主要应用包括基坑与边坡工程中的锚杆技术、锚定板技术、抗拔基础、锚定及其他需要提供抗拉承载力的基础形式。其中锚杆技术是将细长的杆体打入深层岩土体中，通过杆体、锚固体与岩土体的连接提供抗拉承载力，并通过杆体传递。锚杆技术施工速度快、造价低，在土木工程、水利工程应用十分广泛。锚杆主要以侧摩阻力提供抗拔承载力，也有扩孔锚杆技术，即在锚杆中设计扩孔段，提供部分端阻力作为抗拔承载力的一部分。锚杆技术存在如下问题：① 锚杆需要承载力高的锚固岩土层，在软土中难以使用；② 锚杆需要占用较大范围的地下空间。虽然目前已研发有多种可回收锚杆，仍存在临时占用地下空间范围大，回收率低，回收操作的施工空间狭小、回收施工困难、造价高等问题，锚杆在很多工程应用中受限。为了提高锚杆承载力，在回填土中预埋板状构件，并利用抗拉构件传递板状构件提供的承载力，在土木工程中称之为锚定板结构。锚定板结构承载力高，但抗拉构件与锚定板需连接后埋置土体中，因此，一般是在回填土中使用。另外，抗拔桩主要利用岩土体与桩身之间的摩擦力提供抗拔承载力，各种形式的扩底抗拔桩利用扩大头提高了抗拔桩的抗拔承载力，但对深层岩土体的抗拔承载力的利用仍不充分。岩土锚固工程领域需要提供巨大的水平或斜向拉力，如吊桥的锚定、高耸结构的抗倾覆、抗滑移，大坝的抗滑移、抗倾覆等。如何更好利用深层土体的抗拔承载潜力，如何彻底消除施工完成后，土体中无用的固体残留，净化地下空间，实现固体材料的全回收再利用，具有重大的工程实践意义与环保效益。

6.3.1　锚定筒锚固结构及其施工方法

（1）锚定筒锚固结构

锚定筒锚固结构包括被锚固构件、锚定筒、受拉构件、被锚固构件连接、锚定筒连接五部分，其中被锚固构件为需要拉力作用的构件，锚定筒是为锚定筒连接提供施工操作面的中空管状构件，受拉构件为埋设于土体中的一端与被锚固构件连接且另一端与锚定筒连接的具备抗拉承载力的构件，锚定筒位于土体中，锚定筒是提供锚固力的构件，受拉构件在土体中穿越锚定筒的侧壁并延伸至锚定筒的中空部位，被锚固构件连接为将受拉构件与被锚固构件牢固连接的构件或构件组合，锚定筒连接为将受拉构件与锚定筒牢固连接的构件或构件组合。

（2）锚定筒锚固结构施工方法

锚定筒锚固结构施工包括以下步骤：

1）在土体中，施工中空的管状构件作为提供锚固力的锚定筒，并去除在锚定筒内锚定筒连接位置附近的土体，形成锚定筒连接所需的施工操作面；

2）自被锚固构件一侧开始，在被锚固构件与锚定筒之间的土体中，施工受拉构件或用于穿越受拉构件的孔道；

3）判定施工的受拉构件或用于受拉构件穿越的孔道是否与锚定筒侧壁相交，如果相交，进入下一步施工，如果不相交，返回步骤2）重新施工；

4）在锚定筒的侧壁与受拉构件或用于受拉构件穿越的孔道交叉点附近，在锚定筒侧壁开孔；

5）使受拉构件一端穿越锚定筒侧壁，另一端位于被锚固构件附近；

6）将受拉构件的两端分别与锚定筒、被锚固构件牢固连接，完成锚定筒连接与被锚固构件连接施工。

（3）实施方式拓展

首先，结合图6.3-1所示的锚定筒基坑支护结构构造示意图，介绍第一种锚定筒锚固结构施工方法。对于需要利用土体提供拉力的构件均可作为本实施例中的被锚固构件。被锚固构件可以是基坑支护中使用的各种挡土构件，如地下连续墙、型钢水泥土搅拌墙、排桩等，当使用排桩时，往往在排桩外侧设置水泥土搅拌墙隔水帷幕进行止水，如图6.3-1（a）、图6.3-1（b）所示。被锚固构件也可以是基坑支护中的钢管桩连续墙挡土构件（即6.1节介绍的WSP）。锚定筒可以利用其外围的土体提供锚固力。锚定筒可以垂直、水平或倾斜放置于土体中。锚定筒可以是钢管桩，也可以是在土体中施工形成的各种管状通道，如侧壁稳定的桩位孔、土体中的水平或斜向挖掘的通道等。当采用钢管桩作为锚定筒时，清除钢管桩内土体，即可形成锚定筒连接的操作面，并提供锚固力，施工快捷，且易于回收再利用。设置锚定筒主要目的之一是为锚定筒连接的施工提供操作面，当锚定筒连接施工完成后，在不需要回收锚定筒的情况下，可在锚定筒内填充混凝土、钢筋混凝土、水泥浆或砂浆、树脂中的一种或几种组合，以提高锚定筒的承载力，同时增加锚定筒连接的承载力。受拉构件在土体中穿越锚定筒的侧壁并延伸至锚定筒的中空部位。受拉构件可以是钢绞线、高强纤维、碳纤维、钢筋、钢管中的一种或几种组合，受拉构件具备足够抗拉承载力，且能满足变形控制要求即可。可通过对受拉构件施加预应力，以满足被锚固构件的变形控制要求。受拉构件可以倾斜放置，使得被锚固构件侧高，锚定筒侧低，可充分利用深层土体提供锚固力。当锚定筒锚固结构被用于基坑支护工程中且受拉构件采用钢绞线时，被锚固构件连接可设置为如图 6.3-1（c）所示的构造，被锚固构件连接包括锚具、锚具垫板、腰梁三部分，其中锚具垫板由多块钢板通过焊缝焊接而成；锚定筒连接由锚具、锚具垫板两部分组成，如图 6.3-1（d）所示。当受拉构件为碳纤维布等高强柔性材料时，可利用高强粘结材料，将受拉构件与被锚固构件及锚定筒通过粘结形成被锚固构件连接与锚定筒连接，可采用植筋胶、环氧树脂等材料作为高强粘结材料。

以下结合图 6.3-1，介绍锚定筒锚固结构施工方法实施步骤拓展。第一步，可以施工钢管桩作为锚定筒，施工时，可以将钢管桩底部密封，这样，钢管桩施工完成后，其内部已无土体，可作为锚定筒连接的施工操作面。也可以在钢管桩插入土体后，清除钢管桩内锚定筒连接以上部分的土体，形成锚定筒连接的施工操作面。也可以在土体中施工形成侧壁，将不会坍塌的孔洞作为锚定筒，还可以通过在土体中埋设管道作为锚定筒，如先在土体中施工竖井，然后利用竖井在深层土体中进行顶管或盾构施工，施工完成的地下通道与竖井均可作为锚定筒。第二步，可参照锚杆施工方法完成受拉构件施工，如采用钢管等有一定刚度的构件作为受拉构件。当采用钢绞线、碳纤维布等柔性构件作为受拉构件时，可利用杆件牵引使得受拉构件穿越土体，也可以先在土体中钻孔、插入钢管等方式成孔，然后将受拉构件通过孔道穿越土体。当受拉构件穿越土体之后，还可以将土体中的钢管拔出再利用，同时便于清理土体中的固体残留。第三步，可通过多种方式定位受拉构件与锚定筒在土体中交叉点的位置。如，使受拉构件或施工用于受拉构件穿越孔道的施工器具运动，并产生撞击振动，通过探测振源位置确定交叉点位置。在本步骤中，必须确定受拉构件或用于受拉构件穿越的孔道是否与锚定筒的侧壁相交叉，只有相交，受拉构件才能穿越锚定筒的侧壁，进入锚定筒内。第四步，可用取芯钻机钻穿锚定筒侧壁或者采用破碎、切割等工艺在锚定筒侧壁开孔。可采用 6.1 节介绍的孔压反力施工方法在锚定筒侧壁开孔处进行止水施工，即采用柔性密封袋先将锚定筒侧壁开孔处包围密封，并使得切割器具位于密闭的柔性密封袋内，然后在柔性密封袋内切割锚定筒侧壁，将受拉构件穿越锚定筒侧壁，之后通过柔性密封袋形成与受拉构件紧密结合的地下水封堵构造，取出切割或破碎设备。可在锚定筒侧壁开孔处置放具有止水功能的止水垫。止水垫可以是快硬水泥等具备快速凝结特性的材料对空隙进行及时封堵，也可以是由弹性橡胶垫等对漏水处进行封堵。第五步，可采用与前述第四步相同的方法，在锚定筒的侧壁开孔处进行止水施工。当前述步骤中采用在土体中施工管状构件用作受拉构件穿越孔道时，则可在本步骤中，在孔道中放置受拉构件。也可用这样的方式完成受拉构件的穿越施工：先使穿越锚定筒侧壁的受拉构件弯曲并延伸至锚定筒上部，在锚定筒的上部附近安装受拉构件与锚定筒之间的连接构件，然后将外伸至锚定筒内的受拉构件向被锚固构件一侧回送，直至实现受拉构件与锚定筒之间紧密牢固连接。以这种方式安装的好处是，可将锚定筒内充入水，避免地下水的流失及锚定筒侧壁开孔处的止水工作，在水下实现受拉构件及锚定筒连接的安装工作。第六步，在锚定筒连接与被锚固构件连接施工后，当用于基坑支护工程时，可开挖基坑并施工地下结构，然后回填基坑，拆除被锚固构件连接，再通过拔出锚定筒施工，连同受拉构件一起回收，从而实现锚定筒锚固结构的全回收再利用。为了控制被锚固构件的位移，可通过预张拉的方式在受拉构件上施加预应力，且在被锚固构件使用过程中，可在锚定筒内通过实时张拉受拉构件，对被锚固构件进行实时位移控制。

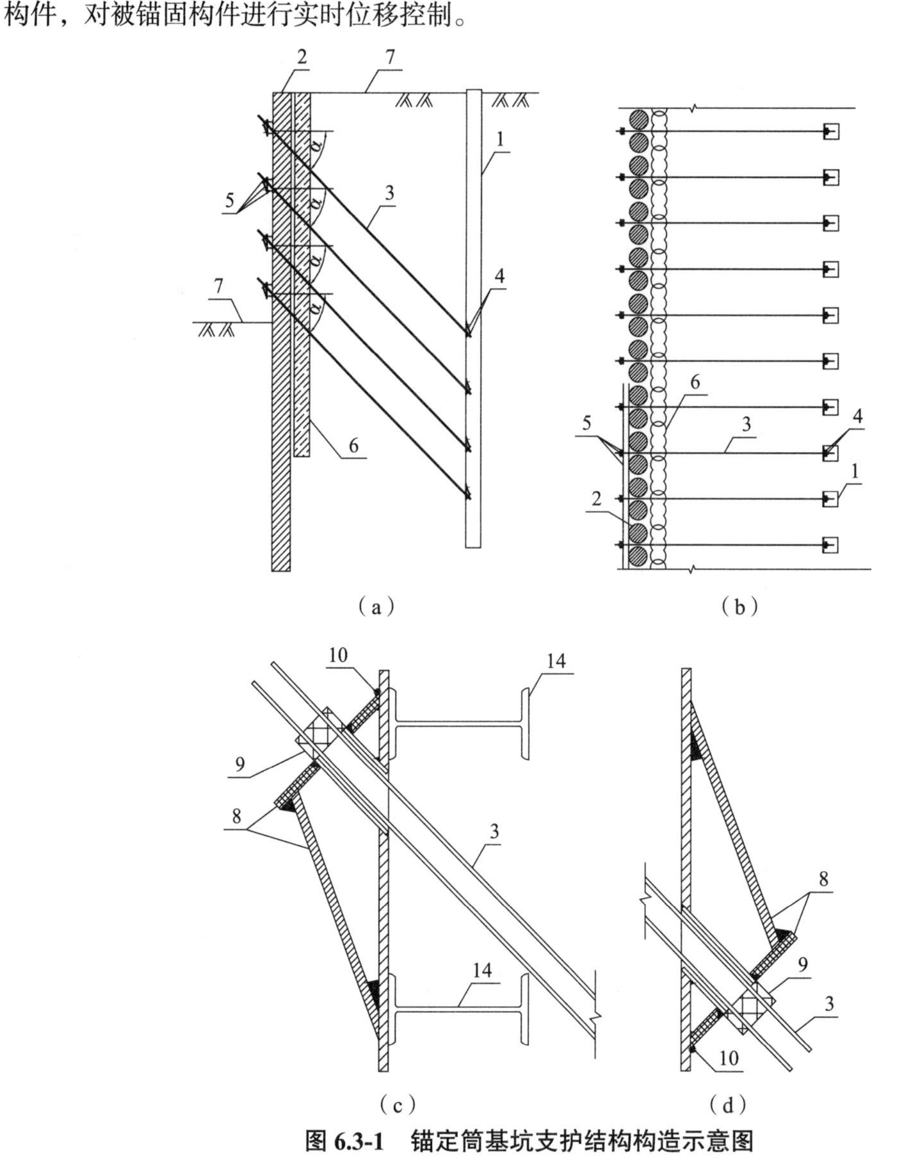

图 6.3-1　锚定筒基坑支护结构构造示意图

（a）剖面图；（b）平面布置图；（c）被锚固构件连接详图；（d）锚定筒连接详图

1—锚定筒；2—被锚固构件；3—受拉构件；4—锚定筒连接；5—被锚固构件连接；6—隔水帷幕；7—土体；8—锚具垫板；9—锚具；10—焊缝；14—腰梁

作为第二个拓展的实施例，下面结合如图 6.3-2 所示的锚定筒水工大坝结构构造示意图，介绍锚定筒锚固结构在水工大坝中的设计构想。抗倾覆、抗滑移是水工大坝需解决的主要承载问题。目前一般采用增加大坝的体积，利用大坝的重力解决，建造成本高、周期长。当采用锚定筒锚固结构时，可利用大坝上游深层土体提供拉力，大幅度提高大坝承载力，减小大坝体积，缩短工期，节约造价。本实施例所介绍的锚定筒锚固结构与前述第一个实施例相似，不同点在于：被锚固构件具体为水工大坝结构，在被锚固构件的上游地基中，先施工竖井，利用竖井提供的地下工程施工空间，采用盾构、顶管或暗挖等方式进行地下通道的挖掘施工，并将施工完成的地下通道作为锚定筒。在本实施例中，锚定筒水平放置，也可以根据需要，斜向放置。在本实施例中，施工的竖井也可以作为锚定筒使用；被锚固构件连接可以设置于水工大坝的坝体内，能够满足锚固承载力要求即可；在水工大坝中使用锚定筒锚固结构时，可以在锚定筒连接施工完成后，用素混凝土或钢筋混凝土将竖井及地下通道密实填充，以共同提供锚固力，平衡水库蓄水对大坝产生的水压力。

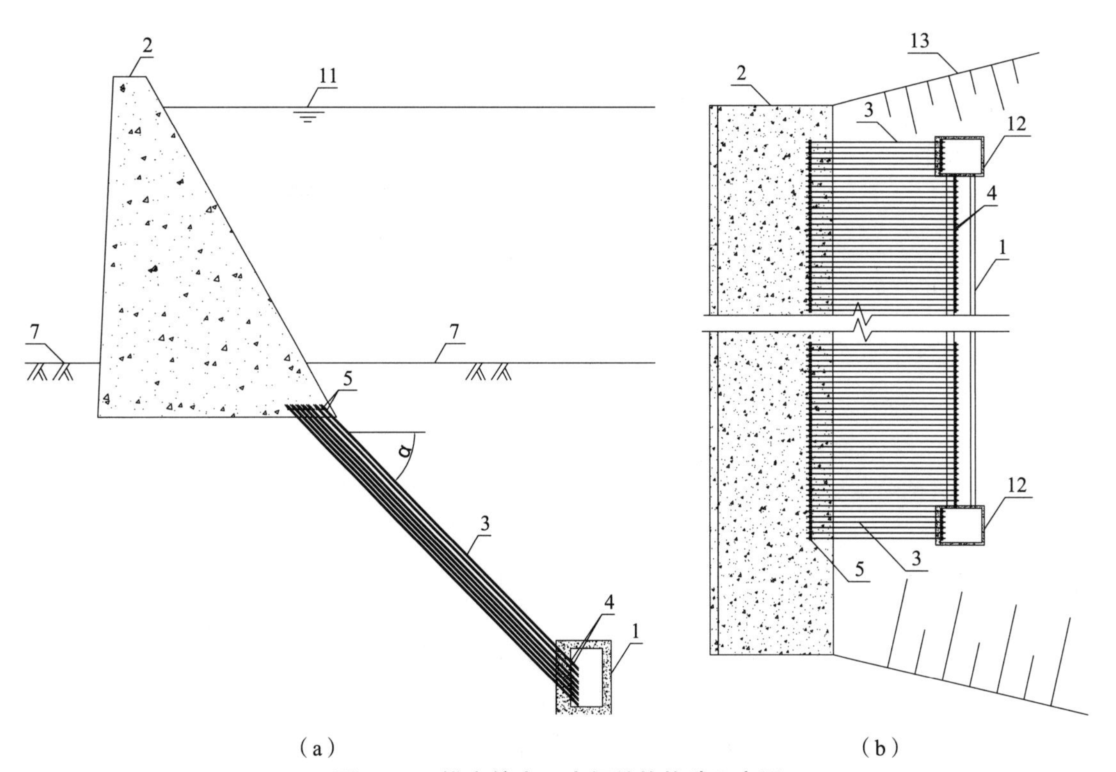

图 6.3-2　锚定筒水工大坝结构构造示意图

（a）剖面图；（b）平面布置图

1—锚定筒；2—被锚固构件；3—受拉构件；4—锚定筒连接；5—被锚固构件连接；
7—土体；11—水库蓄水；12—竖井；13—山体

（4）钢管锚定筒连接结构

圆形横截面的锚定筒施工可通过钻孔实现，钢管锚定筒连接结构可设计为包括锚定筒侧壁、钢环、锚索、锚具、垫板与填充体六部分，钢管锚定筒连接构造示意图如图 6.3-3 所示。其中锚定筒侧壁是横截面为圆形或近似圆形的锚定筒侧壁的一段，钢环是中空的钢构件，锚索是提供抗拉承载力的构件，锚具是固定锚索的装置，垫板是将锚具与钢环牢固连接的构件或部件，填充体是将钢环与锚定筒侧壁牢固连接的构件或部件，钢环位于锚定筒侧壁内侧，锚具位于钢环的内侧，垫板位于锚具与钢环的侧面之间，锚索穿越锚定筒侧壁、填充体与钢环。

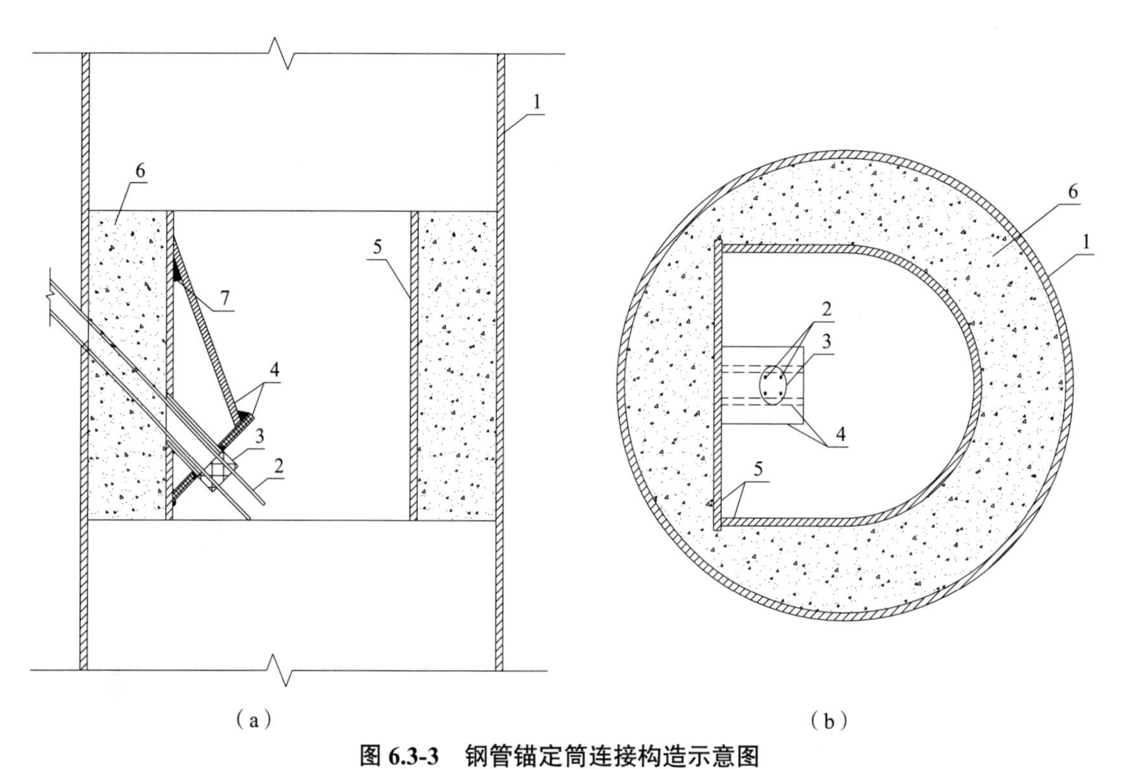

图 6.3-3 钢管锚定筒连接构造示意图

(a) 剖面图；(b) 横截面图

1—锚定筒侧壁；2—锚索；3—锚具；4—垫板；5—钢环；6—填充体；7—焊缝

6.3.2 海上锚定筒基础

海洋与陆地的施工环境差别大，海洋中的基础工程施工受海况等海洋环境影响巨大。目前，海洋基础工程主要以大直径的钢管桩为主，钢管桩直径大、深度深，有的海上风电钢管桩基础直径达到 6～7m，深度达到近百米，施工设备巨大，施工成本及材料成本高。对于较深海水区域，吸力筒基础亦有所使用，海上风电使用的吸力筒基础直径达到 30～40m，海上漂浮基础也进入试用阶段。海洋工程中的基础工程造价高是限制海洋工程发展的瓶颈之一，研发对于海洋环境依赖性小、造价低、施工速度快的海洋工程基础形式十分迫切。

（1）海上锚定筒基础构造

海上锚定筒基础包括锚定筒、扩径构件、锚定筒连接与基础连接四部分，其中锚定筒为海上施工的大直径的钢管桩，扩径构件为穿越锚定筒侧壁并外伸至锚定筒外侧土体中的构件，锚定筒连接为将锚定筒与扩径构件牢固连接的构件或构件组合，基础连接是暴露于土体之上的将锚定筒或扩径构件与基础上部的结构连接的构件或部件。

（2）海上锚定筒基础施工方法

海上锚定筒基础施工方法包括以下步骤：

1）利用船只将大直径的钢管运送至预定位置，利用振动法将大直径钢管竖直打入海床以下的土体中一定深度，并使得大直径钢管的上缘高于海平面一定高度，在海洋中完成锚定筒施工；

2）清除锚定筒内的土体至扩径构件深度，在锚定筒内为扩径构件的施工提供操作面；

3）在锚定筒的筒壁上开孔或利用锚定筒侧壁上的预留孔，必要时采取降水或止水措施；

4）在锚定筒内，向锚定筒外侧的土体中施工扩径构件；

5）将扩径构件与锚定筒牢固连接，完成锚定筒连接施工。

（3）海上锚定筒基础实施方式拓展

下面结合如图 6.3-4 所示的海上锚定筒基础构造示意图，介绍第一种形式海上锚定筒基础设计方案，基础连接可以是钢绞线、高强纤维、碳纤维布、法兰盘中的一种或几种组合，在锚定筒的扩径构件施工完成后，可在锚定筒内填充混凝土、钢筋混凝土，使得上述填充物成为锚定筒连接的一部分，加强连接处的强度与刚度。锚定筒垂直放置于土体中，扩径构件是施工在土体中的锚杆、桩、钢管或钢筋混凝土预制构件中一种，当扩径构件为预制构件时，施工速度快，适于海上施工。可以将预制好的大直接钢管桩运到施工地点后，直接打入土体中一定深度，这一施工工艺是成熟的。然后利用大直径钢管桩提供作业空间，利用钢管桩侧壁将不利于后续工程施工的海洋环境隔离，在大直径钢管桩内部进行扩径构件的施工。扩径构件可充分发挥海床浅部与中等深处地基承载潜力，通过以锚定筒作为操作面施工扩径构件，利用远处与中等深处的土体提供部分海洋基础工程所需的抗压、抗拔、抗倾覆或抗滑移承载力。

作为第二个拓展实施例，结合图 6.3-4（c）与图 6.3-4（d），介绍第二种海上锚定筒基础设计方案。与前述的第一个实施例相似，不同点在于本实施例中采用桩作为扩径构件，虽然增加了锚定筒连接这一结构或构件，但可减少钢材用量，特别是可以大幅度降低对于打桩船与打桩设备的要求，降低海洋工程施工费用。

作为第三个拓展实施例，结合图 6.3-4（e）与图 6.3-4（f），介绍第三种海上锚定筒基础设计方案。与前述的第一个实施例相似，不同点在于本实施例中利用锚定筒兼作顶管施工的始发井，在锚定筒内进行顶管施工，并将施工完成的顶管作为扩径构件。在本实施例中，因锚定筒的防护作用，在顶管施工期间，可基本消除海洋环境对顶管施工的影响。可施工较大直径的顶管作为扩径构件。必要时，可再将顶管兼作锚定筒使用，可在顶管内施工锚索作为基础连接，锚索可以通过锚具与顶管牢固连接。也可以在顶管内施工向下、水平或斜向的其他形式的扩径构件。如果采用单个锚定筒，则需将顶管机顶进机头的切削刀盘部分弃于土体中，必要时，可设置另外一个锚定筒作为顶管施工的接收井。还可在顶管内填充混凝土增加顶管作为扩径构件的承载力。

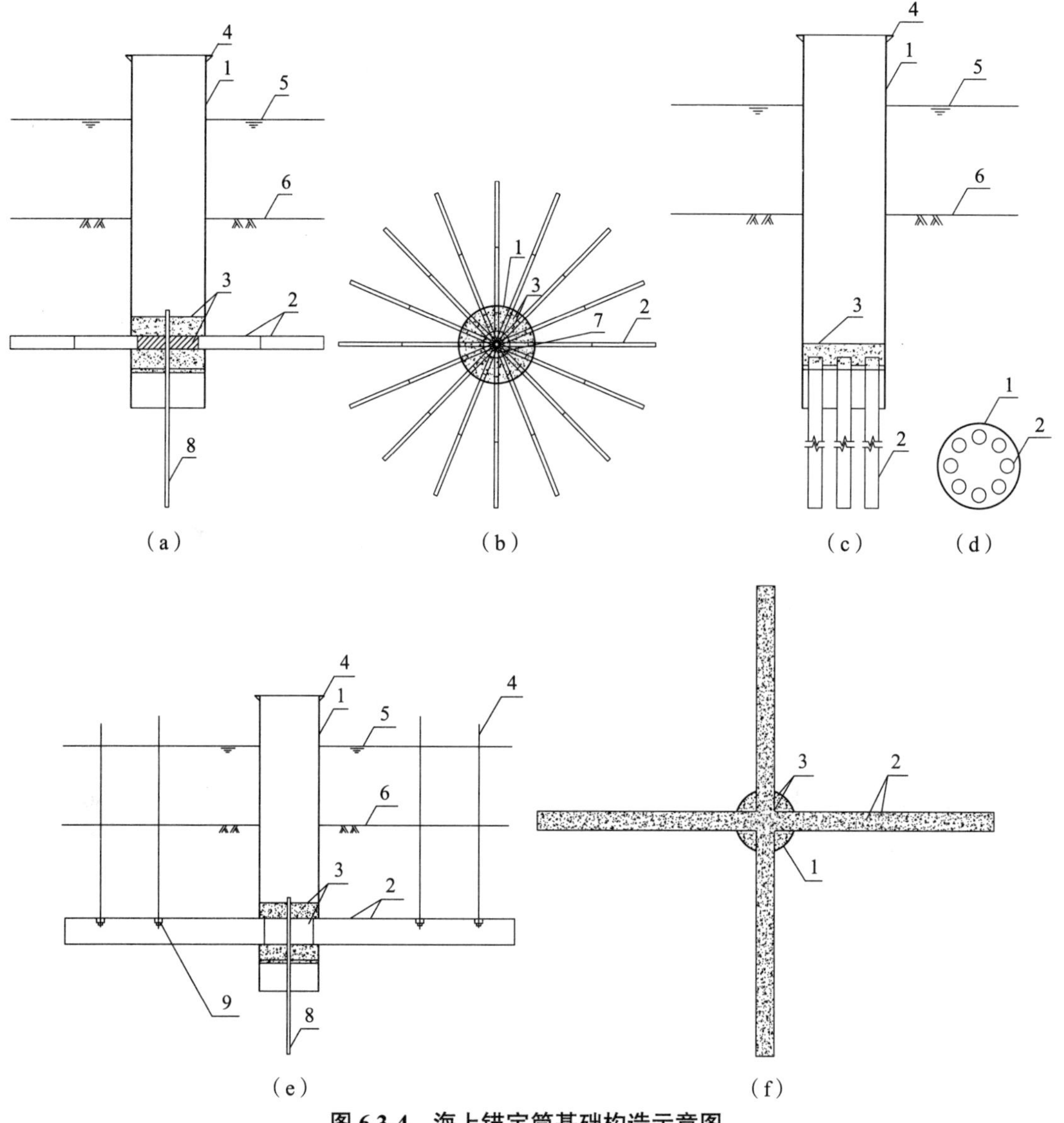

图 6.3-4　海上锚定筒基础构造示意图

（a）第一种形式剖面图；（b）第一种形式横截面图；（c）第二种形式剖面图；（d）第二种形式横截面图；（e）第三种形式剖面图；（f）第三种形式横截面图

1—锚定筒；2—扩径构件；3—锚定筒连接；4—基础连接；5—海面；6—土体；7—钢筋；8—降水井；9—锚具

6.3.3　锚定筒基坑支护原型试验

1. 试验概况

本次试验场地同本章 6.2.4 节试验场地，基坑围护桩与圈梁构造参见图 6.2-2。在试验中，用单根锚定筒代替两根钢管支撑。本次试验采用 $\phi1220\times12\text{mm}\times14500\text{mm}$ 钢管作为锚定筒，采用振动法打入土体。锚定筒试验基坑支护结构图如图 6.3-5 所示。

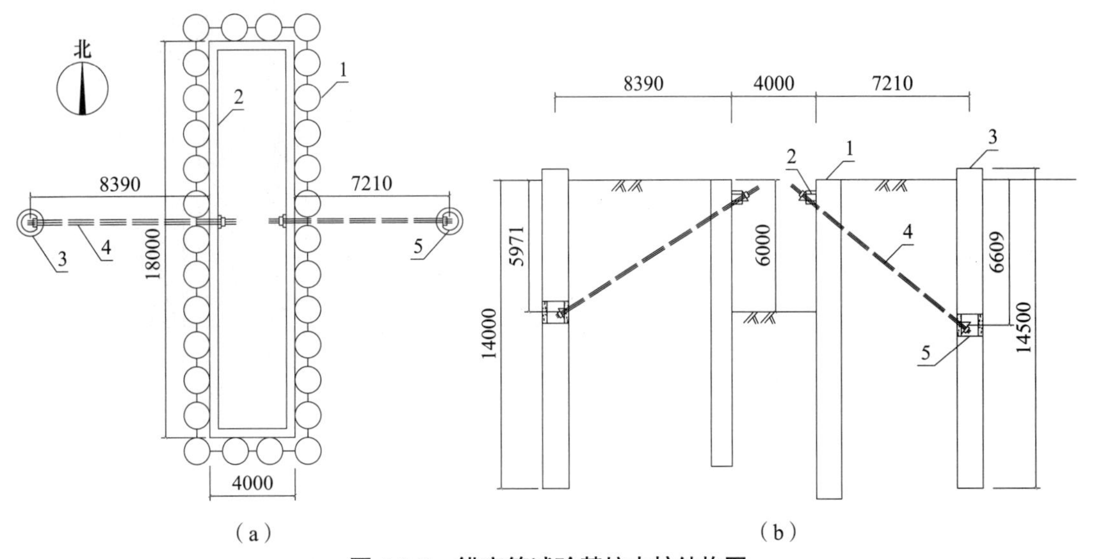

图 6.3-5　锚定筒试验基坑支护结构图

（a）平面布置图；（b）剖面图

1—WSP 围护结构；2—腰梁；3—锚定筒；4—钢绞线；5—锚定筒连接

2. 受拉构件安装

受拉构件的安装施工是锚定筒锚固技术的关键环节，本试验场地主要影响土层为上海地区的第②$_3$层砂质粉土层，该层土极易出现流砂灾害。本试验中，采用套管法实现了受拉构件的安装施工，具体实施步骤如下：

（1）先挖出钢管内的土体至地表以下 10m；

（2）利用基坑围护桩提供反力，采用自制套管插拔机，套管插拔机构造图如图 6.3-6 所示，将套管自基坑开挖面一侧，斜向向下对准锚定筒，插入基坑外侧土体，直至与锚定筒相交；

（3）测定套管与锚定筒侧壁的交点；

（4）在交点处，切割锚定筒侧壁；

（5）将套管压入锚定筒；

（6）将钢绞线作为受拉构件，穿越套管；

（7）拔出套管，施工锚定筒连接结构，锚定筒锚固工程试验中的锚定筒连接如图 6.3-7 所示；

（8）在基坑围护桩侧，施加预应力，锁定受拉构件。

3. 锚定筒基坑支护试验

本节介绍的锚定筒基坑支护试验，利用 6.2.4 节介绍的 WSP 围护桩与腰梁结构，在基坑长边的中部用单个锚定筒代替 2 根水平钢支撑，在受拉构件张拉以后，拆除水平钢支撑，锚定筒锚固工程试验基坑如图 6.3-8 所示。

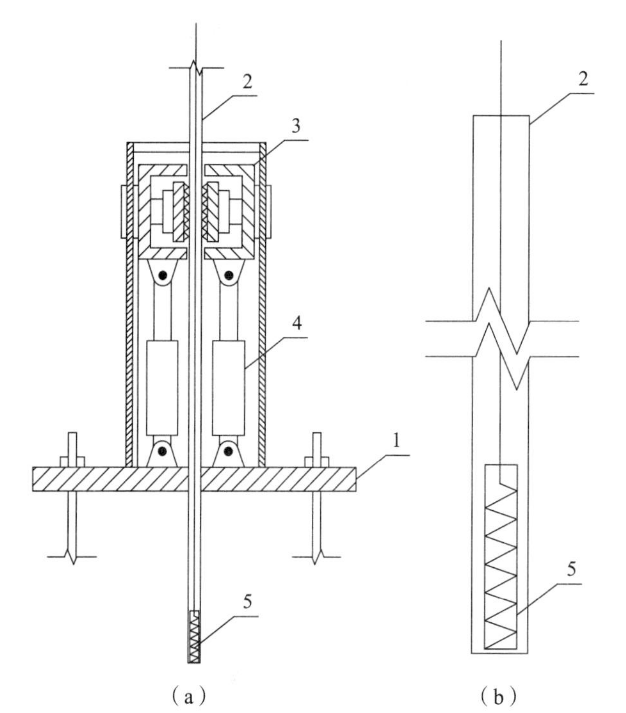

图 6.3-6　套管插拔机构造图

（a）剖面图；（b）套管构造详图

1—机架；2—套管；3—套管夹具；4—插拔动力装置；5—定位器

图 6.3-7　锚定筒锚固工程试验中的锚定筒连接

图 6.3-8　锚定筒锚固工程试验基坑

锚定筒基坑支护试验 2021 年 10 月开始实施，分为以下五个阶段：第一阶段，在基坑灌水至腰梁底的工况下，张拉受拉构件；第二阶段，拆除两道钢支撑；第三阶段，抽干灌于基坑内的水；第四阶段，基坑再行灌水回填；第五阶段，再次抽干灌至基坑内的水。锚定筒基坑支护试验监测成果（向基坑内侧为正）如表 6.3-1 所示，锚定筒在基坑支护试验中相对于顶部的侧向位移监测值（东侧）如图 6.3-9 所示，试验基坑的深层土体侧向位移监测值（西侧）如图 6.3-10 所示。

锚定筒基坑支护试验监测成果（向基坑内侧为正）　　表 6.3-1

试验阶段	试验分项工作	时间	锚定筒相对顶部最大侧向位移（mm）	基坑深层土体最大水平位移累计值（mm）
1	张拉受拉构件	10.22	2.77	−1.40
2	拆除钢支撑	10.23	−0.73	
3	抽出基坑内反压水	10.23～10.24	−1.38	9.06
4	用水回灌基坑	10.24～10.25	−2.42	8.06
5	再次抽干基坑内的水	10.26～10.27	−1.03	10.43
6	回填基坑	10.30～10.31	−4.21	9.12

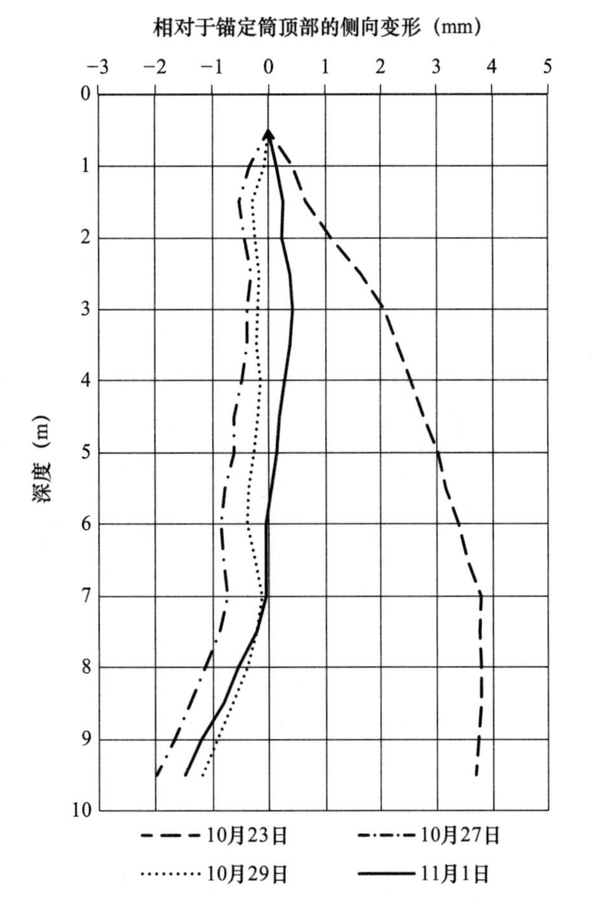

图 6.3-9　锚定筒在基坑支护试验中相对于顶部的侧向位移监测值（东侧）
（通过测斜仪测定，锚定筒顶部定为参照点，向基坑内侧为正值）

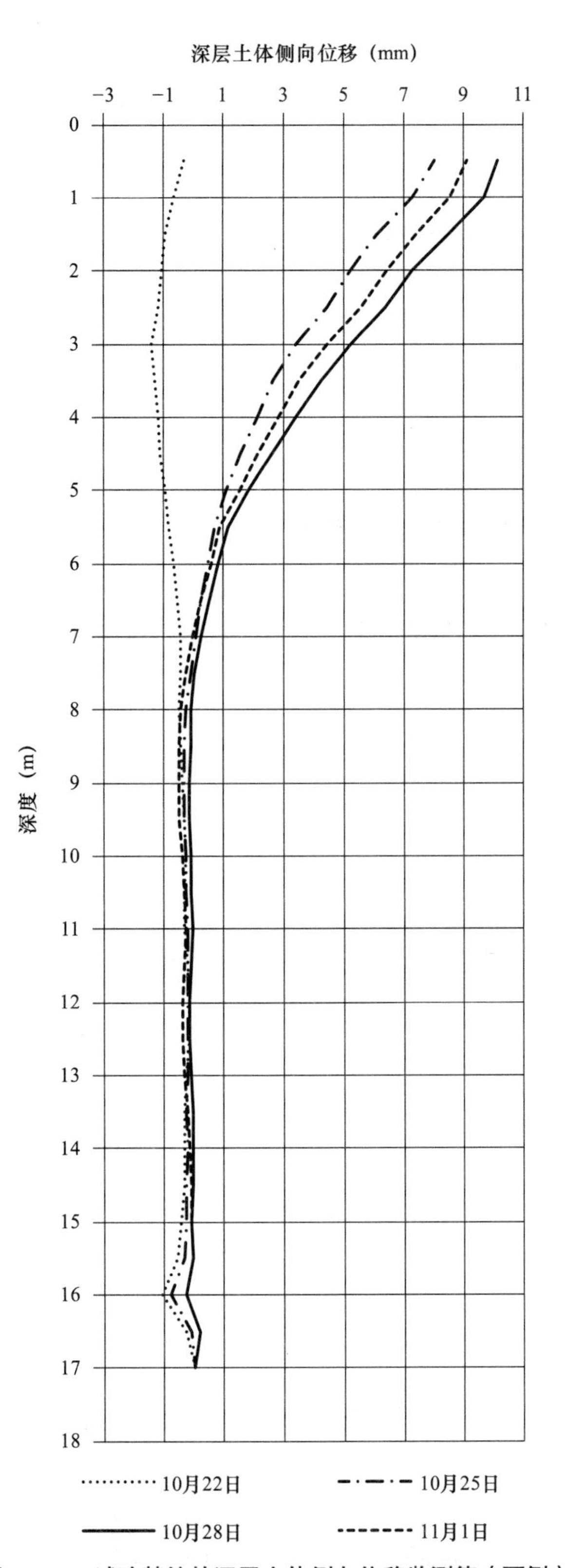

图 6.3-10　试验基坑的深层土体侧向位移监测值（西侧）

（向基坑内侧为正值）

本次锚定筒基坑支护试验，受拉构件穿越锚定筒位置于上海地区$②_3$层砂质粉土层，该土层易出现流砂管涌灾害，原型试验过程中，解决了锚定筒侧壁开孔问题。由表6.3-1与图6.3-9、图6.3-10可以看出，在张拉阶段，锚定筒与基坑围护桩在受拉构件拉力作用下，产生相对靠拢的位移，在支撑拆除及试验坑回灌水抽出后，由锚定筒提供抗力，平衡作用于围护桩上的土压力。由于锚定筒的顶部向基坑内侧产生位移，因此测斜结果显示锚定筒底部相对于顶部产生向基坑外侧方向的位移。在受拉构件张拉锚定后，随着时间的推移，锚定筒构件挠度减小，主要原因是土体在锚定筒的表面产生了抗力，引起作用于锚定筒构件的抗力重分布，并趋于稳定。在试验过程中，锚定筒的位移、变形及深层土体侧向位移都是较小的，且较快地趋于稳定。试验中，还测试了灌水与填土回填基坑产生的回弹变形，监测结果表明，基坑侧壁回弹变形是存在的，但很小，为1～1.31mm。

6.3.4 锚定筒锚固结构设计施工控制要点

通过锚定筒基坑支护原型试验，施工了2个锚定筒提供水平承载力，满足挖深6m的试验基坑支护要求，锚定筒锚固结构设计施工控制要点：

1. 锚定筒锚固结构设计要点：

（1）确定锚定筒与被锚固构件的间距，锚定筒构件的结构构造、深度、平面布置，受拉构件的平面布置、竖向布置，锚定筒连接与被锚固构件连接的结构构造；

（2）计算岩土体所能提供的锚定筒锚固结构承载力；

（3）计算锚定筒构件承载能力；

（4）验算锚定筒在使用状态下的稳定性；

（5）计算锚定筒锚固结构在使用状态下的变形；

（6）计算受拉构件承载力；

（7）确定施加在受拉构件上的预应力；

（8）验算锚定筒连接与被锚固构件连接的承载力。

2. 锚定筒锚固结构施工要点：

（1）控制受拉构件施工方向与定位精度；

（2）确定受拉构件穿越锚定筒侧壁的位置；

（3）锚定筒侧壁开孔过程中的地下水可能引起的灾害控制；

（4）锚定筒连接的安装与质量控制；

（5）锚定筒内施工人员的安全防护，包括通风、粉尘控制、照明、垂直运输等。

6.3.5 锚定筒基础扩径施工可行性试验

为了验证锚定筒基础扩径是否具备施工可行性，作者于2021～2022年间，在6.3.3节介绍的试验场地，进行了试验。作者利用ϕ1220×14mm的钢管，通过切割再焊接组合，形成1220mm×3930mm双S形横截面，长度7.55m的单元体，并将锚定筒单元体的顶部沉至地面以下0.5m。锚定筒扩径试验单元体横截面构造图如图6.3-11所示，锚定筒扩径试验现场如图 6.3-12 所示。

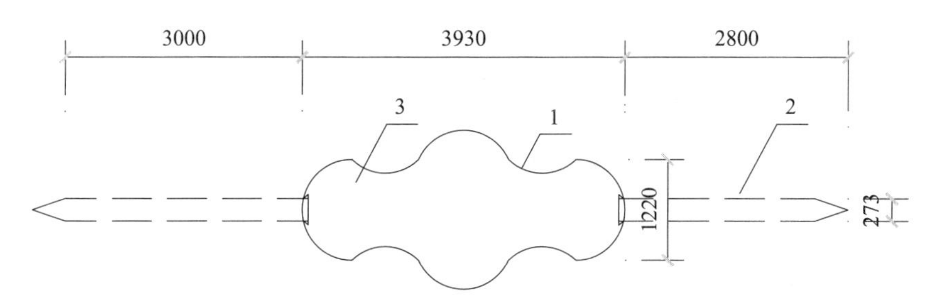

图 6.3-11　锚定筒扩径试验单元体横截面构造图

1—锚定筒单元体；2—扩径构件；3—锚定筒连接

（a）

（b）

（c）

（d）

图 6.3-12　锚定筒扩径试验现场

（a）沉筒；（b）开挖至地面以下 4.5m；（c）桩尖压入；（d）桩全截面压入

2022 年 7 月 31 日下午开始，将锚杆静压桩施工装置水平放置，利用锚定筒侧壁提供压桩反力，在锚定筒开挖面底部的混凝土垫层上，水平向顶压西侧扩径构件。压桩时，地下水位高于桩位孔顶部，在桩尖刺破止水橡胶垫并顶开背后挡土钢板时，桩尖外围与桩位孔之间存在空隙，在桩尖挤压作用下，少量土体从桩尖空隙挤出，当桩全截面进入桩位孔后，冒土停止，止水橡胶垫起到了止水作用，放置一夜后继续压桩，未发现渗水流砂问题。在砂质粉土中，本试验将两根水平向布设于地下水位以下的锚定筒扩径构件顺利压入土体。终止时，两根扩径构件的压桩力分别为 53t 与 60t。本试验不仅证实了可在锚定筒中实现水平向扩径构件的施工，而且证实了设置橡胶止水垫可实现压桩止水目的。

6.3.6　技术小结

本节介绍了锚定筒施工方法与技术，在岩土体中施工中空的锚定筒，提供抗拔承载力，可兼作扩径施工操作面，发挥中等深度土层承载潜力，可在基坑、边坡、水工大坝、海洋基础等工程领域中应用。设计时，宜采用较大横截面尺寸的锚定筒构件，施工时锚定筒侧壁开孔过程中地下水控制非常重要，施工过程中，需要保持锚定筒内稳定、可靠、健康的作业环境。

6.4 土墩置换地基处理技术

地基处理是土木工程领域的一个分支，主要是针对淤泥、淤泥质土等软土地基，或暗浜、高孔隙土、有机质土、湿陷性黄土、膨胀土等地基承载力低、压缩性高或力学特性不稳定的不良地基土，通过改良、置换或加固，提高地基承载力，减小土体变形引起的不良影响。目前，常用的地基处理施工方法主要包括压密注浆、水泥土搅拌桩地基加固、CFG桩地基加固、微型预制桩地基加固、堆载预压、真空预压、强夯等。地基处理技术的适用性关键在于工程质量、工程造价与施工效率的优选，以达到最优性价比。经济、可靠、高效率、低能耗的地基处理施工方法与施工装置具有重要的社会经济价值与环保效益。

6.4.1 土墩置换地基处理方法

（1）土墩置换地基处理原理

采用适宜的地基土形成土墩，高效快速地置换软土、有机质土、不良地质土、填土等不良地基土，并将土墩挤密，提高地基承载力，消减地基土压缩变形，控制沉降，预防不稳定变形。土墩置换地基处理原理图如图 6.4-1 所示。

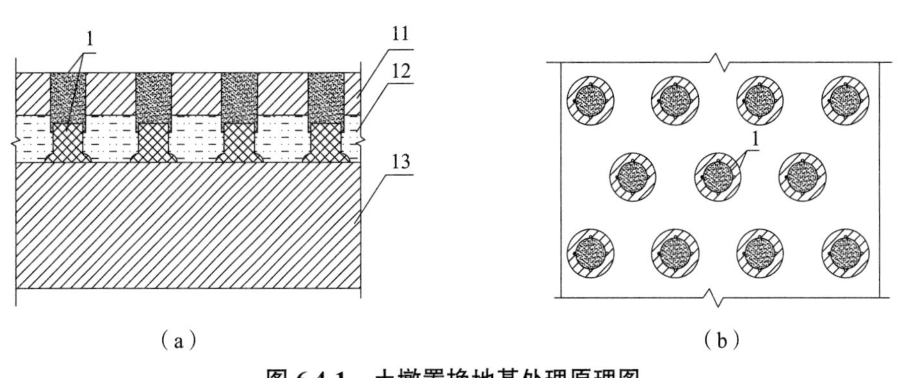

图 6.4-1 土墩置换地基处理原理图

（a）剖面图；（b）平面布置图

1—土墩；11—上覆土层；12—待处理地基土；13—地基持力层

（2）土墩置换地基处理施工方法

土墩置换地基处理施工方法主要包括以下步骤：

1）确定待处理地基土的分布与埋深，确定土墩的横截面尺寸与高度；

2）将具备产生土墩功能的土墩筒置于待处理地基土中或待处理地基土上方；

3）利用土墩筒，在土体中形成土墩，并在土墩附近形成用于被置换地基土排出的排土通道；

4）在土墩上施加压力，使得土墩沉入待处理地基土中，并增加待处理地基土中的压应力；

5）通过挤压使被置换的地基土通过排土通道排出；

6）向下推送土墩，直至土墩达到设计深度；

7）拔出土墩筒，重复步骤 2）～步骤 6），完成地基处理施工。

（3）土墩置换地基处理实施方式拓展

作为第一个拓展的实施例，结合如图 6.4-2 所示的压填式土墩置换地基处理施工工况示意图，介绍压填式土墩置换地基处理实施方式。第一步，根据岩土工程勘察报告，拟建场地的地基土组成包括适于作为土墩的上覆土层、软弱下卧层为待处理地基土及地基持力层。其中待处理地基土，土质软，压缩性高，承载力低，是需要进行地基处理的土层，并确定土墩的横截面尺寸与高度，一般情况下，土墩横截面可设置为圆形、多边形，土墩的横截面直径或边长可设置为 2～10m。第二步，在土墩筒的上部设置筒盖，以传递使土墩筒下沉或上拔的作用力。筒盖可采用钢结构制作，可设置为单层或双层。在土墩筒的顶部和中部设置两层筒盖，以适于本实施例中给出的土层分布。第三步，使用连接有排土通道的土墩筒，在土墩筒插入土体后，便可在土墩附近形成排土通道。也可在土墩附近，将管状结构插入待处理地基土，作为排土通道。进入第四步，在土墩上施加压力，使得土墩沉入待处理地基土中，随着土墩被沉入待处理地基土，挤压待处理地基土，使得待处理地基土中的压应力增加。第五步，采用振动方式施加作用力，排土通道在振动作用下使被置换的地基土在排土通道中软化，降低排土阻力，易于施工。第六步，使土墩与持力层密切接触。当土墩的底部与持力层密切接触后，推送土墩的作用力会明显增加，可作为完成施工的标志，如图 6.4-2（d）所示。土墩压入完成后，回填上部孔洞，形成土墩置换。

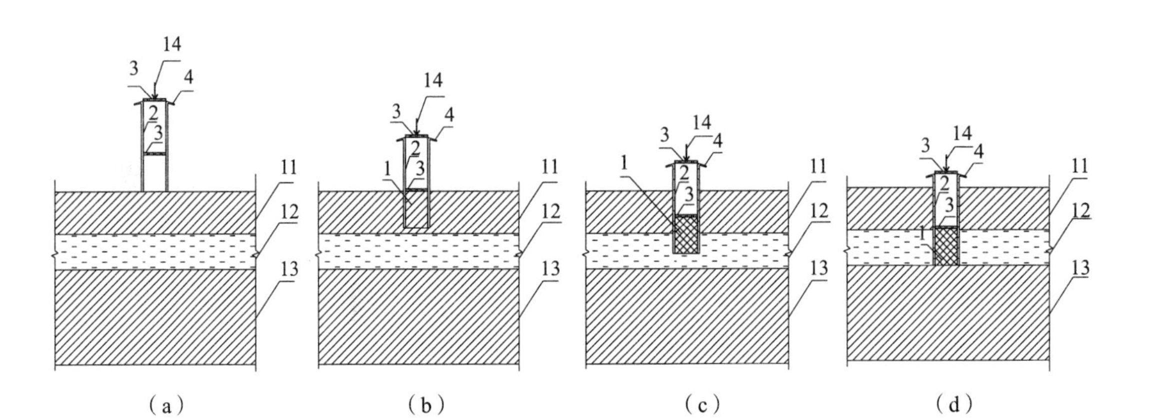

图 6.4-2　压填式土墩置换地基处理施工工况示意图

（a）放置土墩筒；（b）形成土墩；（c）土墩置换；（d）土墩到达持力层

1—土墩；2—土墩筒；3—筒盖；4—排土通道；11—上覆土层；12—待处理地基土；13—地基持力层；14—作用力

作为第二个拓展的实施例，结合如图 6.4-3 所示的填压式土墩置换地基处理施工工况示意图，介绍第二种土墩置换地基处理实施方式。与前述第一个实施例相似，不同点主要在于：在实施例的第二步，将上部带有筒盖且下部开口的钢管作为土墩筒；在第三步中，土墩不仅包括利用土墩筒从上覆土层中隔离的土体，还包括在第二步中填于土墩料仓中被土墩筒隔离的土体，如图 6.4-3（b）所示。可在第三步与第四步中，利用振动锤在土墩筒上施加激振力，实现土墩的置换施工。还可以在第四步中，向土墩筒内充入气体，采用气动法推动土墩下沉。第七步中，可采用如 6.1 节所述的孔压反力施工方法进行土墩筒的拔出施工，即在土墩筒拔出施工过程中，向土墩筒内充入气体或其他形式流体，利用气体压力或流体压力作为土墩筒上拔作用力的一部分，实现土墩筒的拔出施工，同时，进一步压密土墩。还可以通过挤压土墩，在待处理地基土中形成扩孔土墩。

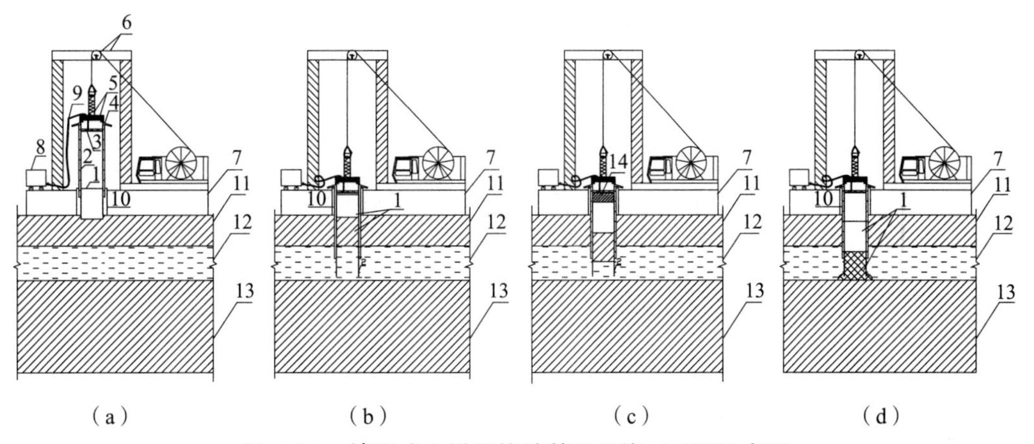

图 6.4-3　填压式土墩置换地基处理施工工况示意图

（a）放置土墩筒与置换料；（b）形成土墩；（c）土墩置换；（d）土墩到达持力层

1—土墩；2—土墩筒；3—筒盖；4—排土通道；5—振动锤；6—升降装置；7—反力机座；8—空气压缩机；9—输气通道；10—土墩料仓；11—上覆土层；12—待处理地基土；13—地基持力层

6.4.2　土墩置换所用的土墩筒

土墩置换施工装置所使用的土墩筒可设计为图 6.4-3（a）与图 6.4-4 的结构，包括反力机座、土墩筒、排土通道、升降装置四部分，其中土墩筒是具备在土体中形成用于土体置换的墩状土体的筒状或柱状结构，反力机座是提供施工反力的装置，反力机座具备保持土墩筒与升降装置中的一种或两种组合稳定的功能，排土通道为沉入土体中的两端开口的管状结构，升降装置是具备将土墩筒进行竖向移动功能的装置，升降装置与土墩筒连接，直径为 2.6m 的土墩筒如图 6.4-5 所示，进行了地基处理原型试验，证实所设计的排土通道具备排除下卧软土的功能。

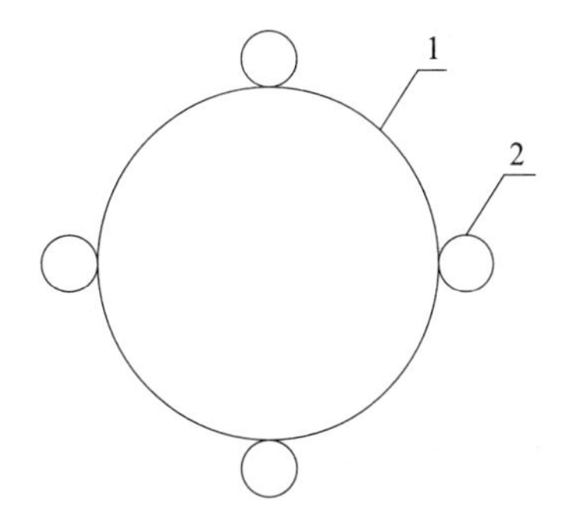

图 6.4-4　土墩筒横截面构造图

1—土墩筒；2—排土通道

图 6.4-5　直径为 2.6m 的土墩筒

6.4.3　技术小结

土墩筒地基处理技术，可进行地基土的非开挖置换与压实处理，特别适宜于浅埋下卧土层的置换压实处理，在吹填土地基、软土地基中的路基、机场跑道、堆场地坪等地基处理工程领域潜在的应用价值较高。

6.5　热熔性可回收锚杆

6.5.1　脱壳式热熔性可回收锚杆

在基坑支护工程中，使用锚杆支护成本低、施工速度快。使用锚杆的问题之一是基坑回填后，锚杆滞留于土体中，成为高强固体残留物，影响后续邻近地下空间的开发与使用。可回收锚杆为解决高强固体残留问题提供一种解决方案，作者 2006 年提出脱壳式热熔性可回收锚杆，做了回收试验，并应用于工程。

脱壳式可回收热熔性锚杆施工步骤如下：

（1）将由中空的加固体、与中空的加固体粘结且粘结强度可以随温度改变而变化的外壳两部分组成的脱壳式加固体置于岩土体中；

（2）改变脱壳式加固体温度，使脱壳式加固体与岩土体之间的粘结强度降低；

（3）将粘结强度降低后的脱壳式加固体从岩土体中回收。

脱壳式热熔性可回收锚杆的构造示意图如图 6.5-1 所示。

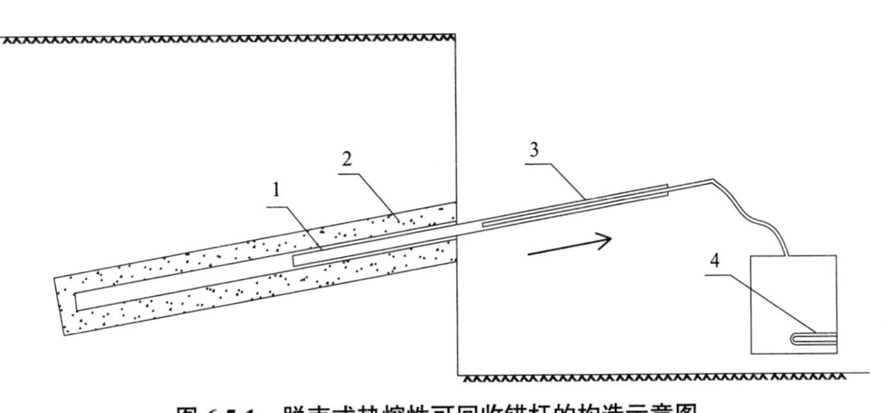

图 6.5-1　脱壳式热熔性可回收锚杆的构造示意图

1—热熔性外壳；2—锚固体；3—杆体；4—热能输入装置

6.5.2　袋装热熔性葫芦体可回收锚杆

可回收锚杆回收时，一般地下结构均已建成，只剩下俗称肥槽的狭小操作空间，即使钢绞线这样易弯曲的构件，回收操作也是比较困难的。作为袋装流体土工控制介质工程应用的延续，本节介绍利用热熔性袋装流体制造葫芦体可回收锚杆技术，可回收锚杆构造示意图如图 6.5-2 所示。

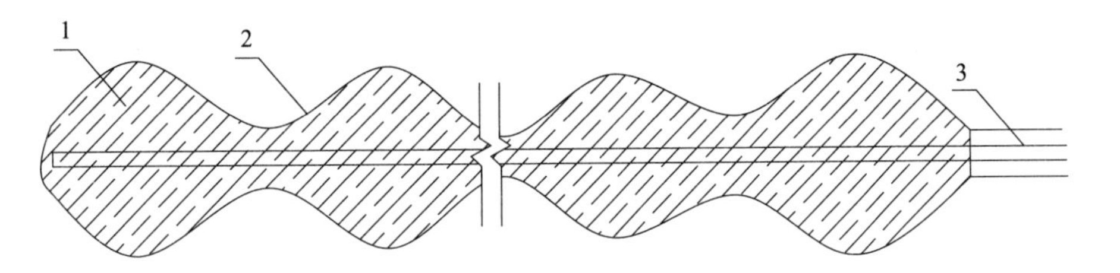

图 6.5-2　可回收锚杆构造示意图

1—热熔性材料；2—高强袋子；3—电热丝

在图 6.5-2 中，该种袋装热熔性葫芦体全回收锚杆包括热熔性材料、高强袋子与电热丝三部分，高强袋子兼作受拉构件杆体，在使用状态下，热熔性材料呈固体状，高强袋子的外表面呈凸凹不平的葫芦状，通过凸凹不平的表面与外围土体加固体或土体产生摩阻力。在锚杆回收时，先通过电阻丝加热熔化热熔性材料，然后拉出高强袋子，实现全回收再利用。在热熔性材料呈液体状态时，高强袋子因呈褶皱状，在拉力作用下很容易与高强袋子外围的土体或土体加固体以渐进破坏形式剥离，回收容易。高强袋子是柔性的，适合在狭小空间下实现回收操作。

6.5.3　脱壳式热熔性可回收锚杆应用

（1）工程地质概况

应用项目场地土层分布及主要物理力学性指标如表 6.5-1 所示，地下水位埋深设计值为 0.5m。

应用项目场地土层分布及主要物理力学性指标　　表 6.5-1

层序	土层名称	厚度（m）	重度 γ（kN/m³）	固结快剪	
				凝聚力 c（kPa）	内摩擦角 φ（°）
①	杂填土	1.4	17.0	5	10
②$_1$	粉质黏土	1.2	18.4	16.6	14.1
②$_3$	淤泥质粉质黏土	2.5	17.8	14	12.2
④	黏土	5.3	19.6	45	16.2
⑤	粉砂	7.7	18.5	2.6	29.1
⑦	粉砂	15.0	18.8	1.8	29.7

（2）工程概况

基坑面积约 2.48 万 m^2，基坑挖深 10.75m、12.15m，分别布设 2～4 道热熔性可回收锚杆，锚杆总长度 18m，其中自由段长度为 6～8m，锚固段长度为 10～12m，水平间距为 1.8m、1.575m，锚固段杆体外侧设置 ϕ450 单重管高压旋喷桩，基坑周长约 646m。地下 2 层，采用 ϕ800@1000、ϕ900@1100 钻孔灌注桩、三轴搅拌桩内插 700×300@1200 工法桩作为围护桩，采用 3ϕ850@1200 三轴搅拌桩隔水帷幕（单位：mm）。在本工程中，使用热熔性可回收锚杆的基坑周长约 600m。

（3）热熔性可回收脱壳式锚杆拉拔试验

在锚杆施工完成后，由第三方检测单位对每层锚杆随机抽检，热熔性可回收脱壳式锚杆抗拔承载力验收试验曲线如图 6.5-3 所示。试验结果表明，每根锚杆的抗拔承载力极限值均达到了 500kN。

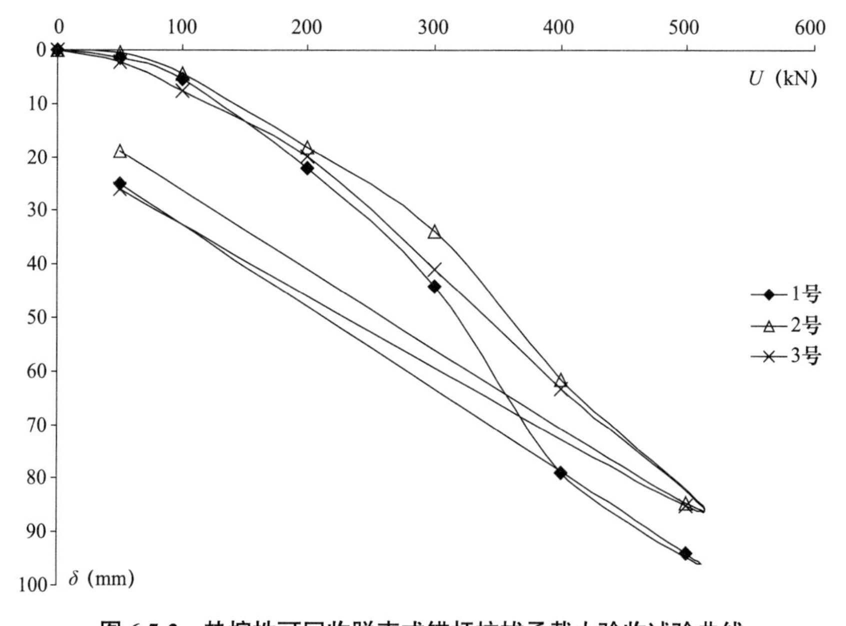

图 6.5-3　热熔性可回收脱壳式锚杆抗拔承载力验收试验曲线

（4）热熔性脱壳式可回收锚杆变形控制效果

在基坑开挖以后，由专业第三方监测单位对基坑进行了全程监测。因本工程抗拔桩加固等原因，基坑挖至坑底后，坑底土暴露时间长达2个多月。因工程需要，在基坑西侧偏南段出现长20～30m，宽2～3m，深2m的超挖段。根据监测资料，基坑水平位移最大处位于严重超挖段。截至底板浇筑时，深层土体最大侧向位移为41.2mm，深层土体水平位移出现明显的上部小，开挖面附近较大的曲线特征，表明热熔性脱壳式可回收锚杆在本工程中有效控制了基坑的侧向变形。最不利超挖段深层土体水平位移监测曲线如图6.5-4所示。

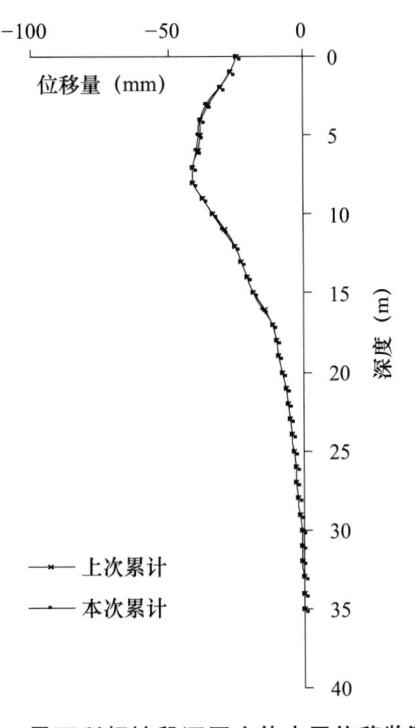

图6.5-4　最不利超挖段深层土体水平位移监测曲线

6.5.4　技术小结

作者2006年提出热熔性可回收锚杆技术，此后，做了回收试验，并有所应用。对于基坑工程，在回收锚杆时，地下结构处于施工或建成状态，锚杆回收施工操作面狭窄，使用钢绞线作为杆体时，虽然可弯曲，但回收施工仍多有不便。袋装热熔性葫芦体锚杆，用袋装热熔性材料作为杆体，对回收施工操作面的要求大幅度降低，且运输、安装、拆除施工更为便捷，抗拔承载力更高，施工质量更易控制，且可将热熔性材料连同提供抗拔力的高强袋子全回收再利用，节材节能，更具应用前景。

6.6　伞式自扩锚与预制挤扩桩技术

利用固体介质进行土工控制的核心价值在于如何实现远程控制，以简单可靠的方式达到技术目的，在涉土工程活动过程控制中的价值体现较为明显，其应用主要在第Ⅱ类土工控制领域。应以需求为导向，针对具体问题提供解决方案。本节介绍了作者于 1997 年提出的伞式自扩锚技术，实现了在远离操作面的土体中大幅度扩孔目的。

伞式自扩锚的技术构思是制作类似雨伞状的构件组合，在置入土体的过程中，将构件组合像雨伞一样收起，从而易于置入，进入深厚土体后，通过拉拔伞柄，使得构件组合能像雨伞一样张开，实现大幅度扩孔的目的。作者于 1997 年提出伞式自扩锚构思，1998 年完成扩孔试验，2000 年推动该技术进入工程应用，此后历经十几年，作者实施了二十多个项目应用。国内学者也于二十一世纪早期进行了大量类似的锚固结构试验研究。本节以时间为序，介绍历时近二十年的伞式自扩锚的构思、试验、应用问题解决方案及相关的预制挤扩桩研究成果，以飨读者。

6.6.1　伞式自扩锚

1. 构思过程

作者构思伞式自扩锚的过程艰辛而漫长，时值大学刚毕业，没有工作经验，或许正因如此，伞式自扩锚才得到由狂想变成现实。

1996 年 12 月，作者受雨伞的收起与撑开原理启发，萌发伞式自扩锚的构思，即在收起状态下将锚头置入土体，收起时，锚头体积小，易于置入，达到锚固土层后，使锚头像雨伞一样张开，大幅度提高锚杆抗拔承载力。

但在深厚土体中打开像雨伞一样的东西几乎不可能，为解决这一难题，苦思冥想不能自拔 55d。期间，因深度思考导致身体多处不适，头晕、迷糊、恶心、流鼻血。最终提出先将锚头在深厚土体中起撑，即在“滑动套筒”位置提供不太高的初始阻力，使得“伞股”插入土体，利用土体对“伞股”的阻力，通过在地面处拉拔，使得锚头在土体中像雨伞一样自行张开扩大，故称为伞式自扩锚。

构思中提供初始阻力的方法包括在“伞柄”位置制作阻力锚板和将钻杆套筒与伞柄均延长至地表两种解决方案。

1997 年 3 月，构思成熟的伞式自扩锚申请了国家发明专利。专利申请时的伞式自扩锚构造示意图如图 6.6-1 所示，主要构件包括钻头、伞股、滑动套筒、伞柄与阻力锚板。其中，伞柄与钻头、止滑螺母通过螺纹丝扣连接，伞柄是可回收的。

2. 首次拉拔试验

伞式自扩锚构思完成后，经过一年持续的努力，作者于 1998 年 2 月制作了试验用的伞式自扩锚，并进行了拉拔试验。首次拉拔试验用的伞式自扩锚构造示意图如图 6.6-2 所示。

首次拉拔试验用伞式自扩锚构造较申请专利时的有了大量的简化，主要是便于制造。施工方式采用旋转入土，采用阻力锚板提供初始扩孔阻力。

试验过程中及试验完成后对伞式自扩锚进行了开挖，伞式自扩锚首次拉拔试验开挖照片如图 6.6-3 所示。

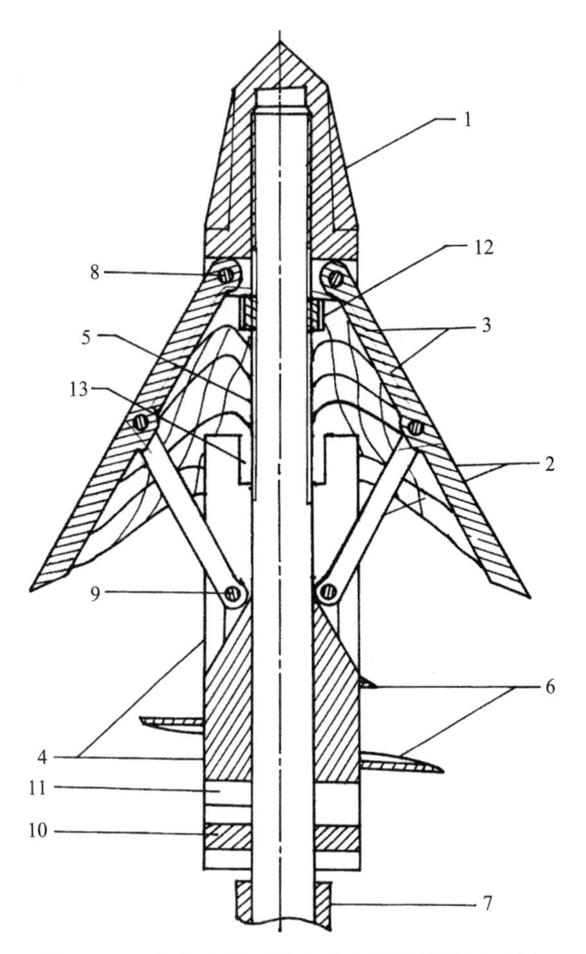

图 6.6-1　专利申请时的伞式自扩锚构造示意图

1—钻头；2/3—扩孔构件；4—滑动套筒；5—伞柄；6—阻力锚板；7—钻杆套筒；8/9—铰；10—防转销；11—防转销槽；12—止滑螺母；13—滑动套筒槽

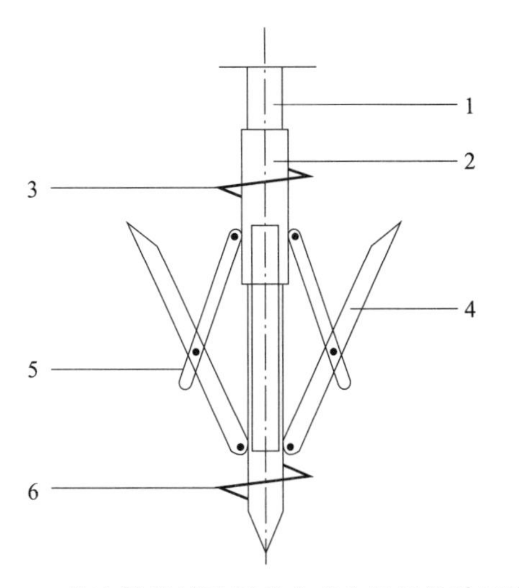

图 6.6-2　首次拉拔试验用的伞式自扩锚构造示意图

1—伞柄；2—滑动套筒；3—阻力锚板；4—伞股；5—拉杆；6—引钻锚板

（a）

（b）

图 6.6-3　伞式自扩锚首次拉拔试验开挖照片

（a）扩孔过程状态；（b）完全自扩状态

伞式自扩锚首次试验杆端拉力－位移曲线如图 6.6-4 所示。

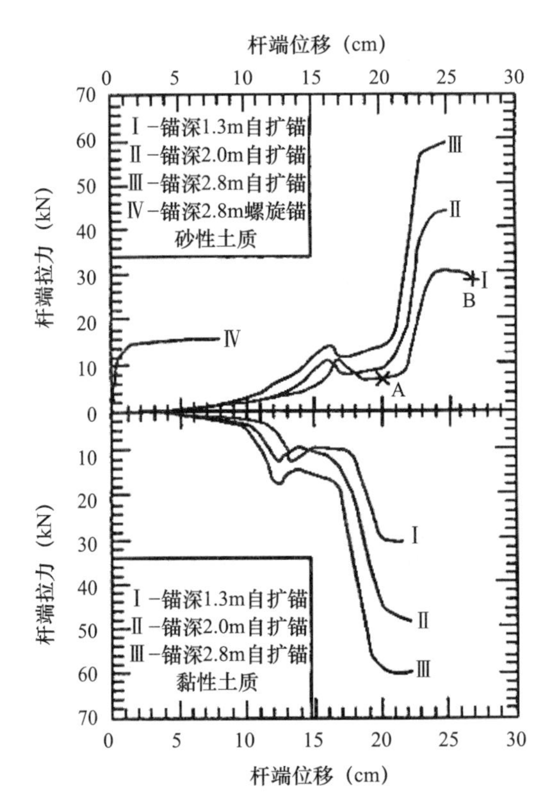

图 6.6-4　伞式自扩锚首次试验杆端拉力－位移曲线

伞式自扩锚的首次试验非常成功，得出了以下结论：

（1）试验验证了伞式自扩锚的构思是可行的。

（2）伞式自扩锚扩孔过程中的杆端拉力－位移关系存在三阶段特征：第一阶段为初扩阻力积聚阶段，随着杆端位移的增加，杆端拉力逐步增加，初扩阻力逐步积聚，伞式自扩锚在构件约束条件下，伞股开始远离钻杆方向移动，该阶段对应图 6.6-4 中杆端拉力第一个极值点以前曲线段；第二阶段为伞式自扩锚径向自扩孔状态阶段，该阶段，伞股开始逐步插入土体，拉杆与伞股相对转动，伞式自扩锚逐步扩大。此阶段对应图 6.6-4 所示的杆端拉力第一个极值点至杆端拉力急剧增加的起点段，第二阶段开始时，因拉杆对伞股产生一定的阻力，故杆端拉力较大，随着杆端上拔，伞股与拉杆相对转动，拉杆提供阻力减小，因此出现了杆端拉力的小幅下降，此后杆端拉力主要是伞股插入土体产生的阻力，随着杆端位移的增加变化较小；第三阶段为伞式自扩锚完全自扩状态阶段，该阶段，伞式自扩锚已经处于完全自扩状态，锚固端的伞状结构形状已经稳定，随着杆端的拉拔，杆端拉力急剧增加，直至破坏。该阶段对应图 6.6-4 中的杆端拉力急剧上升段。在首次试验中，即出现杆端拉力上升至一定值后趋于平稳，再继续拉拔时，地表对应伞股位置出现裂缝，杆端阻力开始下降，伞式自扩锚达到试验土体破坏状态。

（3）伞式自扩锚达到完全自扩状态需要较大的拉拔位移。

（4）根据试验结束后的现场开挖，发现伞式自扩锚扩孔后在伞股及端部的后方土体中形成了与伞股、引力锚板构件形状相匹配的孔洞，且前部土体被挤密，后方土体出现松动。

3. 后续试验及伞式扩孔过程控制

（1）扩孔留下孔洞的处理

在伞式自扩锚自行扩孔首次试验完成后，伞式自扩锚于 2000 年进入工程应用。工程应用后挖出的伞式自扩锚如图 6.6-5 所示。

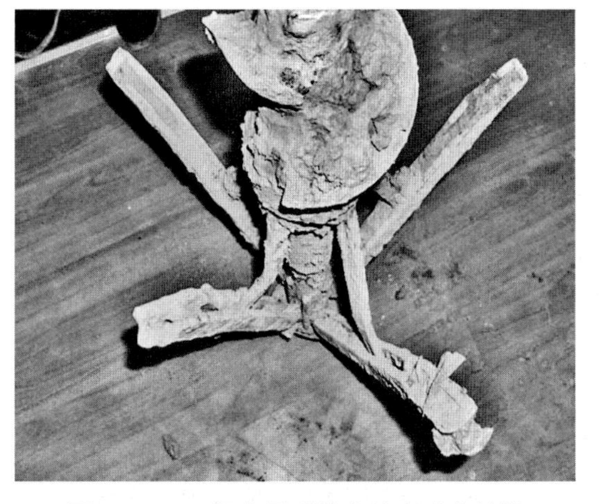

图 6.6-5　工程应用后挖出的伞式自扩锚

在工程应用中，采取先扩孔，然后在锚固段注浆的方式解决了伞式自扩锚在扩孔过程中留下的土体孔洞问题。

（2）增加扩孔标识杆识别地下扩孔过程

随着应用中的伞式自扩锚尺寸不断加大，对伞式自扩锚的扩孔稳定性与扩孔过程控制愈加严格，使用伞式自扩锚的核心问题之一是确保每根锚必须达到完全自扩状态。作为锚杆使用的伞式自扩锚尺寸一般较小，完全张开后的最大直径为 1m，但作为抗拔桩使用的伞式自扩锚直径较大，应用中制造的较大直径达到了 3m，大直径扩孔伞式自扩锚（直径达 3m）如图 6.6-6 所示。

图 6.6-6　大直径扩孔伞式自扩锚（直径达 3m）

为了确保每根伞式自扩锚能够达到完全自扩状态，在伞式自扩锚的伞柄外围滑动套筒上设置扩孔标识杆，即以地表可测的扩孔标识杆与伞柄的相对位移判定伞式自扩锚扩孔幅度与状态，并在工程应用中推广。

为了减小拉杆在伞式自扩锚起扩阶段对伞股产生的阻力，在拉杆上与伞股连接铰位置设置一定长度的滑移槽，便于伞股插入土体。

（3）采用套筒起撑解决扩孔过程位移控制问题

伞式自扩锚在土体中达到完全自扩状态所需的位移与土层、埋深及伞式自扩锚的结构构造均有较大关系，作者在试验中，测得利用土体提供初扩阻力，产生最大的拔出位移达到 6m，控制伞式自扩锚达到完全自扩状态的拔出位移在应用中也很重要。

后期试验及应用中，采用套筒起撑方式很好地解决了这一问题，即将套筒套在伞柄的外围，使套筒与伞股接触，将伞式自扩锚连同套筒同时放置于深厚土体，然后在地表以套筒为反力，拉拔伞柄，使得套筒与伞柄产生相对位移，伞股插入土体，然后拉拔伞柄，连同套筒一起外拉，直至伞式自扩锚达到完全自扩状态。套筒可设置为重复使用结构。

（4）采用临时约束，控制伞式自扩锚置入土体过程中保持收起状态

伞式自扩锚的伞股与拉杆连接是可动构造，在置入土体的过程中，有时会遇到中途张开问题，即伞式自扩锚在未放置到预定位置时部分张开，导致难以达到预定位置。为解决这一问题，在应用中，采取伞式自扩锚扩孔前，在伞股末端设置临时约束，使得伞式自

扩锚在置入土体的过程中可进可退，在达到预定位置后，去除临时约束，便可以进行扩孔施工。

以上四个问题以简单易行的方式解决后，伞式自扩锚在工程中得到了推广应用。

4. 伞式自扩锚的扩孔极限问题

伞式自扩锚通过拉杆、滑动套筒、伞股与伞柄的相对约束与移动实现施工过程中的扩孔控制，在上述伞式约束条件下，实现扩孔所需的动力只需在地表位置拉拔伞柄即可，经过试验与应用证实，在伞式自扩锚扩孔过程中，在伞柄处的拉力基本保持不变，即扩孔直径的大小与扩孔所需要的作用力相关性不大。在扩孔完成后，当伞式自扩锚达到完全自扩状态时，其所提供的承载力与扩孔直径密切相关。伞股提供的锚固力与扩孔直径成正比。

在工程应用中，伞式自扩锚的扩孔直径最大能到多少，目前尚未有扩孔直径上限的确定依据，主要根据工程需要确定。

6.6.2 预制挤扩桩

作者曾构思将伞式自扩锚的原理与预制桩相结合，后来进一步结合空心的预制桩，采用挤扩技术形成预制挤扩桩。

1. 预制挤扩桩施工方法

预制挤扩桩施工工况图如图 6.6-7 所示，施工步骤如下：

（1）将桩塞与中空的预制桩牢固连接；

（2）确定桩位，将底部连接有桩塞的中空的预制桩沉入预定深度；

（3）向中空的预制桩的中空部位注水，解除桩塞与中空的预制桩之间的牢固连接，移开桩塞，并将未凝结的桩体材料灌入中空的预制桩；

（4）通过中空的预制桩的中空部位，挤压未凝结的桩体材料，使未凝结的桩体材料挤入中空的预制桩下部的土体中，形成桩底扩大段；

（5）根据桩底扩大段扩大幅度的需要，确定是否重复将未凝结的桩体材料灌入中空的预制桩，并确定是否重复步骤（4），直至完成桩底扩大段施工，如桩底扩大段满足要求，则不需要本步骤；

（6）将中空的预制桩、桩底扩大段、桩塞连接为共同受力体。

2. 预制挤扩桩成桩试验

作者于 2011 年 1 月做了预制挤扩桩成桩试验，在试验中用钢管作为中空的预制桩，采用静压方式将桩塞推开，并在灌注混凝土后，用钢管柱静压挤扩底部混凝土，形成预制挤扩桩。试验场地土层分布及主要物理力学性指标见表 6.1-1，试验场地静力触探试验曲线见图 6.1-5。试验后开挖的预制挤扩桩如图 6.6-8 所示。试验钢管外径 273mm，采用锚杆静压方式进行扩孔，挤压力较小，根据 3.5m 长的短桩开挖测量，扩孔直径达到 440mm，证实在空心预制桩底部进行扩孔施工是可行的。本次试验分别进行了 3.5m 与 14m 桩长的空心预制桩扩孔施工，并在施工后进行单桩竖向抗压承载力静载荷试验，挤压扩底钢管桩与等截面钢管桩静载荷试验桩顶加载量 – 桩顶沉降量关系曲线如图 6.6-9 所示。

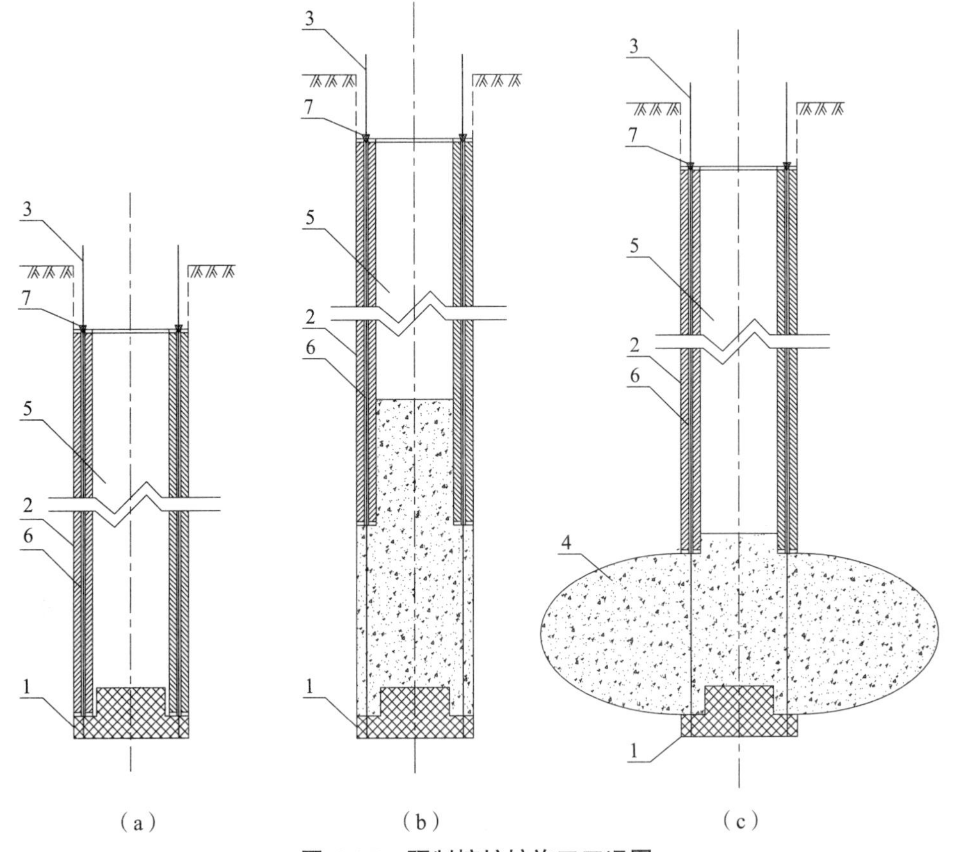

图 6.6-7　预制挤扩桩施工工况图

（a）打入带桩塞的空心预制桩；（b）推开桩塞并灌注混凝土；（c）挤压混凝土扩底

1—桩塞；2—预制桩；3—钢绞线；4—桩底扩大段；5—预制桩中空部位；6—预留孔道；7—锚具

图 6.6-8　试验后开挖的预制挤扩桩

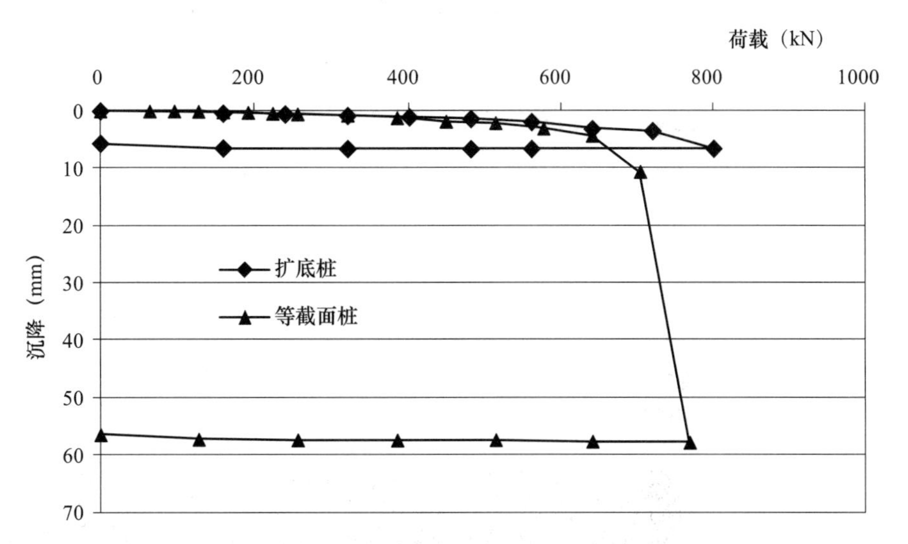

图 6.6-9　挤压扩底钢管桩与等截面钢管桩静载荷试验桩顶加载量－桩顶沉降量关系曲线

根据静载荷试验，14m 桩长，底部挤压扩孔的钢管桩单桩竖向抗压承载力极限值达到了 800kN，而作为对比试验，相同桩长的等截面钢管桩，单桩竖向抗压承载力极限值为 640kN，尽管扩孔幅度较小，单桩承载力还是得到了显著提高。根据预制挤扩桩开挖试验，证实扩孔形状呈较规则的球形。

6.6.3　技术小结

作者 1996 年开始构思伞式自扩锚，1997 年 3 月申请了发明专利，1998 年 2 月进行了原型试验，之后的十几年间，一直致力于伞式自扩锚的试验、改进与工程应用推广，成功地应用于二十多项工程，至 2010 年，发展到预制挤扩桩，2011 年 1～3 月成功进行了预制桩挤压扩底原型试验，证实预制挤扩桩成桩可行性，该种桩型也具备较大的推广应用价值。

6.7　土中构件导向施工方法与组合斜桩撑基坑支护技术

作者于 2010 年提出锚杆导向施工方法，解决了锚杆施工中杆体与锚固体对心难的问题；2015 年提出的排桩导向施工方法，解决了排桩在深厚土体中的开叉问题，已经成功应用于多项工程。自 2015 年起，作者将土中构件导向施工方法与向基坑内侧倾斜放置的钢桩相结合，设计用于基坑支护的组合斜桩撑，避免了锚杆地下穿越用地红线的困扰，通过多年持续的技术开发与多个工程应用，结合 6.1 节介绍的自钻进钢管桩连续墙技术，制造了极简形式的自钻进组合斜桩撑施工设备，并用于实践。

6.7.1　土中构件导向施工方法

相对于钢结构、混凝土结构，土体的强度很低，抗变形能力很小。工程实践中，常将细长钢结构或钢筋混凝土杆件插入土体作为承载结构，根据杆件插入土体的方向与承载方式，可分为竖向抗压或抗拔的桩、斜向抗拉的锚杆与斜向抗压的斜桩。因杆件的强度与模量远远大于土体，在杆件与土体之间设置强度与模量介于土体与杆件的加固体，能显著提高承载力，降低工程造价。如锚杆包括水泥浆、砂浆、水泥土等锚固体，锚固体的内侧为强度高的钢材，而锚固体的外围为土体。作者设计的组合斜桩撑、复合锚杆等，在桩体材料或锚杆材料与土体之间设置了水泥土搅拌桩。这些在土体与结构构件之间，设置强度与模量介于土体与结构构件之间的加固体后形成的土中杆状结构，可统称为土中组合杆件。

土中组合杆件加固体发挥作用的关键是使得结构构件、加固体沿结构构件长度方向保持对心。一旦出现如图 6.7-1 所示的土中组合杆件偏心问题，将导致质量问题。

因土中组合杆件较长，是土体中施工的隐蔽工程，土中组合杆件对心难长期影响施工质量。解决土中组合杆件对心难的问题无疑具有重要的意义与价值。

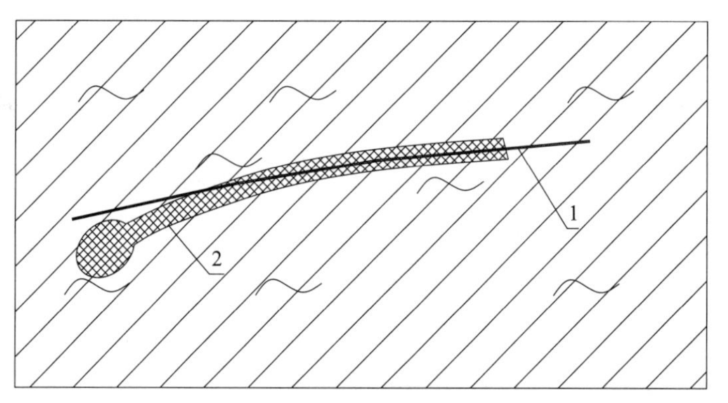

图 6.7-1　土中组合杆件偏心问题

1—结构构件；2—加固体

本节以下部分，结合如图 6.7-2 所示的土中组合杆件导向施工过程示意图，介绍土中组合杆件导向施工方法。

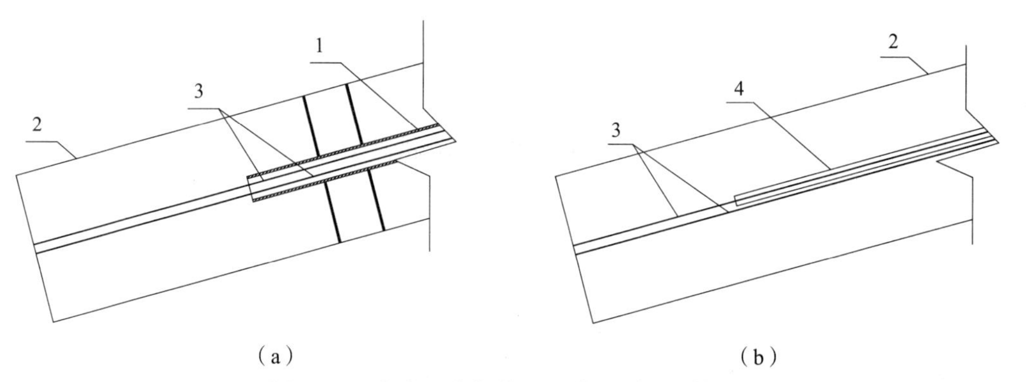

图 6.7-2　土中组合杆件导向施工过程示意图

（a）插入导向杆；（b）沿导向杆施工

1—中空钻杆；2—水泥土加固体；3—导向杆；4—结构构件

第一步，利用钻机将中空钻杆钻入土体，用与施工水泥土搅拌桩相似的工艺完成水泥土加固体的施工，也可采用高压旋喷桩施工工艺施工水泥土加固体。

第二步，在中空钻杆拔出之前，将导向杆插入中空钻杆的中空部位，直至导向杆穿越中空钻杆；在本步骤中，也可以直接利用中空钻杆作为导向杆；在本步骤中，还可以将中空钻杆与钻头之间设置活动连接，在中空钻杆导向功能完成后，将中空钻杆拔出再利用。

第三步，拔出中孔钻杆，在外拔中空钻杆的过程中，由于导向杆与中空钻杆之间连接较光滑，导向杆不会跟随中空钻杆一起拔出，如出现导向杆与中空钻杆同时外移，在操作面位置，外拔中空钻杆的同时，在导向杆的端部施加推力，阻止导向杆外移，当导向杆与中空钻杆相对错开一定距离后，导向杆便埋于水泥土加固体内，而中空钻杆便可顺利拔出。在本步骤中也可以利用钻杆兼作导向杆，对高压旋喷桩等钻头与钻杆横截面尺寸相当的水泥土施工工艺，可在结构构件插入施工完成后，直接将钻杆拔出再使用；对于水泥土搅拌桩等钻头尺寸明显大于钻杆的水泥土施工工艺，可将钻头与钻杆之间的连接设置为可分离的结构，利用钻杆兼作导向杆，在结构构件插入施工完成后，将钻杆拔出再使用，将钻头作为水泥土的加筋构件留置于水泥土中。

第四步，在结构构件上设置一环状结构，在操作面位置将结构构件上的环状结构套在导向杆外侧，直接在结构构件上施加推力，便可将结构构件插入水泥土加固体内。在结构构件插入水泥土加固体的过程中，在导向杆的约束下，结构构件将始终沿着水泥土加固体的轴线方向运动，既确保了结构构件插入施工方便，又解决了对心难的问题。待水泥土加固体凝结后，便完成土中组合杆件的导向施工方法。作者用土中组合杆件导向施工方法完成了多个组合锚杆施工案例。

6.7.2 组合斜桩撑基坑支护技术发展沿革

组合斜桩撑（Composite Inclined Pile Struct，简称 CIP）是将劲性桩（包括预制钢筋混凝土桩、钢桩）设置在向基坑内侧倾斜施工的水泥土加固体内，形成组合斜桩作为基坑支撑结构。水泥土加固体可以是水泥土搅拌桩、高压旋喷桩或超高压喷浆形成的水泥土复合体。

1. 利用土中构件导向施工方法解决组合斜桩撑横截面对心问题

如 6.7.1 节所述，作者在 2010 年 12 月提出的技术方案解决了组合斜桩撑中的斜桩与水泥土加固体横截面对心问题。组合斜桩撑与组合锚杆主要的差别在于组合锚杆中的杆件是抗拉构件，对构件的长细比没有要求，而组合斜桩撑是抗压构件，对杆件的长细比有所限制，因此组合斜桩撑中斜桩构件横截面尺寸较大，斜向施工有一定难度，利用水泥土在凝固前呈流态，凝固后强度高于土体的特性，将水泥土桩与预制桩结合使用，一方面大幅度降低斜桩插入施工难度，另一方面大幅度提高水泥土凝固后斜桩轴向承载力。

2. 斜桩撑基坑支护形式

2015 年 4 月，作者设计了斜桩撑基坑支护的构造形式，斜桩撑基坑支护简图如图 6.7-3 所示。

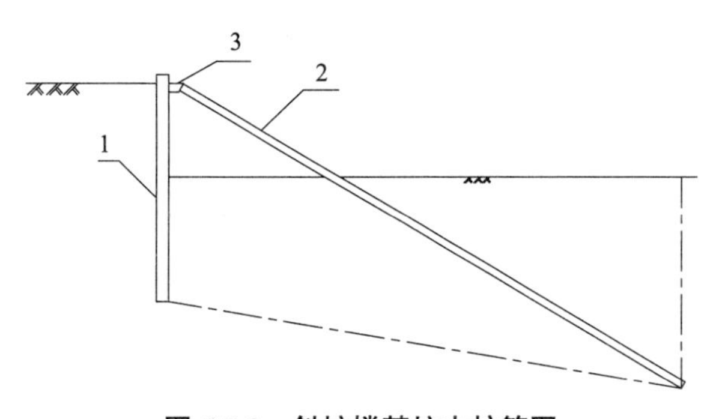

图 6.7-3　斜桩撑基坑支护简图

1—挡土构件；2—斜桩撑；3—斜桩连接

3. 利用加筋垫层约束坑底土隆起并提高斜桩撑承载力

2015 年 5 月，作者设计了斜撑与加筋垫层结合使用的旗形基坑围护结构，旗形基坑围护结构如图 6.7-4 所示，利用加筋垫层约束坑底土隆起，同时提高支护结构支撑能力。

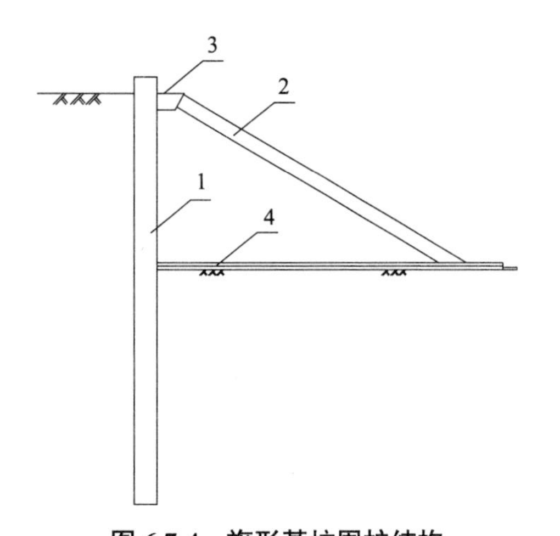

图 6.7-4　旗形基坑围护结构

1—挡土构件；2—斜（桩）撑；3—斜桩撑连接；4—加筋垫层

4. 组合斜桩撑基坑支护结构

2016 年 6 月，作者设计了组合斜桩撑基坑支护结构，如图 6.7-5 所示。

5. 组合斜桩撑预应力施加结构

组合斜桩撑的抗变形能力小于水平支撑，如何控制组合斜桩撑支护的基坑变形是非常重要的，作者于 2017 年 6 月设计了组合斜桩撑预应力实时控制结构，组合斜桩撑预应力实时控制结构如图 6.7-6 所示。

6. 组合斜桩撑施工设备研制

组合斜桩撑的施工设备可分为两种，第一种是先在土体中施工水泥土加固体并在水泥土加固体中设置导向杆，如图 6.7-7（a）所示，然后采用静压或振动方式将预制桩套在导向杆上插入水泥土加固体中；第二种是参照第 6.1 节介绍的自钻进钢管桩连续墙施工设备，即将水泥土加固体施工装置放置于预制桩的前端，在预制桩斜向插入土体同步施工水泥土加固体。水泥土加固体可以是高压旋喷桩或水泥土搅拌桩，施工场景如图 6.7-7（b）所示。

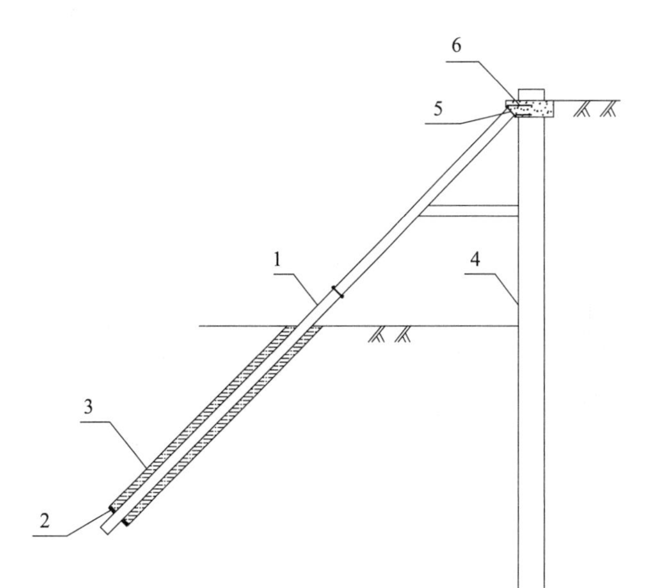

图 6.7-5　组合斜桩撑基坑支护结构

1—钢管斜桩；2—搅拌头；3—搅拌桩；4—挡土构件；5—斜桩连接；6—围檩

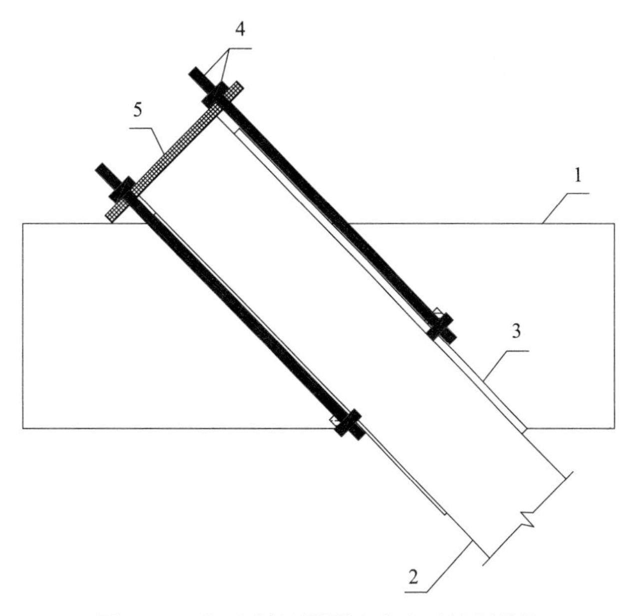

图 6.7-6　组合斜桩撑预应力实时控制结构

1—围檩；2—斜桩；3—预留孔；4—锚固螺栓；5—锚固垫板

考虑到锚杆施工存在超出用地界限问题，近些年来所受限制越来越多。作者在复合锚杆及导向法施工技术基础上，用较大直径钢管作为结构构件，将结构构件施工于开挖面内侧，形成组合斜桩撑基坑支护结构。

（a）

（b）

图 6.7-7　组合斜桩撑施工场景

（a）导向法施工组合斜桩撑；（b）自钻进法施工组合斜桩撑

6.7.3　组合斜桩撑设计施工要点

1. 设计要点

（1）单桩轴向抗压承载力极限值计算：

依据书中 3.2 节介绍的桩土摩擦公式，由地基土确定的组合斜桩撑单桩轴向抗压承载力极限值计算如式（6.7-1）所示。

$$Q_{ck} = \pi D \sum l_i (c_i + \mu_i K_{0i} \gamma_i h_i) + \varphi_p \frac{\pi D^2}{4} p_{sk} \quad (6.7\text{-}1)$$

式中：

Q_{ck}——地基土确定的组合斜桩撑单桩轴向抗压承载力极限值，kN；

D——水泥土搅拌桩直径，m；

l_i——坑底以下水泥土搅拌桩穿越土层长度，m；

c_i——坑底以下水泥土搅拌桩穿越土层固结快剪凝聚力，kPa；

μ_i——坑底以下水泥土搅拌桩穿越土层桩土摩擦系数；

K_{0i}——坑底以下水泥土搅拌桩穿越土层静止土压力系数；

γ_i——坑底以下水泥土搅拌桩穿越土层重度（地下水位以下取浮重度），kN/m^3；

h_i——计算土层在坑底以下的平均埋深，m；

φ_p——桩长修正系数，可参照桩基规范，结合桩尖进入土体深度确定；

p_{sk}——桩端附近土层静力触探比贯入阻力标准值（平均值），kPa。

（2）组合斜桩撑单桩水平支撑力设计值计算：

由地基土确定的组合斜桩撑单桩水平支撑力设计值可采用式（6.7-2）计算。

$$N_c = \frac{1}{\varphi_N}\cos\theta Q_{ck} \tag{6.7-2}$$

式中：

N_c——组合斜桩撑单桩水平支撑力设计值，kN；

φ_N——组合斜桩撑安全系数，建议对一级、二级、三级基坑分别取 1.8、1.6、1.4；

θ——组合斜桩撑与水平面的夹角，°；

Q_{ck}——地基土确定的组合斜桩单桩轴向抗压承载力极限值，kN。

（3）可在围檩中设置预应力实时控制结构，通过对组合斜桩撑施加预应力控制基坑变形；

（4）可在挡土构件与组合斜桩撑之间设置加劲垫层或压在开挖面上的连梁，提高基坑稳定性与组合斜桩支撑承载力，或作为应急预案；

（5）应进行组合斜桩撑稳定性验算，可在组合斜桩撑与挡土构件之间设置横向连杆，提高斜桩构件稳定性与承载力；

（6）组合斜桩撑与围檩、挡土构件之间的连接设计应同时满足水平向与竖向承载力（抗滑）要求。

2. 施工要点

（1）应确保组合斜桩撑中的水泥土搅拌桩与预制桩横截面对心；

（2）预制桩应平直；

（3）可在围檩中预留孔，在围檩施工前或施工后施工组合斜桩撑，在基坑开挖前施加预应力。

6.7.4 组合斜桩撑基坑支护典型案例

（1）案例 1：奉贤区南桥镇某组合斜桩撑基坑支护工程

本案例位于上海市奉贤区南桥镇，基坑设计挖深为 4.9m，因整平后场地条件的变化，基坑实际挖深 5.25m，场地地基土组成及主要物理力学性指标见表 6.1-7。基坑周边环境十分复杂，距离围护桩 1～0.5m 处有 ϕ600 的铸铁自来水管。基坑支护剖面图如图 6.7-8（a）所示，基坑开挖后场景如图 6.7-8（b）所示。本案例中，在基坑开挖前施工复合锚杆，开槽施工加筋垫层。待复合锚杆与加筋垫层养护一段时间后，施工型钢斜撑，然后开挖至坑底。基坑开挖过程顺利，支护结构有效保护了紧邻围护桩的 ϕ600 铸铁自来水管安全与正常使用。本案例在基坑开挖面以上采用了型钢斜撑，基坑开挖面位置设置了加筋垫层，在基坑开挖面以下采用了导向法施工的复合锚杆，与型钢斜撑倾斜方向一致的复合锚杆实质上是作为受压构件的斜桩。本案例的组合斜桩撑避免了基坑大面积使用内支撑，于 2015 年 4 月设计，并于 2015 年 6 月开挖至坑底，节约了工期与造价。

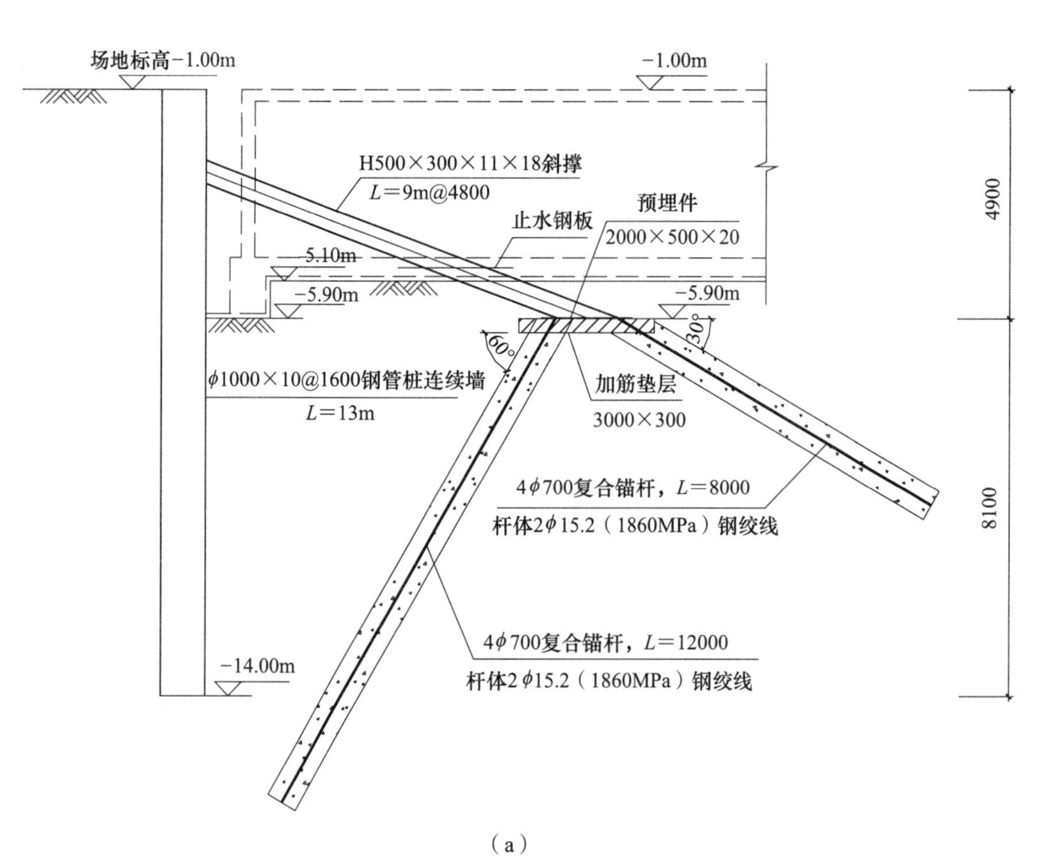

（a）

（b）

图 6.7-8　组合斜桩撑基坑支护典型案例 1

（a）基坑支护剖面图；（b）基坑开挖后场景

（2）案例 2：劲性水泥土搅拌墙与组合斜桩撑基坑支护工程（SMW ＋ CIP）

本案例位于上海市浦东新区，分布有上海地区典型的软土地层，基坑挖深为 7～7.4m，组合斜桩撑基坑支护典型案例 2 如图 6.7-9 所示。本案例 2017 年 11 月开挖至坑底，基坑开挖场景如图 6.7-9（b）所示。本案例中，采用 ϕ219×600mm 的钢管插入 ϕ700 的水泥土搅拌桩作为组合斜桩撑，采用本节介绍的土中构件导向法施工方法实现钢管与水泥土搅拌桩横截面对心施工。

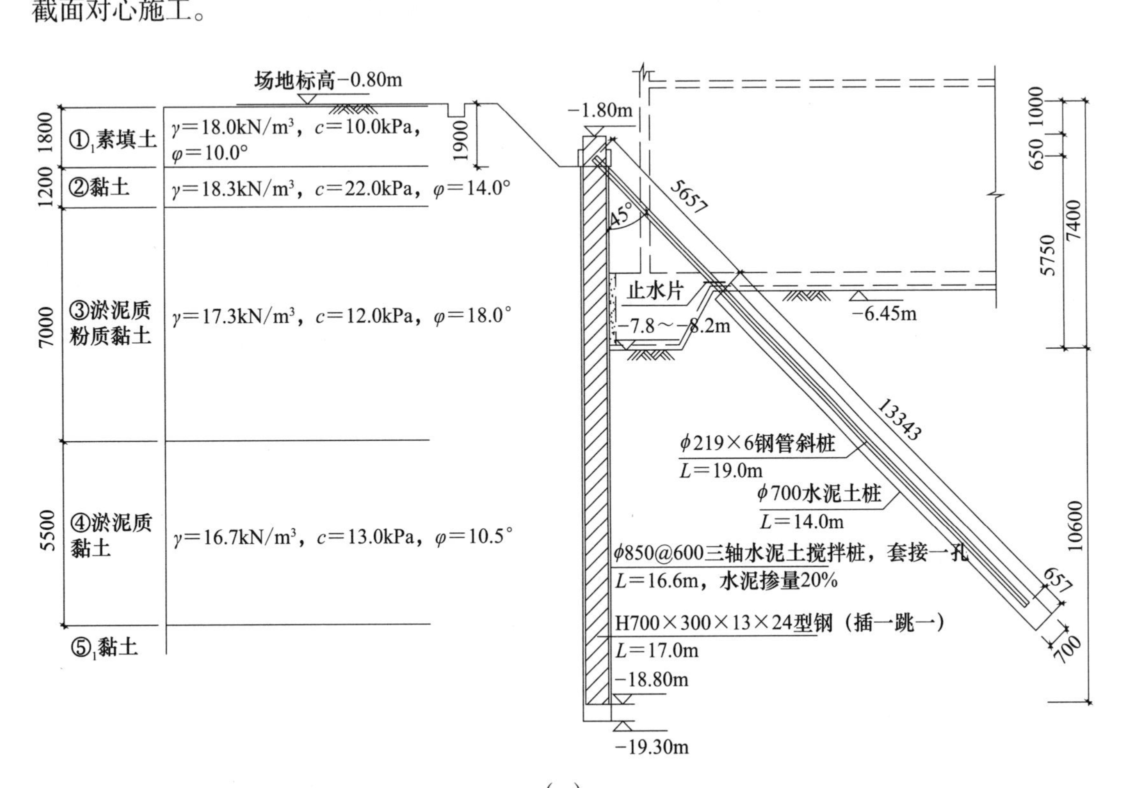

（a）

（b）

图 6.7-9　组合斜桩撑基坑支护典型案例 2

（a）基坑支护剖面图；（b）基坑开挖场景

（3）案例 3：钢管桩连续墙与组合斜桩撑基坑支护工程（WSP ＋ CIP）

本案例的基坑挖深、组合斜桩撑的构造及地基土层与案例 2 相似，基坑支护剖面图如

图 6.7-10（a）所示，于 2017 年 12 月开挖至坑底，基坑开挖场景如图 6.7-10（b）所示。与案例 2 不同的是挡土构件采用了本书第 6.1 节介绍的钢管桩连续墙（WSP），组合斜桩撑顶部直接插入型钢混凝土围檩中形成斜桩连接。

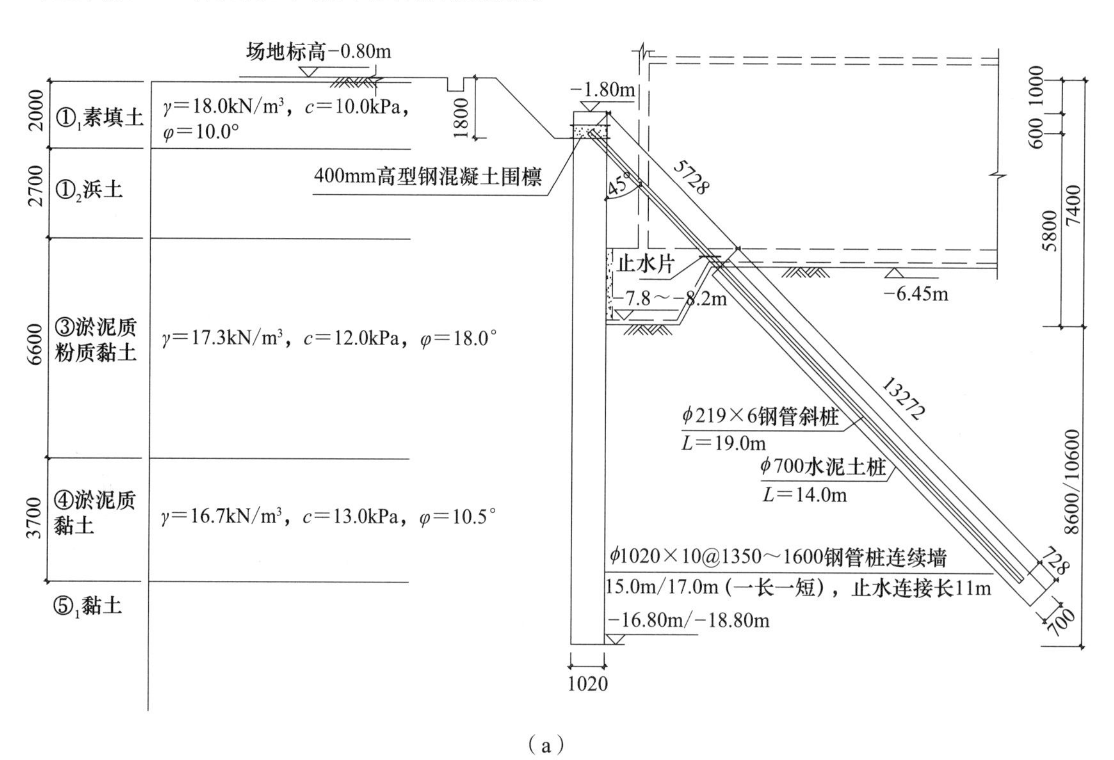

（a）

（b）

图 6.7-10　组合斜桩撑基坑支护典型案例 3

（a）基坑支护剖面图；（b）基坑开挖场景

6.7.5 组合斜桩撑基坑支护技术的优越性

（1）组合斜桩撑在土体与预制斜桩之间设置了直径稳定的加固体，一方面大幅度降低预制桩的插入施工阻力，另一方面大幅度提高单桩承载力；

（2）组合斜桩撑可代替特定深度范围内深基坑支护内支撑体系，可大幅度节省工期、节约造价、便于基坑出土；

（3）组合斜桩撑可增加坑底抗隆起稳定性，与加筋垫层结合使用，可增加适用深度；

（4）组合斜桩撑可通过施加预应力控制基坑变形；

（5）组合斜桩撑可利用基坑内侧坑底以下土体提供抗力，平衡挡土构件上部承担的土压力作用，且可与挡土构件同步施工；组合斜桩撑基坑支护技术可与本书第 6.3 节介绍的锚定筒锚固技术结合使用，利用坑外深层土体提供的抗力平衡基坑开挖面下部的土体作用力，实现更深基坑无内支撑支护。

6.7.6 技术小结

作者为了解决土中杆件与水泥土加固体横截面对心问题，于 2010 年提出土中构件导向施工方法，2015 年 4 月～2016 年 6 月，结合本书 6.1 节介绍的 WSP 技术的使用，设计了斜桩撑与组合斜桩撑基坑支护方案，在其后的数年，完成多个工程应用项目。

6.8 气压控制疏干降水技术

传统疏干降水技术中长期存在降水管井施工质量控制难度大、造价高的问题，本节介绍了由气动控制代替潜水泵深井抽水方式的气动降水技术。

（1）气压控制降水技术

在地下工程建造或维护工程中，经常伴随着降水工程，通过降低地下水位或承压水水头，以利于工程施工或维护。如，在基坑工程中，往往伴随着降水工程；再如，在抗浮工程中，可通过降水降低地下水位以减小浮力；在堵漏工程中，也可通过降水减小漏水水头差。现有的降水井多采用井管降水或轻型井点降水，降水井的构造包括井管、滤网与滤料三部分。其中井管是部分开孔的钢管、水泥管或 PVC 管等管状结构；滤网为包在井管开孔位置外围阻止滤料进入井管的网状结构，工程实践中多用纱网制作；滤料为设置于滤网与土体间的粒状透水材料，一般情况下为中粗砂，也有的用中粗砂与细石混合物。降水井结构用砂量大，成孔直径大，施工过程中多伴随泥浆产生，需要洗井工艺，造价高，施工速度慢，易出现死井等质量问题。降水均需要井管，井管施工费用高，在挖土过程中经常被挖坏而导致废井，且在基础底板施工时，因需要持续降水而导致井管穿越底板，需进行封井处理，费用较高。

本节介绍的气压控制降水技术，不需要设置井管，可避免挖土破坏，无需封井措施。直接通过抽水管降水，减少了降水运营过程中大量的施工操作，通过抽水管将降水操作引至远离其他施工操作面的地方，减少了施工相互干扰。

下面结合如图 6.8-1 所示的气压控制降水装置原理图，介绍气压控制降水装置的结构构造、工作机理、降水方法。

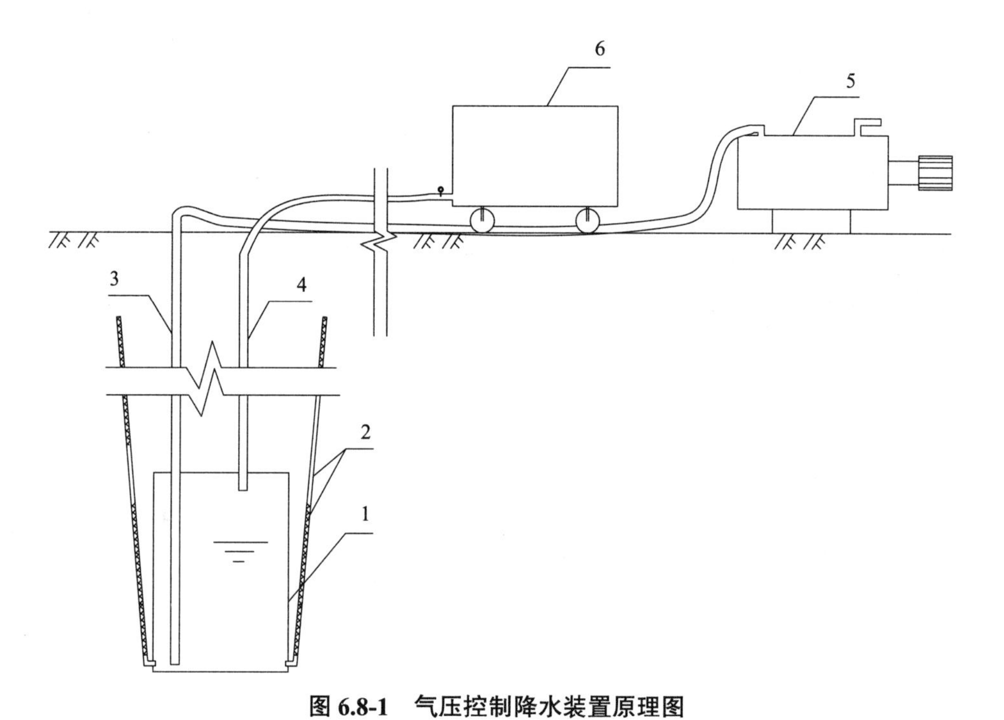

图 6.8-1　气压控制降水装置原理图

1—储水罐；2—过滤器；3—出水管；4—气管；5—真空泵；6—空气压缩机

气压控制降水装置包括：储水罐、过滤器、出水管、气管、空气压缩机五部分，其中储水罐为深埋于土中的容器，过滤器包括水流通道与滤膜两部分，其中水流通道与储水罐连接，滤膜包裹在水流通道的外侧，过滤器埋置于土中，出水管与储水罐连接，且出水管外伸至地表，空气压缩机与气管连接。

气压控制降水的原理是利用水比空气密度大的物理性质，即在储水罐中，不论产生多大的气压，水将一直位于储水罐的下部，而空气存在于储水罐的上部，当储水罐内的气压与地表大气压强的差值大于储水罐内水面与地表高度的水头差时，储水罐内水将通过出水管排出，在排水过程中，虽然部分水会沿着过滤器进入土体，但沿着出水管通过的阻力最小，储水罐中的积水仍可排至地表。可以在出水管的地表端接装真空泵辅助排水与降水。在工程中，可以利用管桩的空心部分或立柱桩的空心部分作为储水罐。

（2）气压控制降水井工程应用

气压控制降水井特别适合疏干井降水，出水量不大的减压深井可参考使用，不适合于出水量大的减压降水。气压控制降水的最大优点是大幅降低了降水运营维护成本，省去了降水项目现场的大量电缆布设，有利于现场安全管理，便于挖土，使得封井简易。气压控制降水应用场景如图 6.8-2 所示。

（a）

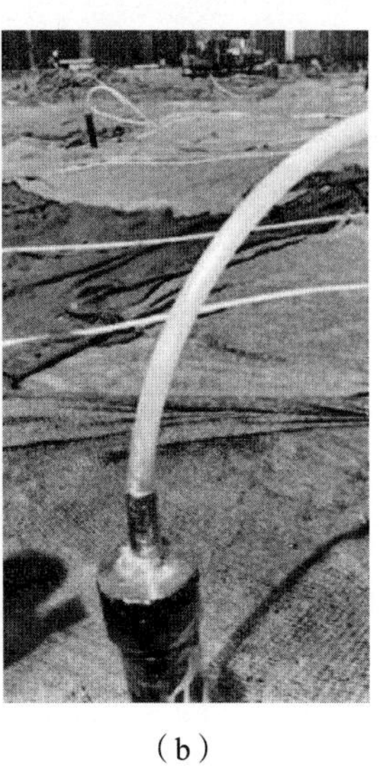

（b）

图 6.8-2　气压控制降水应用场景

（a）真空泵端；（b）井管端

6.9　纠偏技术

6.9.1　通道法远程纠偏技术

掏土、浸水、扰动等纠偏方式是成熟的土工对象纠偏技术，但在纠偏施工过程中，均须直接在土工对象的基础附近施工。有些情况下，由于土工对象正在使用、基础邻近场地难以作为纠偏施工场地等原因，导致倾斜的土工对象不能得到及时的纠偏处理，特别是基坑开挖、地下隧道等施工导致的邻近建（构）筑物的倾斜问题，因没有施工场地，无法对正在使用中的建（构）物进行及时纠偏而导致建（构）筑物倾斜加大、出现开裂甚至造成危房的案例时有发生。对于桩基建筑物的纠偏，针对桩尖以上的土体施工效果受限，对桩尖以下土体进行纠偏施工时，如何保护桩尖以上土体及桩尖上的土工对象也是工程难题。

通道法远程纠偏工法是通过设立中空的固体掏土通道，转移纠偏施工操作面，保护通道上方土体或被保护土工对象免受纠偏施工过程影响的一种纠偏施工方法。

基坑兼作纠偏施工操作面时通道法远程纠偏原理图如图 6.9-1 所示、穿越被保护土工对象的通道法远程纠偏原理图如图 6.9-2 所示，施工步骤如下：

（1）确定建（构）筑物的倾斜方向；

（2）根据建（构）筑物倾斜情况，确定纠偏施工需进行沉降控制处位置，并确定纠偏施工需要促沉处或需要促升处位置；

（3）确定纠偏通道垂直方向布置及平面布置；

（4）施工穿越沉降控制处，通向促沉处或促升处的纠偏通道；

（5）通过纠偏通道对需要促沉处进行促沉施工，或通过纠偏通道对需要促升处进行促升施工。

纠偏通道可以是置入土体中的管状结构、在土体中施工的中空的水泥土搅拌桩、高压旋喷桩。

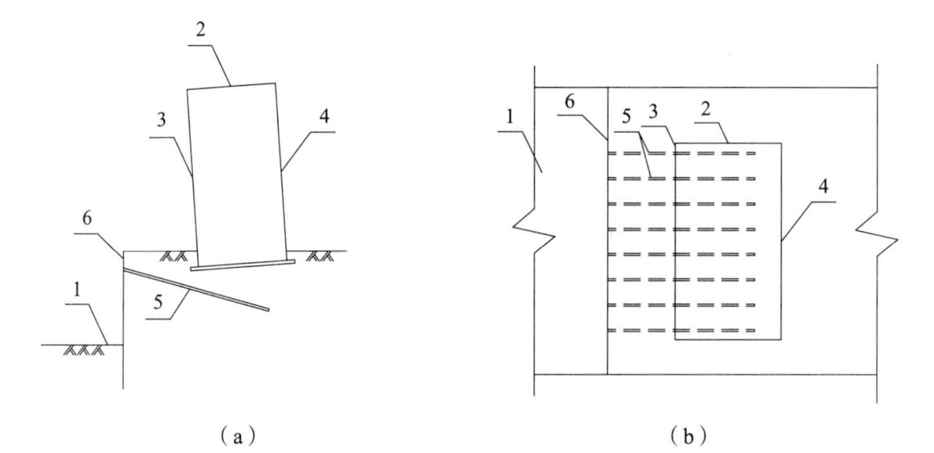

（a）　　　　　　　　（b）

图 6.9-1　基坑兼作纠偏施工操作面时通道法远程纠偏原理图

（a）剖面示意图；（b）平面布置示意图

1—邻近基坑；2—倾斜建筑物；3—沉降大的一侧；4—沉降小的一侧；5—纠偏通道；6—纠偏施工操作面

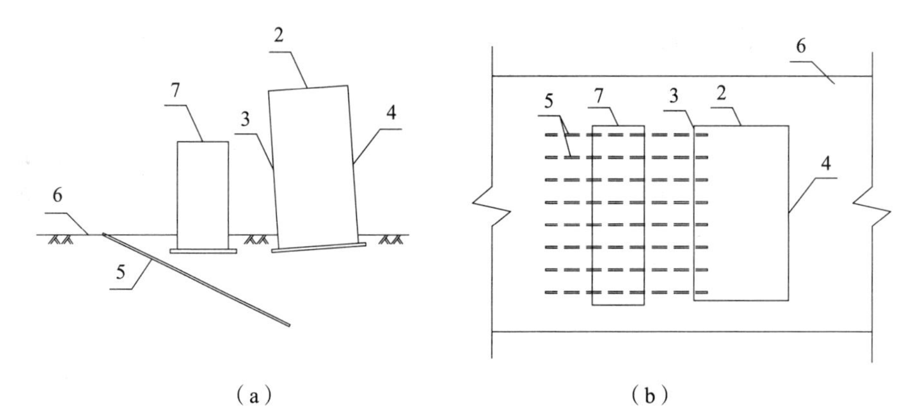

（a）　　　　　　　　（b）

图 6.9-2　穿越被保护土工对象的通道法远程纠偏原理图

（a）剖面示意图；（b）平面布置示意图

2—倾斜建筑物；3—沉降大的一侧；4—沉降小的一侧；5—纠偏通道；6—纠偏施工操作面；7—被保护对象

作为通道法远程纠偏工法的第一个实施例，介绍利用基坑兼作纠偏施工操作面的通道法远程纠偏的实施方式拓展：

倾斜建筑物采用天然地基，需要对倾斜建筑物进行纠偏施工。在纠偏过程中，需严格控制倾斜建筑物沉降大的一侧的沉降，纠偏施工可通过对倾斜建筑物沉降小的一侧进行促沉施工达到纠偏目的，确定了倾斜建筑物沉降大的一侧位置为沉降控制处，确定倾斜建筑物沉降小的一侧位置为促沉处。根据现场施工条件，邻近倾斜建筑物沉降小的一侧位置为居民道路，倾斜建筑物内住有居民，无法直接在邻近倾斜建筑物沉降小的一侧位置直接进行促沉施工，邻近倾斜建筑物沉降大的一侧施工操作面位置为基坑工程施工工地，可以提供施工操作面。根据纠偏施工操作面位置，确定纠偏通道垂直方向布置，使纠偏通道从地下穿越倾斜建筑物沉降大的一侧的基础，接近倾斜建筑物沉降小的一侧。根据需纠偏的倾斜建筑物的平面位置及纠偏需要，确定纠偏通道水平间距为 2m，纠偏通道平面布置如图 6.9-1（b）所示。在纠偏通道位置通过钻孔、捶击、振动或静压的方式施工钢管作为纠偏通道，也可以在纠偏通道位置施工水泥土搅拌桩或旋喷桩，然后在其中部制作中空通道作为纠偏通道。待纠偏通道形成后，可利用螺旋钻穿越纠偏通道，对邻近沉降小的一侧位置基础以下的土体进行掏出施工，从而达到对沉降小的一侧进行促沉施工目的。也可以穿越纠偏通道，对邻近沉降小的一侧位置基础以下土体通过有压水冲刷释放该位置土体应力，使得沉降小的一侧的沉降增加，达到对沉降小的一侧进行促沉目的。还可以通过纠偏通道，对邻近沉降小的一侧位置基础以下的土体进行扰动施工，使得沉降小的一侧的沉降增加，达到对沉降小的一侧进行促沉目的。因以上的促沉施工方法均穿越纠偏通道实现促沉目的，在纠偏通道的支撑作用下，纠偏通道上部的倾斜建筑物沉降大的一侧的沉降可以得到有效控制，通过穿越纠偏通道对倾斜建筑物沉降小的一侧进行促沉施工，可减小倾斜建筑物的倾斜率。

作为通道法远程纠偏工法的第二个拓展实施例，主要利用通道法远程纠偏工法，穿越土工被保护对象，实现远程纠偏。与第一个实施例相比，因现场施工条件确定只能在如图 6.9-2 所示的施工操作面位置进行纠偏施工，在施工操作面位置与倾斜建筑物之间存在需进行沉降控制的被保护建筑物，纠偏施工方案确定需要对倾斜建筑物沉降大的一侧进行促升施工以达到纠偏的目的。将纠偏通道从地下穿越被保护土工对象，通向倾斜建筑物沉降大的一侧。通过纠偏通道的布设，可实现穿越被保护土工对象，对倾斜建筑物进行多次重复的纠偏施工操作。

通道法远程纠偏工法还可以用来实现桩基建筑物纠偏，从地面埋设纠偏通道至桩尖以下土层，即可通过纠偏通道实现重复多次的纠偏施工。

6.9.2 倾斜桩纠偏技术

1. 取土顶推倾斜桩纠偏

过大基坑变形或邻近堆载、施工控制不当等因素有时会导致已经施工的桩出现倾斜、断裂、脱节，倾斜或断裂桩的承载力极小，需纠偏后方可使用。如上海某基坑开挖时，坑边自来水管爆裂引起基坑水平位移约 800mm 后，坑内有大量直径 500mm 的 PHC 管桩桩顶水平位移大于 250mm，经清理管桩中空部位土体并摄像检查，发现大部分倾斜桩在第一节桩接头部位出现开裂问题，接头处竖向脱开最大距离达 80mm，桩接头处水平向错开最大值为 75mm，桩顶最大偏移量达到 780mm。图 6.9-3 为倾斜桩接头问题照片。

采用如图 6.9-4 所示的千斤顶进行纠偏时，在背离倾斜方向的桩一侧取土，在倾斜方向的桩顶部采用千斤顶复位。

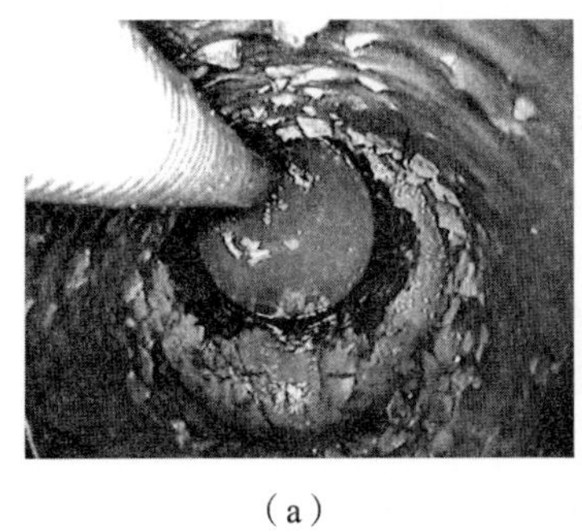

（a）

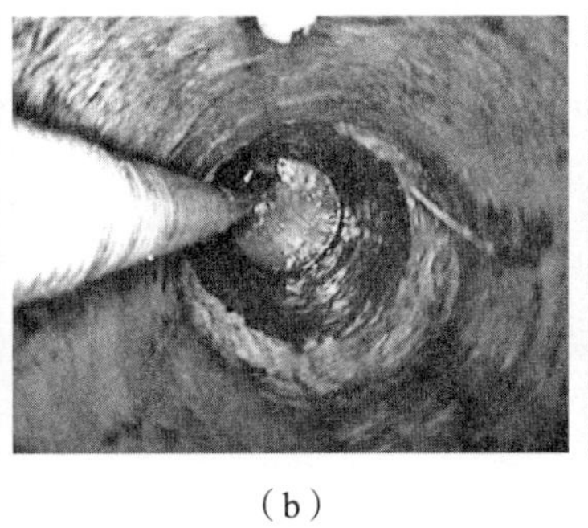

（b）

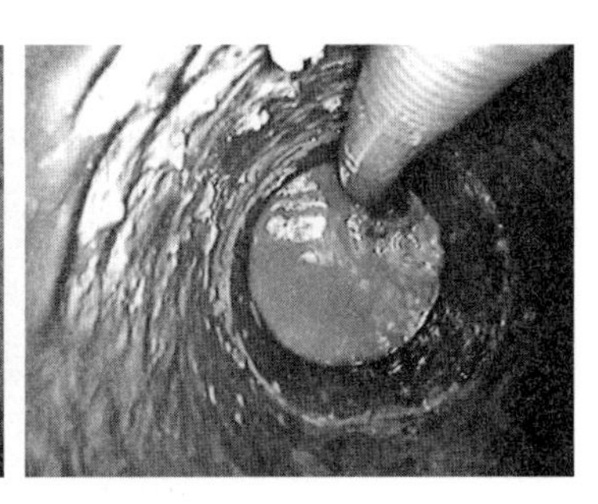

（c）

图 6.9-3　倾斜桩接头问题照片

（a）水平错位；（b）局部裂开；（c）竖向脱节

图 6.9-4　千斤顶进行纠偏

基桩的偏斜往往是开挖到基坑底部时才能发现，施工场地限制大，施工工期要求短，倾斜段深埋于基坑底以下。基桩是竖向承载结构，水平承载力低，基桩纠偏施工难度大，实用的技术少。特别是倾斜桩在基坑底以下较深位置出现错位断裂时，取土顶推纠偏难以复位。

2. 袋装流体控制纠偏

（1）实施步骤

袋装流体控制倾斜桩纠偏施工主要包括以下步骤：

1）确定倾斜桩的状态，包括倾斜方向、桩顶偏移量、桩身完整性情况等；

2）将由背板与面板组成的楔形块置入桩倾斜方向一侧附近土体，在楔形块置入土体时，携带密封袋，使面板靠近桩的倾斜方向一侧，在桩背离倾斜方向一侧取土；

3）以土体被动土压力作反力，向密封袋内注入流体，使面板推动桩背离倾斜方向移动，通过流体注入量控制桩纠偏量，将桩纠偏、复位；

4）用固体充填纠偏、复位后留下的孔洞。

（2）实施方式拓展

本节以下内容结合如图 6.9-5 所示的袋装流体控制倾斜桩纠偏示意图，介绍袋装流体控制倾斜桩纠偏施工实施方式拓展。

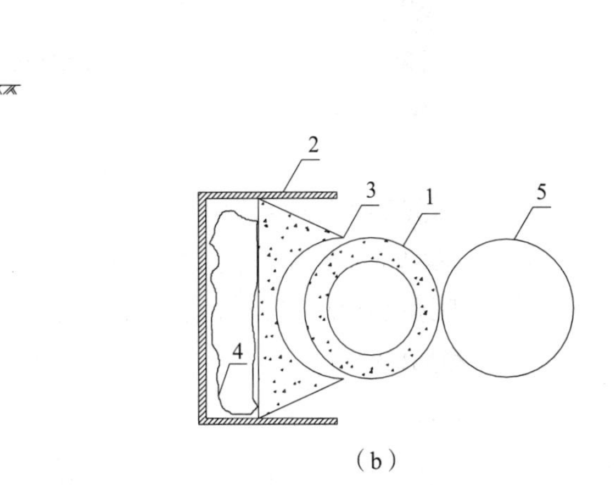

图 6.9-5　袋装流体控制倾斜桩纠偏示意图

（a）剖面示意图；（b）平面布置示意图

1—倾斜的桩；2—背板；3—面板；4—密封袋；5—取土孔

将如图 6.9-5 所示的楔形块插入土体。楔形块由背板与面板组成，背板是平板，面板是曲面板。将面板做成曲面板的好处是，在楔形块插入土体的过程中，将面板靠近倾斜桩而有利于避免楔形块偏离倾斜桩。背板也可以是槽形板，做成槽形板的好处是便于面板相对于背板移动时控制方向。在楔形块置入土体时，携带密封袋置入土体，将密封袋放置在背板与面板之间。可沿着竖直方向，放置多个密封袋，将密封袋连通至楔形块顶部，便于楔形块插入土体后，在地表控制袋装流体土工控制介质的体积。在本步骤中，为了减小倾斜桩纠偏过程中的土体阻力，可在倾斜桩的背离倾斜方向一侧取土。然后，利用被动土压力作反力，在楔形块插入土体过程中，利用楔形块产生水平推力，通过面板推动倾斜桩背离倾斜方向移动，将倾斜桩纠偏、复位。可采用带有密封袋的楔形块，在楔形块插入土体后，向密封袋内注入流体，使得楔形块的体积增加，推动倾斜桩背离倾斜方向移动，达到纠偏复位目的。倾斜桩的倾斜是上部倾斜量大，下部倾斜量小。在纠偏过程中，楔形块呈下小上大的形状，可通过安装多个密封袋实现同步复位，也可以通过设置面板与背板的相对位置实现。

采用袋装流体进行纠偏过程控制，有以下三方面优越性：一是缩小楔形块插入土体时的体积，便于施工；二是可通过控制充入密封袋内流体体积，控制纠偏量，适应不同倾斜量及错位倾斜桩的纠偏、复位要求；三是避免固态楔形块插入土体过程中对倾斜桩产生水平向集中应力作用，实现在深部土体中，利用易控的分布力对倾斜桩进行纠偏与复位。

（3）工程应用

桩出现倾斜问题时，桩土接触面较小，属于局部接触问题。桩倾斜以桩的断裂与桩身倾斜为主，桩身弯曲不明显。利用楔形块进行倾斜桩纠偏时，将桩侧远离倾斜方向的土体局部挖出或通过扰动降低强度，在倾斜方向的桩侧土体中，插入侧面宽度大于桩身直径的楔形块，能取得较好的纠偏效果，具有纠偏速度快、二次损伤小的优点。图 6.9-6 为倾斜钢管桩楔形块纠偏施工场景。

（a）　　　　　　（b）

图 6.9-6　倾斜钢管桩楔形块纠偏施工场景

（a）挖出背离桩倾斜方向一侧土体；（b）在桩倾斜方向一侧土体中插入楔形块纠偏

6.10 小结

本章依托固体介质、袋装流体介质、场介质三类土工控制介质，针对涉土施工影响控制、涉土建造过程控制及涉土病害治理过程控制三类土工控制问题，列举了作者提出并经过试验或实践检验的多项土工控制新技术。本章第 6.1 节全回收装配式钢管桩连续墙（WSP）深基坑支护技术，利用类袋装流体介质，以极简形式实现了钢管桩的微扰动拔桩，解决了钢管桩拔桩带土问题，以袋装流体解决了邻桩接缝止水问题，实现了基坑挡土构件全回收再利用；第 6.2 节，针对第 I 类土工控制问题，零位移基坑工程利用袋装流体土工控制介质，依据本书第 2 章介绍的土工控制方程与土工控制下限原理，以极简且极廉价的方式解决基坑施工影响控制问题，其他地下工程可参考使用；第 6.3 节介绍了锚定筒技术，利用在土体中施工筒状构件，形成新的施工操作面，可充分利用深厚土层的锚固承载力，形成锚定筒锚固结构，用于基坑围护工程时，对于任意深基坑，可利用钢管桩提供锚固承载力，实现无支撑支护，并可全回收再利用，也可用作水工大坝、海洋工程基础；第 6.4 节介绍了土墩置换地基处理技术，利用适宜地基土原位置换不良地基土，达到地基处理的目的，适用于表层硬壳土层下卧不太深的软弱土层的处理，速度快、造价低；第 6.5 节介绍了热熔性可回收锚杆，利用温度场控制，实现锚杆全回收，消除锚杆固废残留岩土体中，其中袋装热熔性葫芦体锚杆亦属极简形式；第 6.6 节介绍了伞式自扩锚与预制挤扩桩，伞式自扩锚利用固体土工控制介质，以类似雨伞的机械运动方式，在操作面处拉拔实现在深厚土体中大幅度扩孔的目的，操作简单，解决的是岩土锚固工程提质增效问题，预制挤扩桩是利用空心预制桩，加以桩塞，沉桩后推开桩塞，灌入混凝土并挤压形成扩底桩；第 6.7 节介绍了土中构件导向施工方法与组合斜桩撑，利用固体形成约束，并促成约束下的运动，解决深厚土体中固体构件施工定位关键问题，应用于复合锚杆与组合斜桩撑，解决了深厚土体中组合构件的横截面对心问题，可替代特定深度基坑支护所用的内支撑体系，为开挖面积较大的基坑支护提效降耗提供了有效的技术手段；第 6.8 节介绍了多项气压控制疏干降水技术，以气体压力驱动地下水的抽降，提高效率，增加安全性；第 6.9 节介绍了利用固体通道与楔形块的远程纠偏技术，分别解决土工纠偏远程控制与深部土体中工程桩纠偏问题，实施工艺简单可靠。

第7章　计算理论与案例分析

7.1　大直径钢管桩抗拔承载力机理

本节将书中第3章推导的桩土摩擦公式应用于钢管抗拔桩承载机理研究，给出了抗拔桩承载力计算公式与计算参数的确定方法，分析了等截面抗拔桩的承载力影响因素，研究结果表明在单桩竖向抗拔承载力的影响因素中，除土体性质、施工工艺等岩土工程界已有共识的因素之外，桩体材料、桩长、桩径对抗拔桩承载力影响明显。本节中，未注明的各符号意义同第3章。

1. 单桩抗拔承载力折减公式

单位桩长所提供的抗拔承载力 R_{ksz} 计算如式（7.1-1）所示。

$$R_{ksz}=-\pi D_0 c_p-\pi D_0 \mu k_0 \gamma z+\mu \pi D_0 \sigma_{sr} \qquad (7.1\text{-}1)$$

为了便于研究，引入单桩竖向抗拔承载力折减系数 J_s 的定义，抗拔桩承载力计算公式如式（7.1-1a）所示。

$$\begin{cases} R_{kz}=\int_{L_0}^{L_1} R_{ksl}\mathrm{d}l \\ R_{ksl}=R_{k0}(1-J_s) \\ R_{k0}=-\pi D_0 c_p-\pi D_0 \mu k_0 \gamma l \end{cases} \qquad (7.1\text{-}1a)$$

显然，式（7.1-1a）中的 R_{k0} 为不考虑极限平衡状态下桩对土的卸载作用时单桩侧阻力。

式（7.1-1a）中的 J_s 为桩身任意位置在极限平衡状态下，桩对土的卸载作用，导致桩侧土对桩身竖向支撑力减小值与不考虑桩对土的卸荷作用时桩侧土对桩身竖向支撑力之比，定义为单桩竖向抗拔承载力折减系数（以下简称折减系数），其计算公式如式（7.1-2）所示。

$$J_s=\mu\frac{\sigma_{sr}}{c_p+\mu k_0 \gamma z} \qquad (7.1\text{-}2)$$

根据第3章关于桩侧表面附加正应力 σ_{sr} 的组成分析，可知折减系数 J_s 包括两部分组成。其中，第一部分为单桩在竖向承载极限状态下将桩土体视为半无限体所产生的折减系数 J_{s0}，第二部分为满足桩侧表面桩土径向位移边界条件所产生的折减系数 J_{sr}。为了便于分析研究，可将 J_{sr} 分解为两部分，其中第一部分为当桩体为刚体时所产生的折减系数 J_{s1}，第二部分为桩体在拉拔荷载作用下径向收缩所产生的折减系数 J_{s2}。即折减系数可用式（7.1-3）计算。

$$J_{s}=J_{s0}+J_{s1}+J_{s2} \tag{7.1-3}$$

$$J_{s0}=\frac{\mu\sigma_{sr1}}{(c_{p}+\mu k_{0}\gamma z)}=\frac{\mu\pi D_{0}}{(c_{p}+\mu k_{0}\gamma z)}\int_{L_0}^{L_1}\widehat{r}r(-c_{p}-\mu k_{0}\gamma l)\mathrm{d}l \tag{7.1-4}$$

$$\begin{cases} J_{s1}=\dfrac{\mu\sigma_{sr2}}{(c_{p}+\mu k_{0}\gamma z)} \\ \sigma_{sr2}=-\dfrac{1}{2}\displaystyle\int_{L_0}^{L_1}\dfrac{\pi D_{0}(-c_{p}-\mu k_{0}\gamma l)}{16\pi(1-v)}\left[\dfrac{z-l}{R_1^3}+\dfrac{(3-4v)(2-l)}{R_2^3}-\dfrac{4(1-v)(1-2v)}{R_2(R_2+z+l)}+\dfrac{6lz(z+l)}{R_2^5}\right]\mathrm{d}l \end{cases} \tag{7.1-5}$$

$$J_{s2}=\frac{\mu E r v_{p}\int_{z}^{L_1}R_{ksl}\mathrm{d}l}{\dfrac{D_0}{2}(1+v)(c_{p}+\mu k_{0}\gamma z)A_{p}E_{p}} \tag{7.1-6}$$

根据折减系数J_s计算公式（7.1-2）可知，J_s为深度z的函数，即在不同的深度，J_s将有所变化。

除桩体材料与土体材料的物理力学性质外，影响折减系数J_s的主要因素还包括以下6个方面：

（1）桩土界面摩擦系数μ；

（2）桩土凝结强度c_p；

（3）桩土界面水平方向上的初始压应力$k_0\gamma z$；

（4）桩径D_0；

（5）顶埋深L_0；

（6）桩长（L_1-L_0）。

其中前三个影响因素与土体性质及施工工艺密切相关，为桩土相互作用参数，后三个影响因素与桩体尺寸密切相关。

在下文中，根据折减系数公式（7.1-2），分别讨论以上6个因素对折减系数J_s的影响。

2. 桩土材料参数的确定

（1）桩体材料参数

桩体材料参数对折减系数的影响，主要体现在抗拔桩在极限平衡状态下，桩身在轴向拉力的作用下出现径向收缩，从而增加土体径向回弹量，导致折减系数J_{s2}的增加。

在确定桩体材料参数时，应根据不同材料的桩，以影响桩身在轴向拉力作用下，桩体径向变形计算影响因素为依据，确定桩体材料计算参数。

钢管桩是常用的一种抗拔桩形式，钢管桩在轴向拉力作用下，有以下变形特性：第一，钢管桩一般壁厚小，钢管所承受的拉应力较大；第二，钢管桩在承受拉力时，桩身的径向位移随着桩身拉应力的增加而增加。钢管桩在拉力作用下，桩身沿径向产生的位移可用式（7.1-7）计算。

$$U_{p}(z)=-r\times v_{ps}\frac{\int_{z}^{L_1}R_{ksl}\mathrm{d}l}{A_{ps}E_{ps}} \tag{7.1-7}$$

式中：

v_{ps}——为桩身钢材泊松比，可参照《钢结构设计标准》GB 50017－2017 取 0.304；

E_{ps}——为桩身钢材弹性模量，可参照《钢结构设计标准》GB 50017－2017 取 2.06×10^5MPa；

r——为钢管桩半径，m；

A_{ps}——为钢管桩的截面积，m^2；

其他符号意义同前。

由式（7.1-7）可知，对于钢管抗拔桩，因桩身拉应力较高，且桩体径向位移与桩身轴向拉应力成正比，故钢管抗拔桩在受力时，桩身径向收缩变形较大。

（2）土体材料参数

与折减系数计算相关的土体材料参数包括初始土压力系数 k_0、土体重度 γ、泊松比 v、弹性模量 E 等参数。其中土体重度 γ 可通过岩土工程勘察中的室内试验测定。在地下水位以下采用浮重度。

其他土体计算参数的确定方法如下：

1）桩侧初始土压力系数与泊松比

式（7.1-2）中包含初始土压力系数 k_0 与土体材料泊松比 v，k_0 为单桩承载前的桩土界面土体水平向压应力与垂直向压应力之比。

初始土压力系数 k_0 与成桩方式及土体静止土压力密切相关。对于非挤土桩（如钻孔灌注桩）可采用土体静止土压力系数作为初始土压力系数 k_0。对于挤土桩与部分挤土桩（如预制桩），初始土压力系数 k_0 大于土体静止土压力系数。对于黏性土，初始土压力系数 k_0 因土体挤密而增加的幅度小。而对于砂土与粉土，因在沉桩过程中土体挤密效应明显，初始土压力系数 k_0 因土体挤密而增加的幅度大。对于挤土桩，土体挤密效应与挤土桩直径、布桩面积系数密切相关。挤土桩直径越大，土体挤密效应越明显，布桩面积系数越大，土体挤密效应越明显。

可在抗拔桩单桩竖向抗拔承载力载荷试验前，通过室内 k_0 试验或现场原位测试（如土压力盒、扁铲侧胀试验、旁压试验）等测定初始土压力系数 k_0，也可采用本书第 5 章介绍的囊压试验方法测定。

2）土体加荷弹性模量

本节在土体弹性计算中所用的弹性模量，是指与抗拔桩承载力相匹配地将土体视作弹性体所对应的应力与应变之比。因此，本节中所选用的弹性模量有以下的特点：

① 计算弹性模量与土体的应力水平密切相关

因在不同的埋深位置，土体的初始应力水平有所差异，即使对于同一层土，在抗拔桩承受拉拔荷载前，在 z 深度处的主应力如式（7.1-8）所示。

$$\begin{cases}\sigma_1=\gamma h\\ \sigma_2=\sigma_3=k_0\gamma h\end{cases}\tag{7.1-8}$$

为了使计算选用的弹性模量与实际相近，在选用弹性模量时，考虑到土体单向压缩 $e-p$

曲线的非线性，选取与土体应力水平相对应的割线模量进行计算。

② 计算弹性模量需反映土体固结排水特性

土体材料不同于金属材料，其中极为重要的一点就是土体受荷变形与土中水的排除直接相关。在本节中使用的计算弹性模量与抗拔桩承载力检测与使用标准相匹配。抗拔桩在使用与承载力检测过程中，都伴随着土体中水的流动。因此，计算弹性模量需反映土体固结排水特性。

③ 加荷过程弹性模量的计算

根据目前的岩土工程勘察水平与工程使用要求，可采用单向侧限压缩试验测定的土体压缩模量 E_s 估算弹性模量 E。

④ 弹塑性计算与分析

可采用本书第 5 章介绍的本构模型进行弹塑性计算与分析。

3）土体压缩回弹比

土体材料在排水条件下压缩后的回弹变形远远小于压缩变形已为诸多研究与试验证实。在抗拔桩承载机理研究中，桩周土体存在回弹形变。第 3 章中，桩侧表面位移边界条件得到满足的前提是满足式（7.1-9）。

$$\begin{cases}\text{桩侧土体存在径向压缩（当 } U_{G2}=U_p-U_{G1}>0\text{）}\\ \text{桩侧土体存在径向回弹（当 } U_{G2}=U_p-U_{G1}<0\text{）}\end{cases} \tag{7.1-9}$$

为了反映土体沿桩体径向压缩与沿桩体径向回弹两种形变的区别，便于计算与研究，在将土体作为弹性体进行变形计算时，在荷载分布确定（即弹性体内土体因荷载产生的附加应力分布确定）的条件下，将使土体压缩的单位荷载所产生的压缩位移量与使土体回弹的单位荷载所产生的回弹位移量之比定义为土体压缩回弹比（λ_j）。土体压缩回弹比 λ_j 等于土体压缩指数 C_c 与回弹指数 C_s 之比。即有式（7.1-10）成立：

$$\begin{cases}E_{ss}=\lambda_j E_{sc}\\ \lambda_j=\dfrac{C_c}{C_s}\end{cases} \tag{7.1-10}$$

式中：

λ_j——为土体压缩回弹比；

C_s——为土体回弹指数；

C_c——为土体压缩指数；

E_{ss}——为土体回弹形变计算采用的等代弹性模量，MPa；

E_{sc}——为土体压缩形变计算采用的等代弹性模量，MPa。

（3）桩土相互作用计算参数

1）桩土凝结强度

桩土凝结强度 c_p 不仅显含在式（7.1-1）、式（7.1-2）中，且隐含于上述式中的桩侧表面附加正应力 σ_{sr} 中，因此桩土凝结强度 c_p 对单桩抗拔承载力有重要影响。

预制桩在沉入土体的过程中，桩周土体出现破坏与扰动，但经过休止期后，桩周土体的强度有一定程度的恢复，桩土之间通过土粒的凝结与吸附作用，会形成桩土凝结强度，桩土凝结强度的大小与土体性质密切相关，黏性土凝结强度较高，砂性土凝结强度低。无论预制桩还是灌注桩，由于在基桩施工过程中对桩周土产生了扰动，桩土凝结强度均应小于土体凝聚力。

根据成桩施工工艺，对于挤土桩或部分挤土桩，因在沉桩施工过程中，桩周土体有重塑过程，因此桩土凝结强度与土体的残余凝聚力相当，即可用式（7.1-11）估算挤土桩桩土凝结强度。

$$c_{\mathrm{p}}=\frac{c}{S_{\mathrm{t}}} \tag{7.1-11}$$

式中：

c——为土体凝聚力，kPa；

S_{t}——为土体灵敏度；

其他符号意义同前。

对于非挤土桩，例如钻孔灌注桩，在沉桩施工时，桩周土未完全重塑，只有较短时间的部分应力释放过程，虽然桩周土的凝聚力仅有部分折减，但桩土界面存在薄厚不一的泥浆层，因泥浆的凝结强度增长缓慢，加之桩体侧表面平整度与不同深度桩体截面形状的差异，影响桩土凝结强度的因素较多，与桩径、成桩时间、泥浆浓度、灌注混凝土充盈系数等施工工艺参数密切相关。

可通过提高桩身表面的粗糙度来提高桩土凝结强度 c_{p}。但是，桩土凝结强度 c_{p} 总是不大于土体的凝聚力 c。

对于砂性土，可取 $S_{\mathrm{t}}=1$。

2）桩土摩擦系数

式（7.1-2）中包含的土体参数包括桩土摩擦系数 μ 与土体重度 γ，桩土摩擦系数 μ 可通过试验测定。

3. 折减系数影响因素

抗拔桩在拉拔荷载作用下，因荷载作用方向与重力方向相反，桩周土体处于卸载状态，导致单桩抗拔侧阻力明显小于单桩抗压侧阻力。折减系数 J_{s} 反映了桩周土体卸载状态下桩侧阻力减小的幅度，通过研究 J_{s} 影响因素，可以深入认知抗拔桩承载机理。

（1）土体材料弹性参数的影响

土体是为抗拔桩提供抗拔承载力的载体，在本节研究中将土体视为半无限弹性体，同时，在抗拔桩提供抗拔承载力的过程中，考虑了土体回弹、土中孔隙水变化的影响等不同于弹性材料但又不可忽略的土体材料特征。为了便于分析各种因素对单桩抗拔承载力的影响，对弹性模量与泊松比两大弹性参数与土体其他特征参数分别进行研究。在本节中，主要分析弹性模量与泊松比对折减系数的影响。在本节研究中，假定了多种弹性模量与泊松比，并非所有弹性参数组合均有对应的土体类别。

在本节计算中，为了便于研究，计算分析选用的参数表如表 7.1-1 所示。

计算分析选用的参数表　　表 7.1-1

序号	参数	符号	数值	单位	备注
1	桩身材料弹性模量与刚度				见下文
2	桩长	L_1-L_0	30	m	
3	桩径	D_p	0.5	m	
4	桩顶埋深	L_0	0	m	
5	桩土摩擦系数	μ	0.5		
6	桩土凝结强度	c_p	0	kPa	
7	土体压缩回弹比	λ_j	1		
8	初始土压力系数	k_0	$k_0=\frac{v}{1-v}$		
9	土体浮重度	γ	8.0	kN/m^3	
10	土体泊松比	v	0.33		
11	土体计算弹性模量	E_1	10	MPa	
12	桩顶卸荷				不考虑
13	群桩效应				不考虑

1）弹性模量的影响

① 不考虑桩身变形的影响

根据式（3-28）所示的等截面抗拔桩极限平衡状态方程解析解，σ_{sr1}、σ_{sr2} 与弹性模量不相关。

由式（7.1-3）～式（7.1-6）结合上文分析可知：

$$\begin{cases} J_s = J_{s0} + J_{s1} + J_{s2} \\ J_{s0} = \dfrac{\mu\sigma_{sr1}}{(c_p + \mu k_0 \gamma z)} \\ J_{s1} = \dfrac{\mu\sigma_{sr2}}{(c_p + \mu k_0 \gamma z)} \\ J_{s2} = 0 \end{cases} \tag{7.1-12}$$

根据式（7.1-12），J_s 与土体弹性模量不相关。

② 考虑桩身径向收缩为常数的情况

用前文计算公式，假定桩身径向收缩量为 0.01mm，计算不同弹性模量取值情况下的 J_s 计算值，桩身径向收缩 0.01mm 不同弹性模量情况下 J_s–H 曲线如图 7.1-1 所示。

由图 7.1-1 可以看出，桩身存在径向收缩变形的条件下，折减系数随着计算弹性模量的增加而增大，但增大的幅度不明显。

图 7.1-1 的计算结果表明，尽管计算弹性模量不同，但浅部位置的折减系数 J_s 大，直至抗拔侧阻力为 0，随着深度的增加，J_s 逐步减小，在桩底附近位置，$J_s<0$，表示该桩段单

桩侧阻力有所增加。

根据图 7.1-1，可以看出，折减系数 J_s 随深度增加呈 S 形，因考虑到桩土界面不存在拉应力，因此，当 $J_s>1$ 时，取 $J_s=1$。

由图 7.1-1 可以看出，S 形曲线的两个拐点深度随着计算弹性模量的不同略有差异，上拐点一般位于桩顶以下 3～6m 位置，为桩长的 10%～20%，在上拐点以上区段，J_s 随深度减小，增加幅度趋大。下拐点位置一般位于距桩底 1.5～3.0m 位置，为桩长的 5%～10%。在上下拐点之间，J_s 随深度增加，减小幅度趋缓。

由图 7.1-1 可以看出，J_s 达到 1 的深度随着计算弹性模量的增加稍有增加，增加幅度不明显，在本算例中，该位置埋深在桩顶以下 1～1.5m，为桩长的 3%～5%。

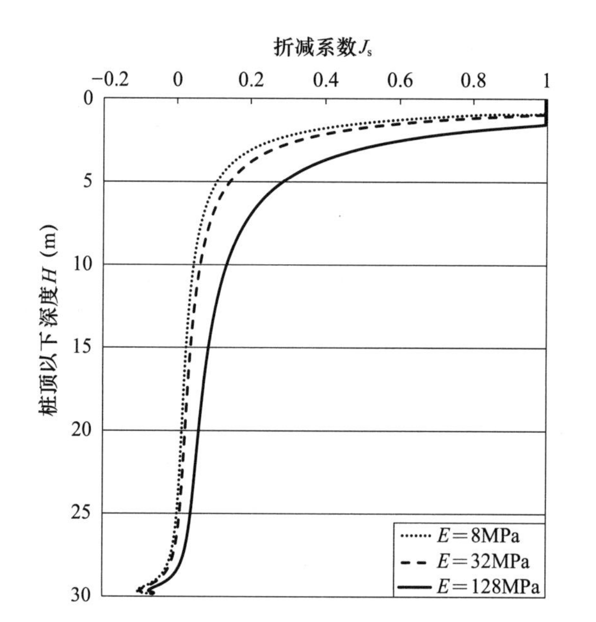

图 7.1-1　桩身径向收缩 0.01mm 不同弹性模量情况下 J_s–H 曲线

2）泊松比的影响

选用如表 7.1-1 所示的桩土参数，并假定计算弹性模量 E_1 为 10MPa，分考虑桩身径向收缩变形与不考虑桩身径向收缩变形两种情况，分析研究土体泊松比 v 对 J_s 的影响。

① 不考虑桩身径向收缩变形

在忽略桩身径向收缩变形的条件下，本案例中，分别计算了泊松比 v 为 0.2、0.49 两种情况，刚性桩体不同泊松比情况下 J_s–H 曲线如图 7.1-2 所示。

由图 7.1-2 可以看出，在桩体为刚体的条件下，J_s 与 v 相关性不明显。根据计算结果，随着 v 的增加，J_s 总体上略有减小，但减小幅度很小。

由图 7.1-2 还可以看出，J_s–H 关系曲线呈现与图 7.1-1 十分相似的 S 形。

② 考虑桩身径向收缩为常数

用前文计算公式，假定桩身径向收缩量为常数 0.01mm，计算不同泊松比 v 情况下的 J_s，桩体径向收缩 0.01mm 不同泊松比情况下 J_s–H 曲线如图 7.1-3 所示。

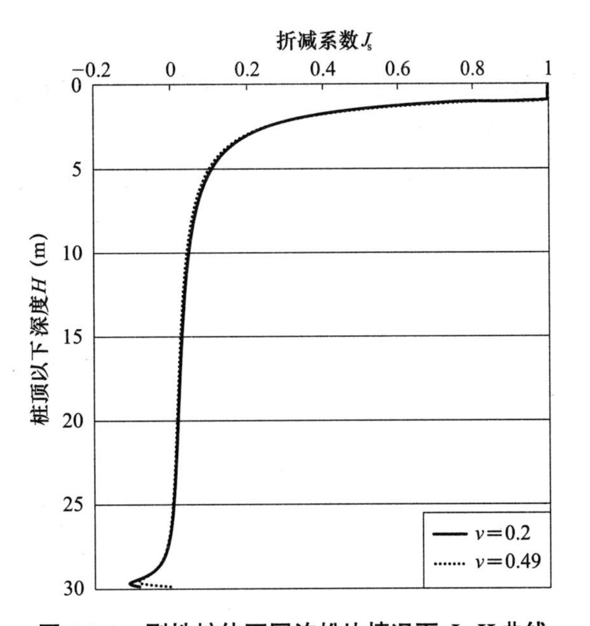

图 7.1-2　刚性桩体不同泊松比情况下 J_s–H 曲线

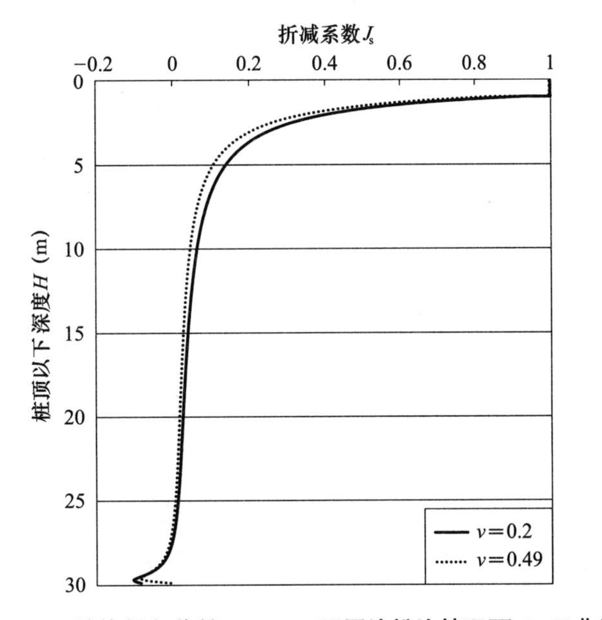

图 7.1-3　桩体径向收缩 0.01mm 不同泊松比情况下 J_s–H 曲线

由图 7.1-3 可以看出，在桩体存在 0.01mm 径向收缩变形的情况下，较图 7.1-2，v 的变化对 J_s 有所影响，但 J_s 变化幅度不大，J_s–H 曲线的形状、趋势与图 7.1-2 相似。总体上仍是 v 增加，J_s 略有减小。

（2）土体材料特征参数的影响

通过前文分析可知，土体材料与弹性体材料有所不同，在本节提出的折减系数 J_s 计算方法中，对 J_s 可能有影响的土体材料参数除弹性参数、泊松比外，应研究压缩回弹比 λ_j 与初始土压力系数 k_0 这两大土体材料特征参数的影响。

在本节研究中，除了本节讨论的参数外，其他参数参照表 7.1-1 选用。

1）初始土压力系数 k_0 的影响

在上节分析泊松比 v 对折减系数 J_s 影响的研究中，利用弹性理论计算了静止土压力系数 k_0，但土体材料的初始土压力系数 k_0 的影响因素较多，特别对于超固结土，初始土压力系数 k_0 的弹性理论计算值与实际值有较大的差别。在本节研究中，假定桩体为刚体。

根据式（7.1-3）～式（7.1-6），将上述的研究前提条件代入可得式（7.1-13）：

$$\begin{cases} J_s = J_{s0} + J_{s1} + J_{s2} \\ J_{s0} = -\dfrac{\mu\pi D_0}{z}\int_{L_0}^{L_1} \hat{r} r l \mathrm{d}l \\ J_{s1} = \dfrac{\mu D_0}{32z(1-v)}\int_{L_0}^{L_1}\left[\dfrac{z-l}{R_1^3} + \dfrac{(3-4v)(z-l)}{R_2^3} - \dfrac{4(1-v)(1-2v)}{R_2(R_2+z+l)} + \dfrac{6lz(z+l)}{R_2^5}\right] l \mathrm{d}l \\ J_{s2} = 0 \end{cases} \tag{7.1-13}$$

根据式（7.1-13），在桩体为刚体的条件下，J_s 与初始土压力系数 k_0 不相关。

2）压缩回弹比 λ_j 的影响

压缩回弹比 λ_j 是反映土体应力－应变关系中塑性特性影响的一个重要参数，本节以刚性桩为例，除压缩回弹比 λ_j 外，其他计算参数选用依据表 7.1-1。

刚性桩体不同 λ_j 的情况下 J_s–H 曲线如图 7.1-4 所示。

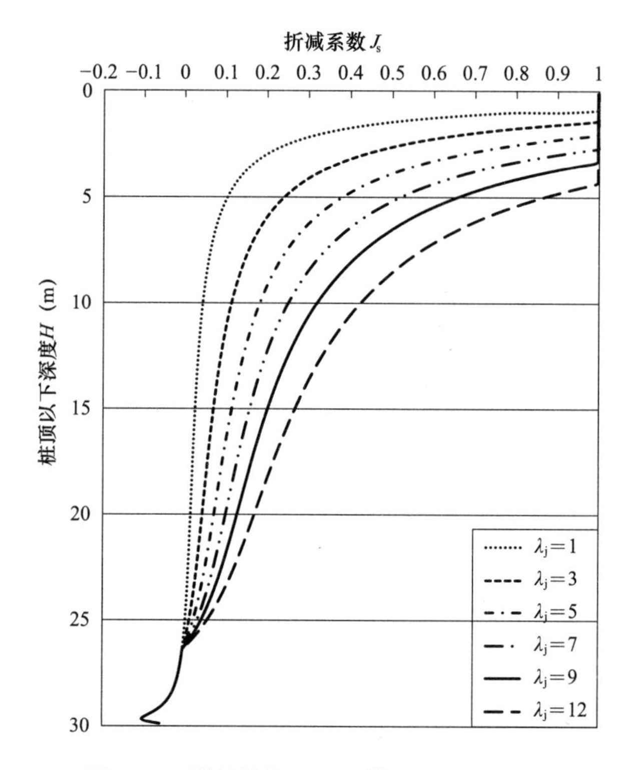

图 7.1-4　刚性桩体不同 λ_j 情况下 J_s–H 曲线

在图 7.1-4 中，最上侧的曲线为 $\lambda_j=1$ 所对应的 J_s–H 曲线，最下面的曲线为 $\lambda_j=12$ 所对应的 J_s–H 曲线，中间相邻曲线的 λ_j 差值为 2。由图 7.1-4 可以看出，压缩回弹比 λ_j 对 J_s 影响很大，随着 λ_j 的增大，J_s 逐步增大。由图 7.1-4 还可以看出，对于不同的 λ_j，J_s–H 曲线的形状与变化趋势基本一致。因压缩回弹比 λ_j 仅对产生回弹深度范围内的 J_s 有影响，对于处于压缩区的 J_s 没有影响，因此在桩底附近，各曲线均有拐点出现，且拐点的深度相同。

（3）桩土相互作用计算参数的影响

桩土相互作用计算参数主要包括桩土摩擦系数 μ 与桩土凝结强度 c_p 两种参数，其中桩土摩擦系数 μ 反映的是桩身正应力与桩身侧摩阻力之间的比例关系，桩土凝结强度 c_p 与桩身侧表面正应力不相关。因此，这两种参数对折减系数 J_s 的影响存在较大区别。

1）桩土摩擦系数 μ 的影响

① 桩身为刚体的情况

当桩身为刚体，桩土凝结强度 c_p 为 0 的情况下，由（7.1-13）式可以看出，J_s 与桩土摩擦系数 μ 成正比，可见桩土摩擦系数对折减系数有一定影响。

刚性桩体不同 μ 情况下 J_s–H 曲线如图 7.1-5 所示。在计算过程中，各参数选用如表 7.1-1 所示。

由图 7.1-5 可以看出，桩土摩擦系数的大小不仅与初始桩侧摩阻力直接相关，而且与折减系数直接相关，桩土摩擦系数越大，折减系数越大。

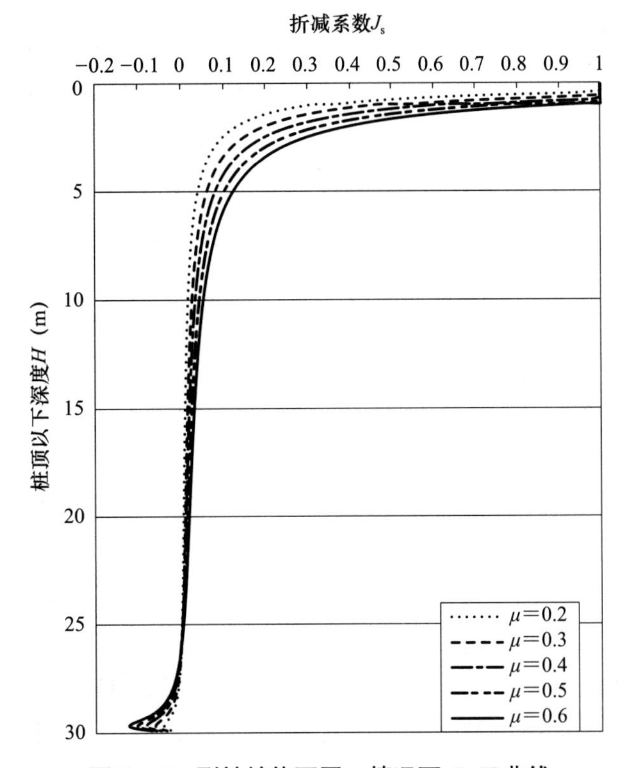

图 7.1-5 刚性桩体不同 μ 情况下 J_s–H 曲线

② 考虑桩身径向收缩的情况

当桩身径向收缩变形为常数 C 时，式（7.1-6）中的 $J_{s2} \neq 0$，为了便于研究，令 $c_p = 0$，J_{s2} 表达式如式（7.1-14）所示：

$$J_{s2} = \frac{ErC}{\frac{D_0}{2}(1+v)(k_0\gamma z)} \tag{7.1-14}$$

由（7.1-14）式可以看出，J_{s2} 与桩土摩擦系数 μ 不相关，故折减系数 J_s 仍与桩土摩擦系数 μ 呈线性关系，且随着桩土摩擦系数 μ 的增加而增加。与上述的假定桩体为刚体的情况相比，只是折减系数增加了，J_{s2}、J_{s2} 的大小与桩身径向收缩量相关。

2）桩土凝结强度 c_p 的影响

为了研究桩土凝结强度 c_p 的影响，在本节研究中，为去除初始桩侧摩阻力中摩擦力的影响，令 $k_0 = 0$，当假定桩身为刚体时，式（7.1-3）～式（7.1-6）可简化式（7.1-15）：

$$\begin{cases} J_s = J_{s0} + J_{s1} + J_{s2} \\ J_{s0} = -\mu\pi D_0 \int_{L_0}^{L_1} \widehat{r} r \mathrm{d}l \\ J_{s1} = \frac{\mu}{2}\int_{L_0}^{L_1} \frac{\pi D_0}{16\pi(1-v)}\left[\frac{z-L}{R_1^3} + \frac{(3-4v)(z-l)}{R_2^3} - \frac{4(1-v)(1-2v)}{R_2(R_2+z+l)} + \frac{6lz(z+l)}{R_2^5}\right]\mathrm{d}l \\ J_{s2} = 0 \end{cases} \tag{7.1-15}$$

由式（7.1-15）可知，在上述假定条件下，折减系数 J_s 与桩土凝结强度 c_p 不相关。

根据表 7.1-1 中所用的参数，并考虑桩身径向收缩变形为 0.01mm 的条件下，分别选用不同的 c_p，计算不同深度的 J_s，桩身径向收缩变形为 0.01mm 的条件下，不同 c_p 情况的 J_s–H 曲线如图 7.1-6 所示。

在图 7.1-6 中，最下部曲线是 $c_p = 0$ 所对应的 J_s–H 曲线，最上部的曲线是 $c_p = 40$kPa 所对应的 J_s–H 曲线，位于两者之间的曲线自下而上分别对应的 c_p 为 5kPa、10kPa、20kPa、40kPa。由图 7.1-6 可以看出，J_s 与桩土凝结强度 c_p 相关性不大，随着 c_p 的增大，J_s 略有减小。

（4）钢管桩桩体尺寸的影响

1）钢管壁厚的影响

由前文分析可知，钢管桩作为抗拔桩产生的径向收缩变形与钢管的拉应力密切相关，在本节中参照表 7.1-1 中的计算参数，选用外径为 0.5m，选取不同的钢管桩壁厚，分别计算了 J_s，$\lambda_j = 1$ 时不同壁厚的钢管桩 J_s–H 计算曲线如图 7.1-7 所示。

由图 7.1-7 可以看出，钢管桩的折减系数 J_s 与钢管的壁厚 t 密切相关，壁厚越薄，桩身的拉应力越大，折减系数 J_s 越大。

图 7.1-7 为假定压缩回弹比 λ_j 为 1 时的 J_s 计算结果，一般土体的压缩回弹比 λ_j 远大于 1，桩身拉应力对折减系数的影响程度将相应地加大，图 7.1-8 为 $\lambda_j = 8$ 时不同壁厚的钢管抗拔桩 J_s–H 计算曲线。

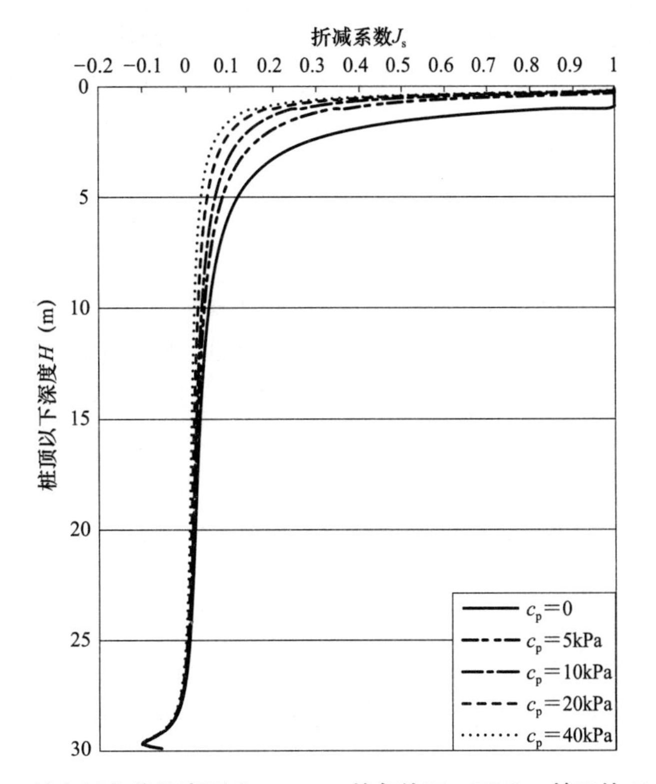

图 7.1-6　桩身径向收缩变形为 0.01mm 的条件下，不同 c_p 情况的 J_s-H 曲线

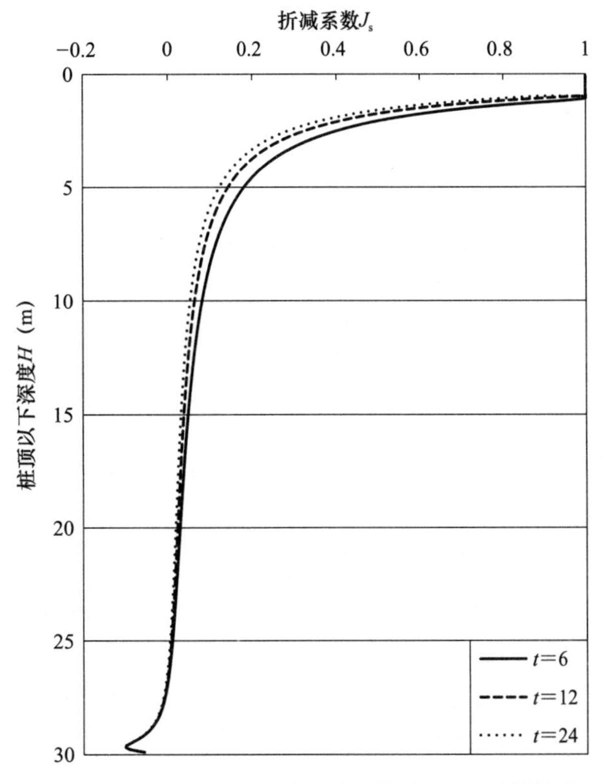

图 7.1-7　$\lambda_j=1$ 时不同壁厚的钢管桩 J_s-H 计算曲线

由图 7.1-8 可以看出，在压缩回弹比 $\lambda_j=8$ 的土体中，钢管的壁厚对折减系数 J_s 影响较大，壁厚越薄，折减系数越大。与图 7.1-7 相比较，可以看出，在压缩回弹比 $\lambda_j=1$ 的理想弹性体中的折减系数 J_s 明显小于压缩回弹比 $\lambda_j=8$ 的土体中的抗拔桩 J_s。

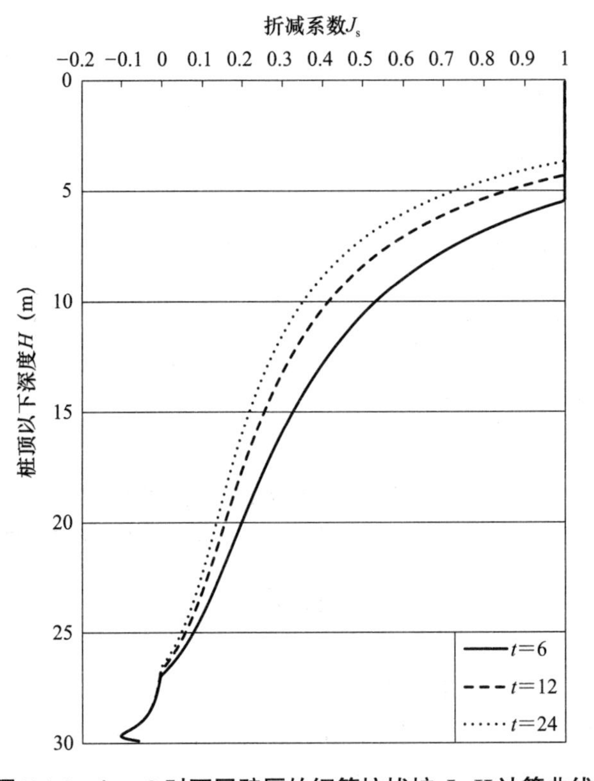

图 7.1-8　$\lambda_j=8$ 时不同壁厚的钢管抗拔桩 J_s-H 计算曲线

桩体的尺寸包括桩长（L_1-L_0）、桩径 D_0、桩顶埋深 L_0 三个方面。在本节以下研究中，主要计算依据参数的选用如表 7.1-1，为了更接近土体材料的实际，选取土体压缩回弹比 $\lambda_j=8$ 进行计算分析。

2）桩长的影响

根据式（7.1-3）～式（7.1-6），折减系数 J_s 为沿桩长的积分值，在本节中参照前文设定的参数，针对钢管桩，并设定不同的桩长，针对钢管桩进行了折减系数 J_s 的计算分析。钢管桩的桩身径向收缩变形与桩身拉应力成正比，因此桩体越长，桩身上部拉应力越大，桩身径向收缩量越大，折减系数 J_s 越大。

在本节分析中，参照表 7.1-1 提供的桩土参数，并假设钢管壁厚为 30mm，土体压缩回弹比 $\lambda_j=8$，分别计算了不同桩长的钢管桩折减系数 J_s，钢管桩折减系数 − 桩长关系曲线见图 7.1-9。

由图 7.1-9 可以看出，钢管桩折减系数 J_s 有以下特点：

① 不同桩长的 J_s-H 计算曲线形状相似；

② 在同一深度，桩长越长，J_s 越大；

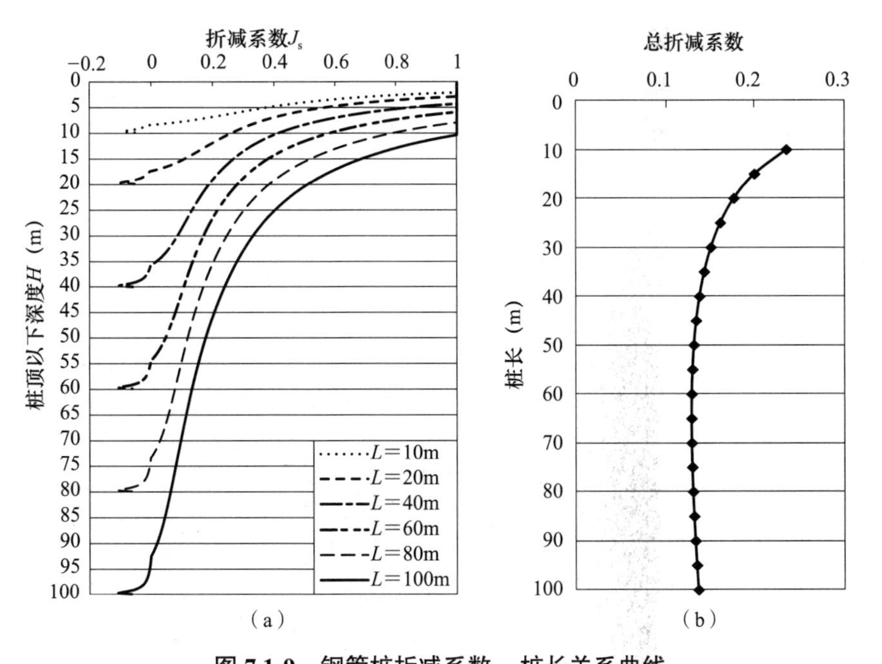

图 7.1-9 钢管桩折减系数－桩长关系曲线

（a）不同桩长钢管桩 J_s–H 计算曲线；（b）钢管桩总折减系数－桩长曲线

③ 对于不同长度的抗拔桩，距离桩底越近，J_s 差别越大，在距桩底较远的浅部土层，J_s 差别趋于减小；

④ 对于各种桩长，在桩底附近均存在桩侧摩阻力增加段（即 $J_s < 0$ 段），但桩侧阻力增加的幅度较小（即 J_s 的绝对值较小），桩侧阻力增加段的长度随着桩长的增加而增大，桩侧阻力增加段的长度占桩长的比例随着桩长的增加而略有减小；

⑤ 钢管桩在钢管壁厚不变的情况下，总折减系数先是随着桩长的增加而减小，当达到一定桩长后，随着桩长的进一步增加而逐步增加，即总折减系数存在最小值点，该最小值点所对应的桩长与钢管的壁厚、土体参数、桩土相互作用参数均相关。

3）桩径的影响

由式（7.1-3）～式（7.1-6）可以看出折减系数与桩径 D_0 密切相关，式（7.1-3）～式（7.1-6）中除了显含桩径 D_0 外，在 R_{ks1}、R_1、R_2、σ_{sr1}、σ_{sr2}、$\hat{r}r$ 中均隐含桩径 D_0，因此折减系数 J_s 与桩径 D_0 的相关关系比较复杂，并非简单的比例关系。

在本节中，依据表 7.1-1 所提供的桩土计算参数，令 $\lambda_j = 8$ 时，研究了钢管桩桩径 D_0 与折减系数 J_s 之间的相关性。

在本节计算中，假定钢管桩壁厚均为 20mm，使得钢管桩的桩身拉应力在不考虑折减的情况下相同，计算了不同桩径钢管桩折减系数 J_s，详见图 7.1-10（a）与图 7.1-10（b）。由图 7.1-10（a）可以看出，折减系数 J_s 与桩径 D_0 高度相关，桩径 D_0 愈大，折减系数 J_s 越大。由图 7.1-10（b）可以看出总折减系数值的增加幅度随着桩径 D_0 增加而减小。

经进一步分析桩身拉应力水平，因在本节计算中，假定钢管桩壁厚为 20mm，对于长度 30m 的桩，桩身在承载时拉应力水平较低，因此桩身径向收缩变形导致的单桩承载力减小幅度较小。

在图 7.1-10（b）中，还计算了直径 5m、7m、9m、11m 的超大直径钢管桩的总折减系数值，可以看出，当桩径达到 5m 附近时，单桩承载力总折减系数达到最大值，当桩径继续增大时，单桩总折减系数值逐步缓慢减小。经进一步计算数据分析，主要原因是随着桩径 D_0 的增加，桩侧表面位置的土体回弹量在达到峰值后逐步减小，即随着桩径 D_0 继续增加，在桩土边界，半无限土体中单桩侧阻力在桩轴线位置的合力所产生的径向位移减小量大于钢管桩径向位移收缩的增加量。

由图 7.1-10（a）可以看出，随着桩径的增加，折减系数 J_s 小于零的临界点随着桩径的增加而逐步上移。

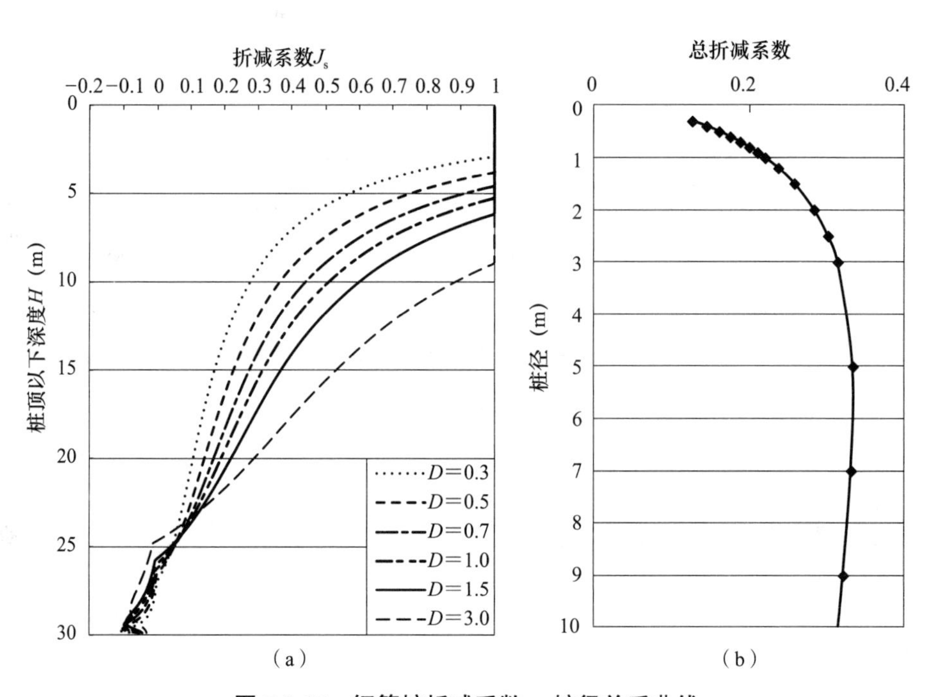

图 7.1-10　钢管桩折减系数 − 桩径关系曲线

（a）不同桩径钢管桩 J_s–H 曲线；（b）不同桩径钢管桩总折减系数值

4. 成层土地基计算参数的处理

在工程实践中一般遇到的都是成层土，即使是单层土，也因上覆压力的不同有不同的压缩回弹变形特性。本节主要针对成层土，结合前文分析与计算，提出简单适用的成层土处理方法。

根据前文分析，针对成层土特性，可以将计算参数中的土性参数分为两大类，第一类为分层计算参数，该类参数的特点是对折减系数 J_s 的直接影响主要体现在本层土中，主要包括桩土摩擦系数 μ、桩土凝结强度 c_p、土体压缩回弹比 λ_j、初始土压力系数 k_0、土体重度 γ、土体在承担竖向拉拔荷载时沿桩身径向压缩或回弹模量 6 种参数。第二类为整体计算参数，其特点是与桩体任意深度段的折减系数 J_s 直接相关，整体计算参数主要包括，弹性模量 E 与土体泊松比 v。

对于土体分层计算参数，在计算时可根据土层直接选用。

对于整体计算参数，因影响到所有土层，在计算中，采用以土层厚度为权重的加权平均值作为等代计算参数，即采用式（7.1-16）计算。

$$\begin{cases} E'=\dfrac{\sum E_i H_i}{\sum H_i} \\ v'=\dfrac{\sum v_i H_i}{\sum H_i} \end{cases} \tag{7.1-16}$$

5. 工程实例计算与实测

根据前文分析，折减系数 J_s 除与土体材料性质密切相关外，与桩体材料与尺寸亦密切相关。在本节中，结合上海东海大桥 100MW 海上风电示范项目风机基础中使用的大直径超长抗拔钢管桩的足尺试验，通过承载力计算值与实测值对比，验证本书第 3 章计算理论与方法的正确性与精确度。

本案例试验桩设计单位与试桩场地勘察单位为上海勘测设计研究院，桩基承载力检测单位为上海港湾工程质量检测有限公司。

（1）试验桩概况

根据上海勘测设计研究院资料，试验桩为 18 号风机基础中心位置的 1 根直钢管桩，桩径 1.7m，壁厚 25mm，桩顶高程 6.30m（国家 85 高程系统，下同），桩尖高程 −75.00m。于 2009 年 1 月 5 日沉桩，并于 2009 年 3 月 7 日进行单桩竖向抗拔承载力测试。

（2）单桩竖向抗拔承载力计算

根据前文所述的抗拔桩特性与地基土特性，利用本节提出的单桩承载力计算方法，对单桩竖向抗拔承载力进行了计算分析。

1）计算参数的确定

根据本案例抗拔桩桩体材料与尺寸选用，确定桩体特性计算参数，桩体计算参数如表 7.1-2 所示。

桩体计算参数 **表 7.1-2**

序号	参数	符号	数值	单位
1	钢管桩材料模量	E_p	2.06×10^5	MPa
2	桩身材料泊松比	v_p	0.304	
3	壁厚	t	25	mm
4	桩长	L_1	59.11	m
5	桩径	D_0	1.7	m
6	桩顶埋深	L_0	0	m
7	桩顶卸荷			
8	群桩效应			

根据本案例岩土工程勘察报告所揭示的地基土构成与特性，确定了抗拔桩影响范围内

的各层土体特性计算参数，土体计算参数如表 7.1-3 所示。

土体计算参数　　表 7.1-3

土层编号	土层名称	层底埋深（m）	浮重度 γ（kN/m^3）	计算弹性模量 E_1（MPa）	泊松比 v	初始土压力系数 k_0（kPa）	桩土摩擦系数 μ	桩土凝结强度 c_p（kPa）	土体压缩回弹比 λ_j
①	淤泥								
③	淤泥质粉质黏土	3.55	7.3	0.20	0.40	0.48	0.2	3.33	6.04
$④_1$	淤泥质黏土	12.85	6.6	0.49	0.40	0.58	0.2	3.94	4.77
$④_3$	淤泥质粉质黏土	17.85	7.3	1.33	0.40	0.52	0.2	3.33	5.15
⑥	粉质黏土	20.2	9.5	4.46	0.30	0.47	0.30	18.33	4.30
$⑦_{1-1}$	砂质粉土	24.75	8.7	7.97	0.30	0.33	0.3	2	7.5
$⑦_{1-2}$	粉砂	36.75	9.0	18.21	0.28	0.29	0.4	0	7.5
$⑦_{2-1}$	粉细砂	54.25	9.4	25.91	0.28	0.29	0.4	0	7.5
$⑦_{2-2}$	粉细砂	74.11	9.8	26.95	0.28	0.29	0.4	0	7.5
⑨	含砾中粗砂		10.4	28.95	0.25	0.25	0.4	0	7.5

2）单桩竖向抗拔承载力计算

根据前文所确定的桩土计算参数，利用本节提出的计算公式与方法，计算了该抗拔桩单桩竖向抗拔承载力，并计算了桩侧摩阻力、折减系数随入土深度的分布，折减系数与侧摩阻力计算值－深度关系曲线如图 7.1-11 所示。

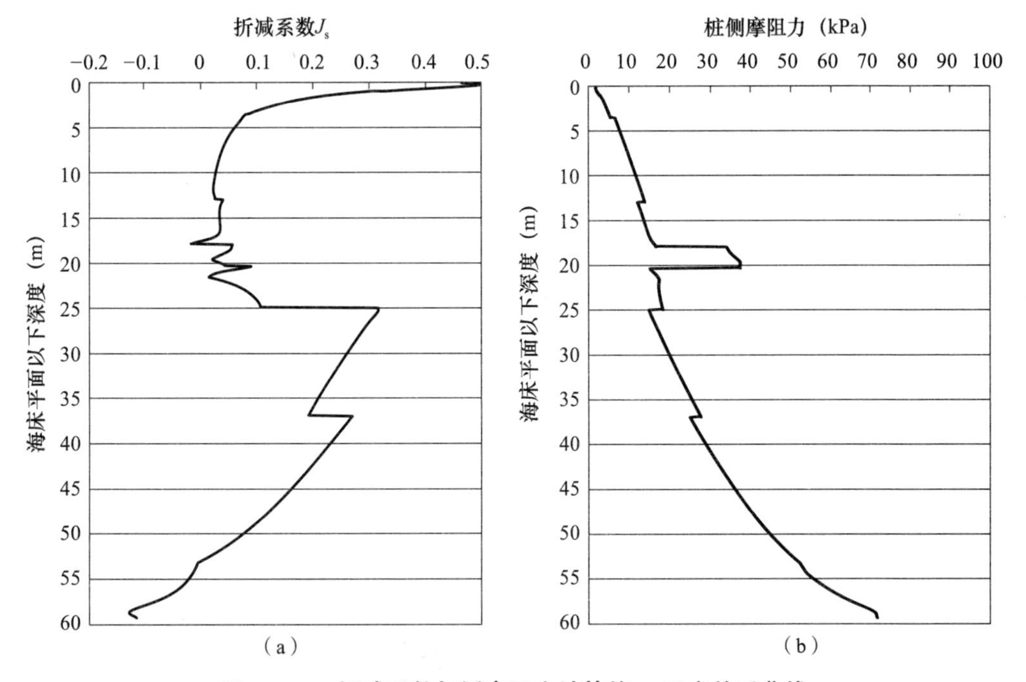

图 7.1-11　折减系数与侧摩阻力计算值－深度关系曲线

（a）计算 J_s－深度曲线；（b）计算侧摩阻力－深度曲线

经计算，单桩抗拔侧摩阻力极限值为 8340.46kN。根据施工现场观察，土塞高度与桩体入土深度一致，故扣除浮力后，土塞重量为 1147.56kN，钢管桩重量为 740.54kN。单桩竖向抗拔承载力极限值应为桩侧摩阻力极限值、桩体重量与桩内土塞重量之和，桩体与桩体内土塞的重量需扣除水浮力。即：

$R_k = R_{ks} + G_p + G_s = 8340.46 + 1147.56 + 740.54 = 10228.56$（kN）

根据本节计算方法，上述实例单桩竖向抗拔承载力极限值为 10228.56（kN）。

（3）试验成果

试验加载量与试验时桩身位移量如表 7.1-4 所示，单桩竖向抗拔承载力载荷试验荷载－上拔量关系曲线如图 7.1-12 所示。

试验加载量与试验时桩身位移量　　表 7.1-4

加荷分级	1	2	3	4	5	6	7	8	9	10
荷载（kN）	0	3200	4800	6400	8000	9600	11200	8000	4800	0
上拔量（mm）	0	6.78	11.3	16.7	23.7	48.5	206.1	204.4	197.2	182.3

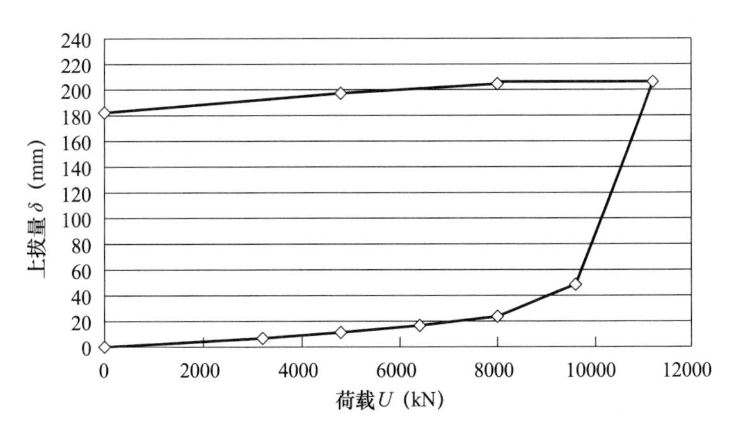

图 7.1-12　单桩竖向抗拔承载力载荷试验荷载－上拔量关系曲线

根据原型试验，单桩竖向抗拔承载力实测值为 9600kN，与本节计算值 10228.56kN 接近。

6. 小结

（1）本节为了研究桩土相互作用对单桩竖向抗拔承载力的影响，首先给出了折减系数 J_s 的计算公式，即将任意计算深度桩土相互作用的影响导致的单桩侧摩阻力降低与不考虑该影响时的单桩侧阻力之比作为单桩侧阻力折减系数 J_s；为了研究各影响因素对 J_s 的影响，根据应力叠加的影响、刚体桩边界土体位移边界条件的影响、桩身径向收缩变形的影响将 J_s 分为三个部分，并分别加以研究；

（2）本节将折减系数 J_s 的影响因素划分为桩体因素、土体材料因素、桩土相互作用因素三大类分别予以研究；给出了钢管抗拔桩桩身径向收缩量的计算方法，钢管桩在拉拔荷载作用下，伴随着明显的径向收缩变形；本章还定义了土体材料影响因素中的压缩回弹比

λ_j；并介绍了土体材料影响因素中的计算弹性模量 E_1、泊松比 v、初始土压力系数 k_0、桩土相互作用影响因素中的桩土凝结强度 c_p、桩土摩擦系数 μ 的确定方法；

（3）本节利用书中第 3 章介绍的桩土摩擦公式，分别计算分析了折减系数 J_s 的各影响因素对 J_s 的影响，结果表明土体的压缩回弹比 λ_j、桩体材料、桩径 D_0、桩长（L_1-L_0）、桩顶埋深 L_0 是 J_s 的五大主要影响因素；在单层均质土中，这五大影响因素与折减系数 J_s 的相关性如下：

① 压缩回弹比 λ_j 越大，折减系数 J_s 越大；

② 钢管桩的折减系数 J_s 随着钢管桩桩身拉应力水平的提高而增加；

③ 当桩径 D_0 较小时，J_s 随着桩径的增加而增大，但增幅逐步趋缓，直至达到极大值，当桩径大于极大值所对应的桩径后，随着桩径的增加，折减系数 J_s 缓慢减小；

④ 对于钢管桩，当桩长较小时，J_s 随着桩长的增加而减小，减小的幅度逐步趋缓，J_s 存在最小值，当桩长大于 J_s 最小值所对应的桩长时，J_s 随着桩长的增加而缓慢增加；

⑤ 折减系数 J_s 随着桩顶埋深的增加线性增加。

（4）本节最后结合东海风电场超长大直径钢管抗拔桩工程实践，利用本节方法计算了单桩竖向抗拔极限承载力，计算时考虑了土体的压缩回弹比 λ_j、桩径 D_0、桩长及桩体材料对单桩竖向抗拔承载力的影响；通过与静载荷试验对比，证实了桩土摩擦公式计算结果的准确性。

（5）本书中涉及大直径钢管桩的内容较多，本节研究成果可供大直径钢管桩的抗拔承载力、拔桩力、打桩力、锚定筒承载力的计算分析参考使用。

7.2　轴对称扩底抗拔构件整体破坏模式下承载力微分筒解法

本节针对以扩底抗拔桩为代表的轴对称扩底抗拔构件的受力特征，推导了整体剪切破坏模式的破坏面理论计算式，在此基础上，依据土体材料抗拉强度低的特征，提出整体破坏模式的微分筒数值计算方法，结合计算分析，研究了破坏面的形状与扩底桩尺寸、土性参数之间的关系。

7.2.1　基本假定

（1）桩体位于半无限体内，桩身垂直布置，在竖向拉拔极限荷载作用下，土体中的附加应力场分布可以采用 Mindlin 公式计算，土体遵循弹性力学基本原理；

（2）满足轴对称条件；

（3）桩侧阻力在极限承载状态下充分发挥。

7.2.2　整体剪切破坏模式

整体剪切破坏模式是指在单桩极限拉拔荷载作用下，土体破坏滑移面自桩底一直延伸至土体表面，且自下而上，在水平面内，破坏面半径非递减。即破坏时，抗拔桩及其邻近的土体与外围的土体因上拔而分离破坏。整体剪切破坏模式示意图如图 7.2-1 所示。

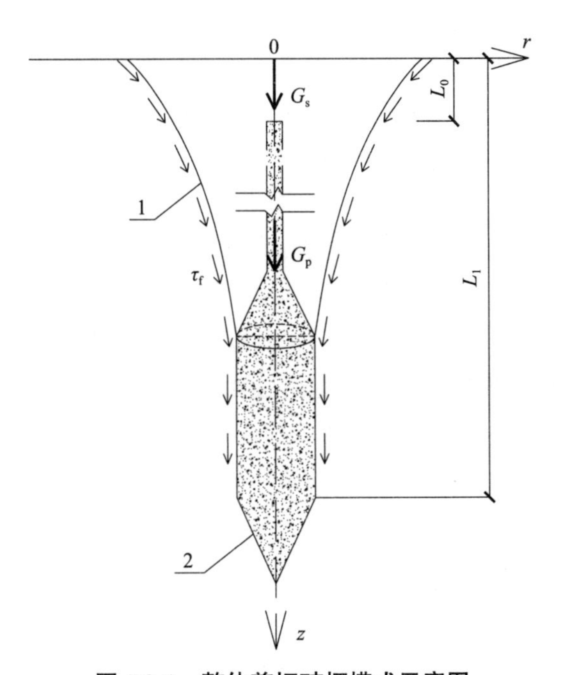

图 7.2-1　整体剪切破坏模式示意图

1—整体破坏滑移面；2—扩底抗拔桩

本节中，用 d 表示扩底抗拔桩非扩底段的桩身直径（相应的 r 为桩身半径），D 为扩底段的最大直径（R 为扩底段最大半径）。

由图 7.2-1 可以看出，整体剪切破坏时破坏面有以下特征：

（1）因假定土体为半无限弹性体，扩底抗拔桩为轴对称图形，因此破坏面为开口的轴对称曲面（包括柱形面或倒锥形面）；

（2）如图 7.2-1 所示的滑移面函数 ρ（z）为对称轴 z 的非增函数；

（3）破坏时，滑移面内的桩土体与滑移面外的土体分离，因此滑移面函数 ρ（z）光滑连续，且为位于桩底与土体自由面之间的区间函数。

整体剪切破坏模式特别适用于桩底埋深较浅的扩底桩，适用于扩底桩的桩底以上无软弱上覆土层的地层条件，特别适用于浅埋于密砂土层中的扩底抗拔桩，可供本书 6.3 节介绍的锚定筒承载力计算参考使用。

7.2.3　整体破坏机理

7.2.3.1　竖向抗拔承载力的组成

在整体破坏模式下，因桩顶承载，扩底抗拔桩在土体中产生的附加应力主要由桩身侧摩阻力所产生的附加应力与桩底扩大段产生的附加应力两部分组成。扩底抗拔桩承载极限平衡状态下受力分析如图 7.2-1 所示。

根据桩侧阻力在极限承载状态下充分发挥的假定，扩底抗拔桩极限承载时，桩身侧摩阻力充分发挥，即桩身侧摩阻力极限值沿桩长积分计算如式（7.2-1）所示。

$$R_{ks}=\int_{L_0}^{L_1} R_{ksz}\mathrm{d}z \tag{7.2-1}$$

式中：

R_{ks}——为桩身非扩底段侧摩阻力极限值，kN；

其他符号意义同第 3 章。

设扩底抗拔桩端阻力极限值为 R_{kp}，则单桩竖向抗拔承载力极限值如式（7.2-2）所示。

$$R_k^e=R_{ks}+R_{kp}+G_p \tag{7.2-2}$$

式中：

R_k^e——为扩底抗拔桩单桩竖向抗拔承载力极限值，kN；

其他符号意义同前。

7.2.3.2　土体应力场计算

1. 土体附加应力计算

根据 Mindlin（1936）公式，桩端阻力引起土体中的附加应力可用式（7.2-3）～式（7.2-6）计算。

$$\sigma_{pz}=R_{kp}\widehat{zz} \tag{7.2-3}$$

$$\sigma_{pr}=R_{kp}\widehat{rr} \tag{7.2-4}$$

$$\sigma_{p\theta}=R_{kp}\widehat{\theta\theta} \tag{7.2-5}$$

$$\tau_{prz}=R_{kp}\widehat{rz} \tag{7.2-6}$$

式中：

σ_{pz}——为扩底抗拔桩端阻力产生的土体中 z 轴方向正应力，kPa；

σ_{pr}——为扩底抗拔桩端阻力产生的土体中 r 轴方向正应力，kPa；

$\sigma_{p\theta}$——为扩底抗拔桩端阻力产生的土体中垂直面内垂直于 r 轴方向正应力，kPa；

τ_{prz}——为扩底抗拔桩端阻力产生的土体中 z 轴与 r 轴平面内的剪应力，kPa；

其他符号意义同前。

2. 土体应力计算

桩侧摩阻力产生的土体附加应力计算见第 3 章，根据叠加原理，将土中初始应力场与附加应力场叠加，在扩底抗拔桩承载极限平衡状态下，土体应力场计算见式（7.2-7）～式（7.2-10）：

$$\sigma_z^e=\sigma_{pz}+\sigma_{sz}+\sigma_{Gz} \tag{7.2-7}$$

$$\sigma_r^e=\sigma_{pr}+\sigma_{sr}+\sigma_{Gr} \tag{7.2-8}$$

$$\sigma_\theta^e=\sigma_{p\theta}+\sigma_{s\theta}+\sigma_{G\theta} \tag{7.2-9}$$

$$\tau_{rz}^e=\tau_{prz}+\tau_{srz} \tag{7.2-10}$$

式中：

σ_z^e——为在承载极限平衡状态下，点（z，r）扩底抗拔桩沿 z 轴方向的正应力，kPa；

σ_r^e——为在承载极限平衡状态下，点（z，r）扩底抗拔桩沿 r 轴方向的正应力，kPa；

σ_{θ}^{e}——为在承载极限平衡状态下，点（z，r）在垂直平面内垂直于r轴方向的正应力，kPa；

τ_{rz}^{e}——为在承载极限平衡状态下，点（z，r）z、r平面内的剪应力，kPa；

其他符号意义同前。

3. 极限平衡微分方程

（1）极限平衡状态下桩土平衡受力分析

在极限承载状态下发生整体破坏时，土体破坏滑移面为如图 7.2-1 所示的轴对称曲面，设该曲面的方程可用式（7.2-11）表示。

$$\rho=\rho(z) \tag{7.2-11}$$

根据图 7.2-1 可知，在扩底抗拔桩整体破坏模式下，单桩竖向抗拔承载力极限值由桩身自重 G_p，滑移面内的土体自重 G_s 及滑移面上的应力的积分在垂直方向上的分量 T_z 三部分组成，其中桩身自重 G_p 与滑移面内的土体自重 G_s 为体力，在地下水位以下时应扣除浮力，T_z 为面力。故单桩竖向抗拔承载力极限值可用式（7.2-12）表示。

$$R_k=T_z+G_s+G_p \tag{7.2-12}$$

根据轴对称条件，式（7.2-12）中的 T_z、G_s 可分别用式（7.2-13）与式（7.2-14）表示。

$$G_s=\pi\gamma\int_0^l \rho^2 dz \tag{7.2-13}$$

$$T_z=2\pi\int_0^l \rho(\tau_{rz}^{e}+\sigma_z^{e}\rho')dz \tag{7.2-14}$$

式中：

$$\rho'=\frac{d\rho}{dz} \tag{7.2-15}$$

其他各符号意义同前。

将式（7.2-2）、式（7.2-13）、式（7.2-14）代入式（7.2-12），可得出式（7.2-16）。

$$R_{ks}+R_{kp}=\pi\gamma\int_0^l \rho^2 dz+2\pi\int_0^l \rho(\tau_{rz}^{e}+\sigma_z^{e}\rho')dz \tag{7.2-16}$$

将式（7.2-10）、式（7.2-7）、式（7.2-6）、式（7.2-3）代入式（7.2-16）得式（7.2-17）。

$$R_{ks}+R_{kp}=\pi\gamma\int_0^l \rho^2 dz+2\pi\int_0^l \rho[(\tau_{srz}+R_{kp}\hat{r}z)+(\sigma_{Gz}+\sigma_{sz}+R_{kp}\hat{z}z)\rho']dz \tag{7.2-17}$$

上式中，R_{kp}为未知量，经整理有式（7.2-18）成立。

$$R_{ks}+R_{kp}=\pi\gamma\int_0^l \rho^2 dz+2\pi\int_0^l \rho\tau_{srz}dz+2\pi\int_0^l(\sigma_{Gz}+\sigma_{sz})\rho\rho' dz+2\pi R_{kp}\int_0^l(\hat{r}z\rho+\hat{z}z\rho\rho')dz \tag{7.2-18}$$

合并上述 R_{kp} 项并整理有式（7.2-19）成立。

$$R_{kp}\left[1-2\pi\int_0^l(\hat{r}z\rho+\hat{z}z\rho\rho')dz\right]=\pi\gamma\int_0^l \rho^2 dz+2\pi\int_0^l \rho\tau_{srz}dz+2\pi\int_0^l(\sigma_{Gz}+\sigma_{sz})\rho\rho' dz-R_{ks} \tag{7.2-19}$$

故 R_{kp} 可用式（7.2-20）表示。

$$R_{kp}=\frac{\pi\gamma\int_0^l \rho^2\mathrm{d}z+2\pi\int_0^l \rho\tau_{srz}\mathrm{d}z+2\pi\int_0^l(\sigma_{Gz}+\sigma_{sz})\rho\rho'\mathrm{d}z-R_{ks}}{1-2\pi\int_0^l(\widehat{r}z\rho+\widehat{z}z\rho\rho')\mathrm{d}z} \tag{7.2-20}$$

（2）土体单元应力分析

因本节讨论的问题为轴对称问题，对于任意一个通过对称轴的对称面，在抗拔桩竖向承载极限平衡状态下的附加应力在对称面上的剪应力为 0，加之土体在对称面上初始剪应力亦为 0，故土体的任意对称面在抗拔桩承载极限平衡状态下的剪应力为 0，即对称面一定为土体任意单元的一个主平面。

对于本节讨论的轴对称问题，在土体材料满足由大主应力 σ_1 与小主应力 σ_3 确定破坏面方向的破坏准则时，因土体滑移面亦为轴对称的曲面，则相应于对称面的主平面为中间主应力 σ_2 的主平面，即有式（7.2-21）成立。

$$\sigma_2=\sigma_\theta \tag{7.2-21}$$

对于其他的材料破坏准则，可以分别计算三个主应力 σ_1、σ_2、σ_3，然后利用材料破坏准则建立方程式。

根据主应力计算公式，可采用式（7.2-22）式计算大主应力 σ_1 与小主应力 σ_3。

$$\left\{\begin{matrix}\sigma_1\\ \sigma_3\end{matrix}\right.=\frac{1}{2}\left[(\sigma_z^e+\sigma_r^e)\pm\frac{1}{2}\sqrt{(\sigma_z^e-\sigma_r^e)^2+4\tau_{zr}^{e\,2}}\right] \tag{7.2-22}$$

式中：

σ_1——为任意坐标点（z，r）的大主应力，对应的主平面与对称面垂直，kPa；

σ_3——为任意坐标点（z，r）的小主应力，对应的主平面与对称面垂直，kPa；

其他符号意义同前。

（3）边界条件及极限平衡微分方程的建立

当采用 Mohr－Coulomb 破坏准则时，在滑移面位置，土体大主应力 σ_1 与小主应力 σ_3 须满足式（7.2-23）方程。

$$\sigma_1\frac{1-\sin\varphi}{2c\cos\varphi}-\sigma_3\frac{1+\sin\varphi}{2c\cos\varphi}=1 \tag{7.2-23}$$

式中：

c——为土体凝聚力，kN；

φ——为土体内摩擦角，°；

其他符号意义同前。

对于其他的材料破坏准则，可以分别计算三个主应力 σ_1、σ_2、σ_3，然后利用材料破坏准则建立类似式（7.2-23）的方程式。

将式（7.2-1）、式（7.2-3）、式（7.2-4）、式（7.2-6）、式（7.2-7）、式（7.2-8）、式（7.2-10）、式（7.2-20）、式（7.2-22）逐步代入式（7.2-23），即建立了扩底抗拔桩极限平衡微分方程。

由于在整体破坏模式下，滑移面为实际存在的曲面，故如式（7.2-11）所示的以 z 为自

变量的函数 ρ 连续、光滑，因此一阶可导。

（4）初始条件

当依据 Mohr−Coulomb 破坏准则时，式（7.2-23）写成式（7.2-24）形式。

$$\sigma_1\frac{1-\sin\varphi}{2c\cos\varphi}-\sigma_3\frac{1+\sin\varphi}{2c\cos\varphi}-1=0 \tag{7.2-24}$$

根据桩土摩擦公式（3.1-28）、式（7.2-1）、式（7.2-3）、式（7.2-4）、式（7.2-6）、式（7.2-7）、式（7.2-8）、式（7.2-10）、式（7.2-20）、式（7.2-21），可以将式（7.2-24）表述为式（7.2-25）的形式。

$$F(z,\ \rho,\ \rho')=0 \tag{7.2-25}$$

式（7.2-25）中，z 为自变量，ρ 为 z 的函数，ρ' 为 ρ 的一阶导数，故式（7.2-25）为一阶常微分方程，该常微分方程的解即为滑移面函数。

根据一阶常微分方程的特征可知，确定唯一的滑移面函数，尚需给出该常微分方程的初始条件。

在求解扩底抗拔桩整体破坏时的极限承载力，可认为扩底抗拔桩在土体破坏时桩体保持完整，因桩身强度远远大于土体强度，可认为滑移面的起点为扩底段桩体的外缘，结合本书第 3 章给出的桩土位移协调边界条件，方程（7.2-25）应满足如式（7.2-26）所示的初始条件与边界条件：

$$\begin{cases}\rho_{z=L_1}=R\\ \rho'=\dfrac{\mathrm{d}\rho}{\mathrm{d}z}\leqslant 0\\ U_{\mathrm{p}}(z)=U_{\mathrm{G}}(z)\end{cases} \tag{7.2-26}$$

根据式（7.2-26）的初始条件，求解一阶常微分方程式（7.2-25）即可解出滑移面的函数方程，将滑移面函数代入式（7.2-20）便可求解扩底抗拔桩在整体破坏时的端阻力 R_{kp}，进而计算其极限承载力。

7.2.4 微分筒法求解整体剪切破坏面与承载力

7.2.4.1 滑移体的离散与受力分析

为了方便求解上文的破坏面方程与整体破坏模式下的单桩竖向抗拔承载力，沿如图 7.2-2 所示的对称轴 z 轴将整体滑移面与滑移面内的滑移体离散。即将滑移面内的土体分解为如图 7.2-2 所示的滑移微分筒示意图，微分筒的内径为 r，微分筒的厚度为 $\mathrm{d}r$，微分筒的高度为 z，相邻微分筒间的高差为 $\mathrm{d}z$。

通过对如图 7.2-2 所示的滑移体受力分析可知，滑移体受力包括以下 6 部分：

（1）滑移体外表面垂直向下的剪应力 τ，因滑移体相对外围土体具有向上移动的趋势，故 τ 的方向向下；

（2）滑移体外表面的正应力 σ，因滑移面为轴对称图形，故对于任意深度 z 平面，滑移体外表面的正应力之和为零；

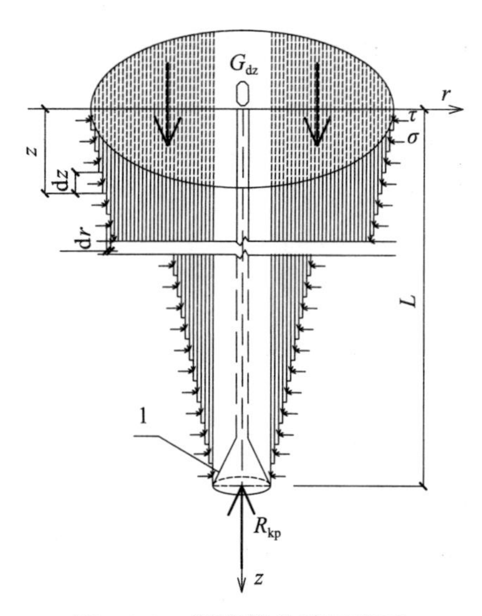

图 7.2-2　滑移微分筒示意图

1—扩底段

（3）滑移土体微分筒下表面的正应力，因滑移体相对外围土体有向上滑移的趋势，故该正应力为拉应力，又因土体的抗拉强度很低，在忽略土体抗拉强度的前提下，滑移土体微分筒的下表面的正应力为 0；

（4）滑移土体微分筒下表面的剪应力，根据轴对称假定，任意滑移土体微分筒下表面的剪应力之和为 0；

（5）滑移体内桩土的重力 G_{dz}，为拉力；

（6）抗拔桩端承力 R_{kp}。

7.2.4.2　整体滑裂面的影响因素

根据前文的受力分析，根据桩土滑移体在极限平衡状态下垂直方向的受力平衡方程可得式（7.2-27）。

$$R_k = 2\pi\sum r\tau \mathrm{d}z + G_p + 2\pi\sum r\gamma z \mathrm{d}r \tag{7.2-27}$$

在任意深度 z 处沿桩长方向取微分段 $\mathrm{d}z$，设 z 深度处滑裂面半径为 r，在 $z-\mathrm{d}z$ 深度处，滑裂面的半径为 $r+\mathrm{d}r$。

根据前文，整体滑裂面满足式（7.2-26），知有式（7.2-28）存在。

$$\mathrm{d}r \geqslant 0 \tag{7.2-28}$$

根据式（7.2-27），在深度 z 至 $z-\mathrm{d}z$ 深度处，单桩竖向抗拔承载力增量可用式（7.2-29）计算。

$$\begin{aligned} \mathrm{d}R_k &= 2\pi\gamma z\left(r+\frac{\mathrm{d}r}{2}\right)\mathrm{d}r + 2\pi(r+\mathrm{d}r)(\tau+\mathrm{d}\tau)\mathrm{d}z \\ &= 2\pi r\tau \mathrm{d}z + 2\pi \mathrm{d}r\left[\tau \mathrm{d}z + r\gamma z + \frac{\mathrm{d}r}{2}\gamma z\right] + 2\pi(r+\mathrm{d}r)\mathrm{d}\tau \mathrm{d}z \end{aligned} \tag{7.2-29}$$

由式（7.2-27）～式（7.2-29）及前文分析可以看出，整体滑裂面的影响因素包括扩底

端的埋深 L、扩底直径 D、土体凝聚力 c、土体内摩擦角 φ、初始土压力系数 k_0 五种主要影响因素。

由上述分析可以看出，对于整体破坏模式，对于任意深度 z，当 $\mathrm{d}r=0$ 时，形成一整体滑移面，该整体滑移面即为扩大头外缘垂直向上的投影面。将扩底抗拔桩的桩体与扩大头外缘垂直向上的投影面范围内的土体合称为投影桩。

7.2.4.3 微分筒法求解步骤

根据前文的理论分析与受力分析，可按照以下步骤方便地求解整体破坏滑移面与整体破坏模式下的单桩竖向抗拔承载力 R_k：

（1）将滑移体离散；

（2）选定扩底桩抗拔端阻力初始值 R_{kp0}；

（3）根据前文计算方法与计算假定，利用叠加原理，计算当端阻力为 R_{kp0} 时的单桩侧摩阻力 R_{ks0}；

（4）依据端阻力 R_{kp0} 与侧摩阻力 R_{ks0} 计算土体中附加应力场与总应力场；

（5）自下而上逐个确定如图 7.2-2 所示滑移土圆筒的内径 r 与厚度 $\mathrm{d}r$，确定条件如下：

1）满足式（7.2-26），即满足滑移体起点为扩底抗拔桩扩底段的上边缘，且自下而上，滑移土圆筒半径 r 不减小；

2）滑移土圆筒的重量与滑移土圆筒下部 $\mathrm{d}z$ 高度范围内外表面土体剪应力之和取最小值。

（6）重复步骤（5），完成所有滑移土圆筒的计算；

（7）根据式（7.2-27）计算单桩抗拔承载力第 i 次计算值 R_{ki}；

（8）比较 R_{ki} 与 $R_{ks0}+R_{kp0}+G_p$ 差值，若满足精度要求，则停止计算，否则，根据 R_{ki} 重新选择初始端阻力，重复步骤（2）～步骤（8）。

7.2.5 技术小结

（1）本节通过对扩底抗拔桩的力学分析，提出了基于弹性体假设的扩底抗拔桩整体剪切破坏模式的破坏面计算理论；

（2）本节结合土体抗拉强度极小的强度特征，结合本书第 3 章介绍的桩土摩擦公式，提出了轴对称扩底抗拔桩整体剪切破坏模式的抗拔承载力与破坏面微分筒数值计算方法；

（3）本节介绍的计算方法，可供本书介绍的锚定筒与伞式自扩锚承载力计算分析参考使用。

7.3 伞式扩底抗拔桩承载机理

本节针对伞式扩底抗拔桩这一新的抗拔桩形式，依据其扩孔幅度大、扩孔段桩身截面分叉的桩体特征，在前文研究基础上，研究伞式扩底抗拔桩的承载机理，提出伞式扩底抗拔桩冲剪破坏、局部剪切破坏与整体剪切破坏三种承载破坏模式的特征与判定方法，给出承载力计算方法，通过足尺试验进行验证。在本节介绍的足尺试验中，桩身直径为 0.35m，在 18m 深度以下的扩底直径达到了 2.172m，为桩身直径的 6～7 倍，大幅度提高了单桩抗拔承载力。试验结果表明，承载力计算值与实测值接近，可供工程应用参考。

7.3.1　承载机理

7.3.1.1　结构构造

伞式扩底抗拔桩结构构造图如图 7.3-1 所示。

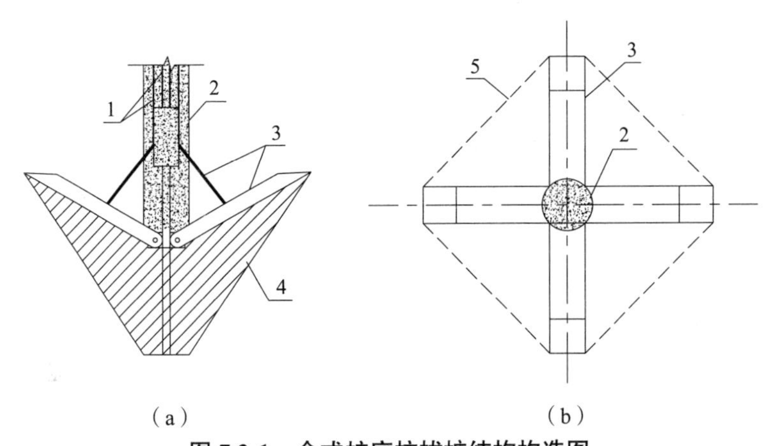

图 7.3-1　伞式扩底抗拔桩结构构造图

（a）剖面图；（b）水平面投影图

1—抗拔主筋；2—混凝土桩身；3—扩孔构件；4—板状浆块；5—扩孔影响面

如图 7.3-1 所示，伞式扩底抗拔桩包括扩底桩头与钢筋混凝土桩身两部分组成。其中扩底桩头包括伞状预制扩孔构件及其下方的板状浆块两部分组成。扩底桩头可提供抗拔端承力，钢筋混凝土桩身传递抗拔端承力，并产生桩身侧摩阻力。

7.3.1.2　破坏模式

伞式扩底抗拔桩在拉拔荷载作用下的破坏模式有以下三种情况，伞式扩底抗拔桩破坏荷载分布示意图如图 7.3-2 所示。

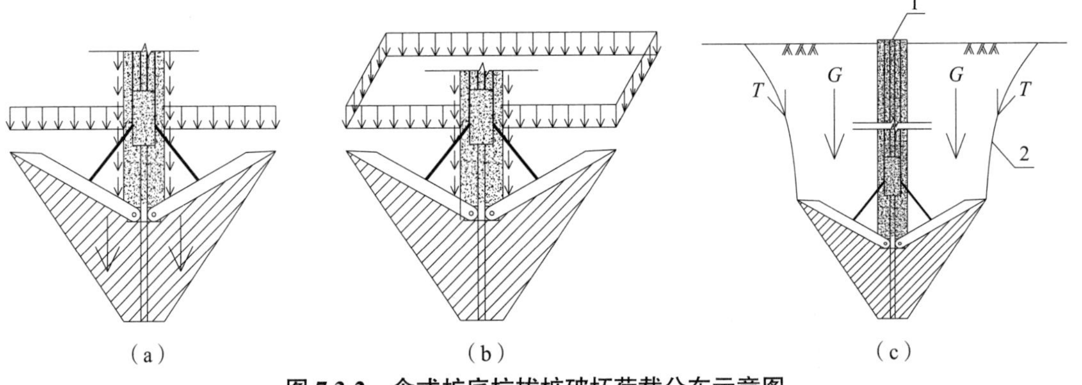

图 7.3-2　伞式扩底抗拔桩破坏荷载分布示意图

（a）冲剪破坏模式；（b）局部剪切破坏模式；（c）整体剪切破坏模式

1—桩顶；2—整体破坏面

（1）第一种破坏模式为冲剪破坏，即桩侧阻力充分发挥，板状浆块侧阻力充分发挥，扩孔构件上方土体在上拔荷载作用下出现冲剪破坏。冲剪破坏时荷载分布如图 7.3-2（a）所示；

（2）第二种破坏模式为局部剪切破坏，即桩侧阻力充分发挥，扩孔影响面范围内的土体出现局部剪切破坏。局部剪切破坏时荷载分布如图 7.3-2（b）所示；

（3）第三种破坏模式为整体剪切破坏，即桩体周围的土体出现整体剪切破坏，由破坏面上的剪力与破坏面内的桩土自重产生抗拔力。整体剪切破坏时荷载分布如图 7.3-2（c）所示。

土层物理力学性质、桩底埋深、伞式扩底抗拔桩的结构形状均是影响其破坏形式的主要因素，以上三种破坏模式均有可能发生。

7.3.2 单桩抗拔承载力计算

根据以上伞式扩底抗拔桩可能的三种破坏模式，在本节中给出相应的伞式扩底抗拔桩适用的单桩竖向抗拔承载力计算公式，并在下文中结合足尺试验进行验证。

7.3.2.1 冲剪破坏模式下的单桩承载力

根据这一破坏模式，伞式扩底抗拔桩单桩竖向抗拔承载力标准值可按式（7.3-1）计算。

$$R_k = R_{sk} + R_{pk} + G_p \tag{7.3-1}$$

式中：

R_k——极限抗拔承载力计算值，kN；

R_{sk}——极限桩身侧阻力计算值，kN；

R_{pk}——极限桩端阻力计算值，kN；

G_p——单桩自重值，kN。

其中桩端阻力可用式（7.3-2）计算。

$$R_{pk} = \alpha\,(nA_{sk}f_{si} + A_{sea}p_{sb}) \tag{7.3-2}$$

式中：

$$f_{si} = \frac{p_s}{\beta}$$

R_{pk}——极限端阻力计算值，kN；

A_{sk}——扩孔后单组自扩孔构件所扩孔的有效内侧面积，m^2；

α——承载力修正经验系数，与锚固端埋深及土性有关，可参照地方经验确定；

β——经验系数，如在上海地区，黏性土、粉性土可取 20，砂性土可取 50；

n——扩孔构件数；

A_{sea}——扩孔构件扩孔后在水平面上投影面积，m^2；

p_{sb}——极限端阻力，kPa；

其他符号意义同前。

桩身侧摩阻力的计算可参照本书 7.1 节计算。

7.3.2.2 局部剪切破坏模式下的单桩承载力

在局部剪切破坏模式下，单桩竖向抗拔承载力标准值可用式（7.3-3）计算。

$$R_k = R_{sk} + F_{pk} + G_p \quad (7.3\text{-}3)$$

式中：

F_{pk}——深埋基础抗拔承载力标准值，kN；对于有地方经验的地区，可用式（7.3-4）计算：

$$F_{pk} = \alpha A p_{sb} \quad (7.3\text{-}4)$$

式中：

A——扩孔影响面面积，m^2；

其他符号意义同前。

7.3.2.3 整体剪切破坏模式下的单桩承载力

在整体剪切破坏模式下，可将如图 7.3-1（b）所示的伞式扩底抗拔桩的扩底端截面外轮廓线所包含的面积等面积地换算为圆形截面，然后参照本书 7.2 节计算。

7.3.3 足尺试验

7.3.3.1 地质条件

为了研究伞式扩底抗拔桩的承载机理及承载力计算方法的可靠性，在上海市软土地区某场地进行伞式扩底抗拔桩与等截面抗拔桩的足尺试验。试验场地土层主要物理力学性指标如表 7.3-1 所示。试验桩概况表如表 7.3-2 所示。

试验场地土层主要物理力学性指标　　表 7.3-1

序号	土层名称	厚度（m）	孔隙比 e	含水量 ω（%）	压缩模量 $E_{s0.1\sim0.2}$（MPa）	重度 γ（kN/m^3）	固结快剪		比贯入阻力 p_s（MPa）
							c（kPa）	φ（°）	
①	填土	1.5							
②$_{-1}$	粉质黏土	0.9	0.82	28.8	5.42	17.5	21	21.5	1.19
②$_{-2}$	粉质黏土	0.9	0.99	35.6	4.55	17.5	17	18.0	0.76
②$_{-3}$	黏质粉土	3.3	0.90	31.1	6.22	18.0	11	27.5	2.02
④	淤泥质黏土	9	1.37	49	2.36	16.0	11	10.5	0.59
⑤	黏土	4	1.12	39.5	3.3	17.0	15	14.5	0.63
⑥	粉质黏土	5.4	0.71	24.5	6.8	19.0	37	19.5	2.61

试验桩概况表　　表 7.3-2

桩号	桩长（m）	持力层	桩身直径（m）	扩孔结构在水平面上的投影面积（m^2）	扩孔高度（m）	试验休止期（d）
1 号	22.2	⑥	0.35	/	/	31
2 号	19.28	⑤	0.35	/	/	27
3 号	17.2	⑤	0.35	0.746	0.84	27

7.3.3.2 试验桩抗拔承载力计算

1. 计算依据参数

本案例计算所选用的主要土体材料参数除表 7.3-1 中给出的参数外，伞式扩底抗拔桩承载力计算所用的土体参数补充如表 7.3-3 所示。

伞式扩底抗拔桩承载力计算所用的土体参数补充　　表 7.3-3

层序	土层名称	桩土摩擦系数 μ	计算弹性模量 E_1（MPa）	泊松比 v	初始土压力系数 k_0（kPa）	压缩回弹比 λ_j
①	填土	0.25				
②$_{-1}$	粉质黏土	0.25	4.72	0.3	0.58	5
②$_{-2}$	粉质黏土	0.25	3.97	0.3	0.64	5
②$_{-3}$	黏质粉土	0.30	5.42	0.3	0.54	6
④	淤泥质黏土	0.25	1.73	0.4	0.77	5
⑤	黏土	0.25	2.42	0.4	0.70	5
⑥	粉质黏土	0.3	5.93	0.3	0.62	4.3

2. 计算结果

利用本节方法，计算伞式扩底抗拔桩单桩竖向抗拔承载力计算值，如表 7.3-4 所示。

伞式扩底抗拔桩单桩竖向抗拔承载力计算值　　表 7.3-4

桩号	1 号	2 号	3 号
计算抗拔承载力（kN）	710	521	1241

7.3.3.3 静载荷试验

伞式扩底抗拔桩的施工与静载荷试验如图 7.3-3 所示。

图 7.3-3　伞式扩底抗拔桩的施工与静载荷试验

在足尺试验中，静载荷试验成果图如图 7.3-4 所示。

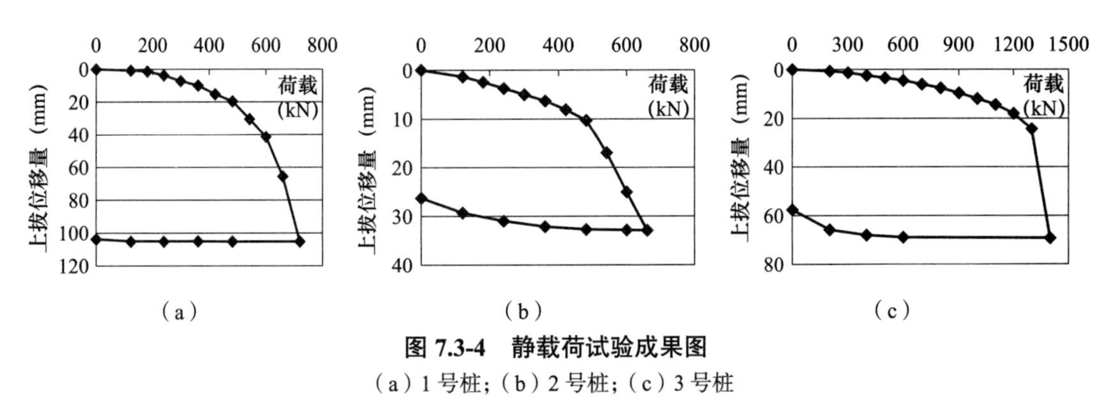

图 7.3-4　静载荷试验成果图

（a）1 号桩；（b）2 号桩；（c）3 号桩

经静载荷试验检测，1～3 号桩的抗拔承载力计算值与实测值比较见表 7.3-5。

1 ～ 3 号桩的抗拔承载力计算值与实测值比较　　表 7.3-5

桩号	1 号	2 号	3 号
抗拔承载力计算值（kN）	710	521	1241
抗拔承载力实测值（kN）	660	480	1300
相对误差（%）	7.6	8.5	−4.5

注：由图 7.3-4 中的 1 号桩试验曲线可以看出，当上拔位移量以 100mm 限制时，1 号桩的抗拔承载力可取为 660kN。

由表 7.3-5 可以看出，本节方法计算的抗拔承载力与实测值相近。

7.3.4　技术小结

本节在第 3 章、第 6 章及 7.1、7.2 节的基础上，研究第 6.6 节介绍的伞式扩底抗拔桩承载机理与承载力计算方法，并结合足尺试验验证了本书方法的适用性。通过本节研究，可得出如下的结论：

（1）伞式扩底抗拔桩在桩端持力层将预制构件施工成倒伞状扩大头，扩孔幅度大，可大幅度提高竖向抗拔承载力；

（2）伞式扩底抗拔桩扩底端截面外轮廓线为凹曲线，即扩底截面分叉，该种扩底桩的破坏模式包括分叉的外包线范围内的土体整体破坏且破坏面延伸至地表的整体破坏模式、扩孔影响面范围内的土体局部剪切破坏的局部剪切破坏模式、扩孔构件刺入上方土体的冲剪破坏模式，并提出与以上三种破坏模式相适应的抗拔承载力计算方法；

（3）足尺试验验证了本节方法计算结果与实测值相近，基本满足工程精度要求。

7.4　竖向锚定筒锚固结构承载机理

锚定筒作为一种新的基础形式，其承载机理与锚定筒在承载状态下岩土体的分布、存在状态、稳定性状相关。在本节中，结合本书 6.3 节的锚定筒锚固结构形式，介绍竖向锚定筒锚固结构承载机理。

7.4.1 基坑支护中平面应变条件下竖向锚定筒锚固结构承载机理

基坑支护中，提供锚固承载力时，基坑处于开挖状态，锚定筒位于基坑外侧土坡中，承载机理复杂，岩土体提供的支撑力影响因素多，包括地基土性质与分布、基坑开挖与挡土构件的影响、锚定筒构件与岩土体的相互作用等。需要特别强调的是，基坑支护中的竖向锚定筒锚固结构，对锚定筒承载力有重要影响的基坑开挖卸土影响难以通过试验确定，因此，理论计算与分析更显得重要。

在平面应变条件下，在锚定筒竖向抗拔承载力足够时，极限承载状态下基坑支护中的竖向锚定筒锚固结构的受力分析图如图 7.4-1 所示。

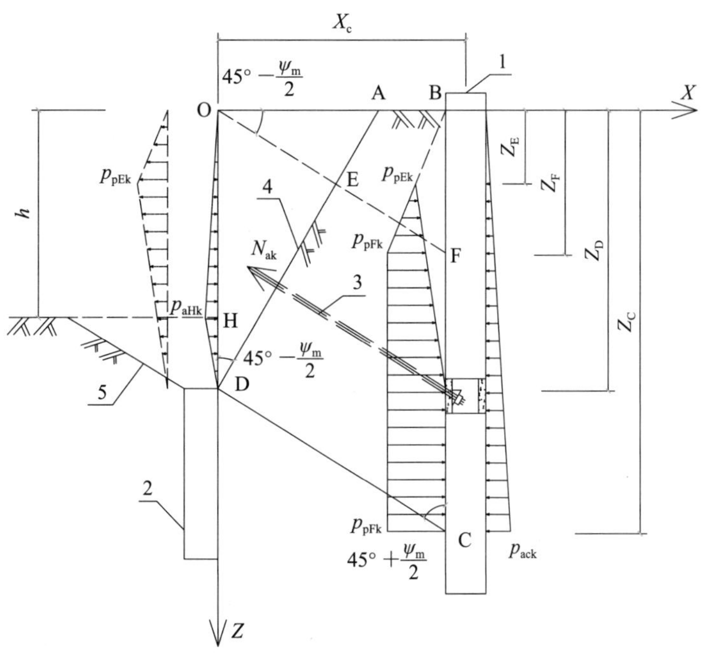

图 7.4-1 极限承载状态下基坑支护中的竖向锚定筒锚固结构的受力分析图

1—锚定筒；2—围护桩（墙）；3—受拉构件；
4—坑外主动区理论直线滑动面；5—坑内被动区理论直线滑动面

均质土中的平面问题，可按照以下步骤与方法确定锚定筒的水平承载力标准值：

（1）根据基坑挖深 h 与土层物理力学特征，计算基坑外侧的主动土压力与基坑内侧的被动土压力，确定围护桩（墙）两侧土压力的等值点 D 的位置与深度；

（2）计算理论直线滑动面，即确定如图 7.4-1 所示的 AD 面与垂直面的夹角（$45° - \psi_m/2$），其中 ψ_m 为均质土层内摩擦角。对于成层土，ψ_m 值取为 D 点以上各土层按厚度加权的等效内摩擦角；

（3）确定坑外锚定筒向坑内移动时，穿过地表与围护桩（墙）相交线的坑外被动区理

论直线滑动面 OF，即确定如图 7.4-1 所示的 OF 面与水平面的夹角（$45° - \psi_m/2$），F 点位于锚定筒与 OF 面交线上，确定 OF 面与 AD 面的相交线 E 的位置；确定穿过 D 点的坑外被动区理论直线滑动面 DC，即确定如图 7.4-1 所示的 DC 面与竖直面的夹角（$45° + \psi_m/2$），ψ_m 取值方法同步骤（2），$OF // DC$；

（4）计算地表至 F 点被动土压力 p_{pFk} 与地表至 E 点被动土压力 p_{pEk}；

（5）对于均质土，F 点与 C 点之间的被动土压力合力仅与深度成正比，因此作用在 FC 段锚定筒上的被动土压力分布力是等值的，如图 7.4-1 所示；

（6）作用在锚定筒上的被动土压力，由如图 7.4-1 所示的稳定土坡 $ABCD$ 与不稳定土坡 OAD 共同作用产生的，两者的分配比例与包含的理论滑裂面长度呈线性关系，D 点位置全部由稳定土坡产生；作用在锚定筒上的被动土压力应扣除由滑动土坡传递至围护桩（墙）上的部分，剩余的尚可作为锚定筒水平承载力极限值，即图 7.4-1 中实线填充部分土压力的合力为锚定筒最大有效水平承载力；

（7）作用在锚定筒上 C 点以下部分的被动土压力对于提高锚定筒的承载力也是有益的，可作为安全储备，锚定筒的承载力由受拉构件斜向传递至围护桩（墙），锚定筒尚需满足竖向抗拔承载力的要求。对于 H 点以下部分，需考虑锚定筒背离基坑一侧迎土面的主动土压力引起其承载力的折减。对于基坑支护工程，尚应将围护桩（墙）与锚定筒及位于其间的岩土体作为整体进行抗滑移、抗倾覆、坑底抗隆起、整体稳定性等验算。受拉构件的倾角与分布对锚定筒承载力的发挥亦有重要影响。

由图 7.4-1 可以看出，锚定筒与围护桩（墙）之间的距离对锚定筒承载力的发挥至关重要，浅部土层承载力可以忽略，足够的锚定筒埋设深度是必要的。对于淤泥、淤泥质土、填土中的锚定筒，理论直线滑裂面与垂直面的夹角应适度加大，宜利用深部强度较高土层提供水平承载力。

根据图 7.4-1，受拉构件在围护桩（墙）一侧的合力作用点宜在 OD 段作用于围护桩（墙）上的主动土压力合力作用点附近，锚定筒一侧的合力作用点可设在作用于锚定筒 C 点以上主、被动土压力合力作用点附近，从而确定受拉构件的倾角。可设置多道受拉构件。

根据图 7.4-1，在锚定筒支护结构设计时，先应根据场地条件确定锚定筒与围护桩（墙）的水平距离。在场地允许的条件下，水平距离应足够大，因受拉构件的造价较低，较大的水平距离，可减小锚定筒设计深度，节约工程成本。

7.4.2　单筒承载力

1. 单筒极限水平承载力

单筒承载力的计算包括单筒极限水平承载力计算与单筒竖向抗拔承载力计算两部分。其中，单筒极限水平承载力的计算可将图 7.4-1 所示的 DO 面与 OB 面作为自由面，参照 7.2 节介绍的伞式自扩锚承载机理，将锚定筒视作单根伞股进行计算分析，可结合微分筒数值解法进行。因自由面为两个平面，计算工作量较大。对于砂性土层，可采用应力扩散角法估算，即参照图 7.4-1 与图 7.4-2，采用式（7.4-1）计算。

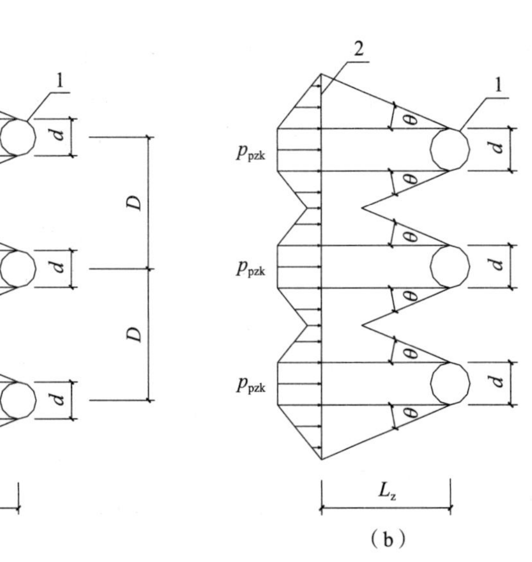

图 7.4-2　压力扩散角法单筒水平承载力计算简图

(a)单筒承载力；(b) 群筒效应折减

1—锚定筒；2—坑外主动区理论直线滑动面

$$N_{axk}=\int_{z_C}^{z_E}[p_{pzk}(d+L_z\tan\theta)-dp_{azk}]\,dz \tag{7.4-1}$$

式中：

N_{axk}——竖向锚定筒单筒极限承载力水平分力，kN；

p_{pzk}——z 深度处平面应变条件下作用于锚定筒的被动土压力，kPa；

p_{azk}——z 深度处平面应变条件下作用于锚定筒的主动土压力，kPa；

d——锚定筒单筒直径，m；

L_z——z 深度处锚定筒中轴线与计算理论直线滑动面之间的水平距离，m；

θ——地基应力扩散角，°。

由图 7.4-2 与式（7.4-1）可以看出，当锚定筒间距小于 $d+2L_z\tan\theta$ 时，会产生群筒效应，使得单筒水平承载力不能充分发挥，当锚定筒相互搭接时，达到如 7.4.1 节所介绍的平面状态。

原型试验中锚定筒平面应变条件下被动土压力计算值如表 7.4-1 所示。

原型试验中锚定筒平面应变条件下被动土压力计算值　　　表 7.4-1

参数	d (m)	深度 (m)	X_c (m)	ψ_m (°)	γ_m (kN/m³)	c_m (kPa)	θ (°)	Z_D (m)	Z_E (m)	Z_F (m)	Z_C (m)	p_{pEk} (kPa)	p_{pFk} (kPa)	p_{pCk} (kPa)
东侧	1.22	14	5.99	30.58	18.77	5.28	22	8.05	2.08	3.19	11.99	89.88	123.7	87.7
西侧	1.22	14	7.37	30.58	18.77	5.28	22	8.05	2.08	4.00	13.12	89.88	148.4	107.6

原型试验锚定筒单筒承载能力计算值见表 7.4-2。

如表 7.4-1 所示的单筒极限水平承载力的计算对竖向锚定筒锚固结构的设计计算具有指导意义，当单筒位置与入土深度确定后，即可计算出单筒极限水平承载力，并可结合

图 7.4-2 考虑群筒效应的影响。将合力作用点的深度与锚定筒连接的设置深度相匹配，再验算锚定筒的单筒竖向抗拔承载力，考虑合适的安全系数，便可完成锚定筒锚固结构的主要设计计算内容。

原型试验锚定筒单筒承载能力计算值　　**表 7.4-2**

参数	水平承载力极限值（kN）	水平承载力合力作用点深度（m）	竖向抗拔承载力极限值（kN）	受拉构件最佳水平倾角（°）
东侧	2848.14	7.93	1155.43	22.1
西侧	4576.61	8.44	1527.77	18.5

2. 单筒竖向抗拔承载力极限值

单筒极限竖向抗拔承载力可参照 7.1 节计算，作用于筒侧壁的土体正压力在近基坑一侧采用 p_{pzk}，在远离基坑一侧采用主动土压力，计算时均应扣除静水压力，可采用式（7.4-2）计算。

$$N_{azk}=\int_{z_C}^{z_E}\mu\left[p_{pzk}(d+L_z\tan\theta)\right]dz+\int_{z_C}^{z_T}(\mu\pi dp_{0k}+\pi dc_p)dz+G_c \tag{7.4-2}$$

式中：

N_{azk}——单筒竖向抗拔承载力极限值，kN；

μ——锚定筒与土体摩擦系数，可参照 7.1 节取值；

c_p——锚定筒与土体间的凝结强度，可参照 7.1 节取值，kPa；

p_{0k}——z 深度处的静止土压力扣除静水压力后剩余部分，kPa；

z_T——锚定筒底部埋深，m；

G_c——锚定筒的重量（扣除水浮力），kN；

其他符号意义同前。

3. 受拉构件最佳水平倾角

由式（7.4-1）与式（7.4-2），可按照式（7.4-3）计算受拉构件最佳水平倾角。

$$\alpha_{max}=\tan^{-1}\left(\frac{N_{azk}}{N_{axk}}\right) \tag{7.4-3}$$

式中：

α_{max}——受拉构件最佳水平倾角，°；

其他符号意义同前。

4. 锚定筒锚固结构承载力计算

由表 7.4-2 可以看出，在 6.3 节介绍的锚定筒原型试验中，如果要充分发挥单筒承载力，应将锚定筒连接下移至极限水平承载力合力作用点深度，并应将腰梁下移，使得受拉构件与理想水平倾角计算值一致，或者增加锚定筒深度，提高锚定筒竖向抗拔承载力。

在原型试验中，西侧锚定筒在安装受拉构件过程中出现流砂问题，西侧锚定筒相对于地表出现约 4mm 的上拔量，西侧锚定的背土面在加载过程中，在地表处出现与土体脱离裂缝，裂缝宽度约 7mm；东侧锚定筒未出现上述问题。根据 6.2 节试验中两根支撑轴力测试值之和为 848kN，在用单个锚定筒替代两根内支撑后，可以认为锚定筒实际提供的水平抗力与两根内支撑的轴力之和相等，试验中单筒竖向抗拔承载力计算值与实测值比较如表 7.4-3 所示。

试验中单筒竖向抗拔承载力计算值与实测值比较　　表 7.4-3

参数	水平作用力实测值（kN）	受拉构件倾角（°）	竖向抗拔极限承载力计算值（kN）	竖向作用力实测值（kN）	锚定筒周边地表情况观察
东侧	848	38.51	811	674.8	未出现裂缝
西侧	848	31.36	692	516.8	锚定筒相对地表上拔约 4mm，锚定筒背土面地表出现约 7mm 裂缝

根据表 7.4-3 可知，6.3 节试验中的锚定筒水平承载力尚未充分发挥，但作用在锚定筒上竖向作用力接近其极限竖向抗拔承载力计算值，并在试验中观测到锚定筒微量上拔并高出地表，同时表明本节介绍的锚定筒承载力计算理论与方法具有重要的工程参考价值。

7.4.3 技术小结

基坑支护中的竖向锚定筒锚固结构，在使用状态下，存在基坑开挖，且挖土卸载对锚定筒承载力影响大，在进入使用阶段前，难以通过试验直接测定锚定筒承载力，理论分析与计算对工程安全非常重要。本节提出的计算理论与方法，对锚定筒的设计施工有指导意义，初步通过原型试验验证，可供工程实践参考使用。锚定筒的锚固力大，建议在初期使用阶段取安全系数 K 值为 2，精确的计算尚需较长期的工程经验积累。对于非开挖的竖向锚定筒锚固结构，可将图 7.4-1 中的开挖深度 h 设为零。

7.5 小结

本章 7.1 节，利用第 3 章介绍的一类叠加积分方程的微分通解与桩土摩擦公式，介绍等截面抗拔桩承载机理研究成果，并应用于大直径超长抗拔钢管桩原型试验承载力计算与分析，取得令人满意的计算结果；7.2 节介绍了轴对称扩底抗拔桩承载机理，并给出整体破坏模式下的承载力计算微分筒解法，可用于土体中端部扩孔构件抗拔承载力计算；7.3 节将 7.2 节计算方法应用于本书 6.6 节介绍的伞式自扩锚原型试验承载力计算与分析，可为 6.3 节介绍的锚定筒基础承载力计算分析提供参考；7.4 节结合 6.3 节介绍的竖向锚定筒锚固结构的特点，研究在基坑开挖条件下的承载机理与承载力计算方法，在拉拔原型试验难以反映基坑开挖影响的情况下，更显理论计算分析的重要性。

第 8 章　土工控制新技术开发的若干构想

固体介质作为土工控制介质，应用于涉土工程建造过程控制，其历史最为久远。从广义上说，各种涉土施工机械设备均在某些程度上含有第Ⅱ类土工控制的功能。例如，桩工机械在施工时对桩身垂直度的控制等。固体介质主要应用于涉土施工过程的实时控制。在涉土建造施工中，类似的需求很多，有效的解决方案也很多。因固体介质为有形介质，用于土工控制时，需以有约束的运动方式实现土工控制目的。以约束实现有序控制，以运动实现实时控制。例如，书中第 6.6.1 节介绍的伞式自扩锚，其扩孔过程可以概括为各构件之间，在拉拔作用下进行有约束的运动，第 6.7 节介绍的土中构件导向施工方法也是沿着导向杆在土中进行有约束的运动，第 6.9.1 节介绍的通道法远程纠偏利用固体通道支撑土体，并约束穿越通道的施工器具运动。故利用固体介质解决涉土建造过程控制问题时，可将解决方案分解为如何形成约束，如何控制运动两个步骤完成创新。

袋装流体作为土工控制介质，适应土木工程宏观规模大、荷载大的特点，具有造价低、易于同步远程控制、能提供分布式压应力、隔断剪应力且能与土体紧密接触的土工控制特性，特别适合于解决第Ⅰ类土工控制问题。书中第 6.2 节介绍的零位移基坑工程，是典型的原位土体卸荷影响控制技术。利用了土体在土工控制中抗拉强度极小、被动土压力大于主动土压力的土工控制特性。同时，根据土工控制下限原理，在计算分析中，可以避免土体在土工控制中体量庞大、组分复杂、本构关系复杂导致的影响。袋装流体土工控制介质，在其他原位土体卸荷影响控制、加荷影响控制、同时有加荷及卸荷作用的影响控制及土体传播能量时的振动影响控制四种第Ⅰ类土工控制问题中，有着广阔的应用前景。本章进一步介绍利用袋装流体进行土工控制的若干技术构想，包括零位移挤土效应控制、零位移地下穿越工程一体机及多种利用袋装流体进行涉土建造过程控制的构想。本章还提出了将袋装流体土工控制介质进一步应用于土体原位测试的技术构想，包括囊剪试验与锥柱压试验。

根据技术创新与发明的统计分析，技术创新的发展阶段一般从单个固体构件创新开始，然后是固体构件的组合创新，本书第 6 章介绍的伞式自扩锚与土中构件导向施工方法应该属于这一阶段。固体有形，最易于观察与使用，因此，技术创新开始于有形应属于常理。技术创新的第二发展阶段是从固体发展到液体与气体，即本书所称的流体。本书第 6 章依托于袋装流体，解决了多个重要的土工控制问题。流体无形而易于捕捉，以此可解决固体及其构件组合无法解决的难题，故认为在创新维度与思想上可谓更进一步。技术创新的顶层依托是场介质，场介质无形，无法捕捉，但无处不在，可产生意想不到的技术效果，本书第 6.5 节介绍的热熔性可回收锚杆，利用温度场解决了锚杆回收问题，在第 6.3 节介绍的锚定筒锚固结构原型试验中，为了探测受拉构件与锚定筒在土中相交点位置，作者尝试了利用电磁场与温度场两种场介质解决问题，最后利用温度场实现准确定位。在土木、水利工程领域中，电磁场与温度场可实时远程控制，在土工控制领域中的应用将会越来越广泛。

8.1 袋装流体介质土工控制新技术构想

8.1.1 零位移挤土效应控制新技术构想

零位移挤土效应控制，是以袋装流体作为土工控制介质，在挤土前充满流体，通过在土体中施加分布控制力，实时维持防护面的应力平衡，并通过排除袋装流体，实时释放挤土效应，可用于消除挤土桩施工对被保护对象的影响。

零位移挤土效应控制方法应包括以下步骤：

（1）确定挤土区域与被保护对象的位置，在挤土区域与被保护对象之间划立隔离区；

（2）在隔离区的土体内置入具备盛装流体功能的密封袋；

（3）在密封袋内盛装流体，形成袋装流体土工控制介质；

（4）通过密封袋内的流体对密封袋外侧的土体施加应力，维持隔离区土体应力平衡；

（5）通过密封袋内流体体积的变化消减隔离区内打桩挤土应力，控制或减小挤土对被保护对象的影响。

本节介绍的零位移挤土效应控制，以维持隔离区土体应力总体平衡为出发点，通过控制隔离区土体的应力边界条件，在施工前布设，对被保护对象一侧土体及被保护对象的位移进行实时控制，可以完全消除打桩等挤土施工对被保护对象的影响，达到零位移挤土效应控制。

8.1.2 零位移地下穿越一体机新技术构想

本节介绍一种在地下穿越设备上安装具备探测与土工控制功能的新设备构想，以求通过附着在地下穿越设备上的器具，实现地下穿越影响实时控制。

零位移地下穿越一体机掘进端原理图如图 8.1-1 所示。该一体机包括挡土面、切削刀盘、压应力监测囊袋、袋装流体压力调节器、动力装置五部分，其中，压应力监测囊袋、袋装流体压力调节器通过流体通道穿越挡土面进入操作面，挡土面为顶管或盾构掘进设备与土体的分界面，切削刀盘安装在挡土面的迎土面位置，压应力监测囊袋设置在掌子面迎土面一侧，压应力监测囊袋与袋装流体压力调节器的端部位于切削刀盘前进方向的前方，压应力监测囊袋与袋装流体压力调节器通过流体通道输入或输出流体，动力装置位于掌子面的背土面。

零位移地下穿越一体机的工作原理是这样的，顶管机或盾构机在掘进过程中，会造成前方土体的应力水平因应力集中而提高或应力消散而降低，原位土体应力的改变是地下穿越施工过程中造成对土工被保护对象产生影响的根源。零位移地下穿越一体机通过在切削刀盘前部一定距离位置，预先置入袋装流体装置，通过袋装流体压强测量，探测掘进过程对土体应力场的影响，并通过袋装流体压强调节，保持掘进过程中土体应力水平稳定。压应力监测囊袋可以分节设置，可测定每节袋装流体的体积与压强，确定附近土体应力，从而测定地下穿越工程掘进过程中土体应力场；针对掘进过程中土体应力场的改变，如果出现应力增加，则可通过输出袋装流体，消除应力集中，若出现应力降低，则输入袋装流体，予以应力补偿，从而实现掘进施工影响实时控制。

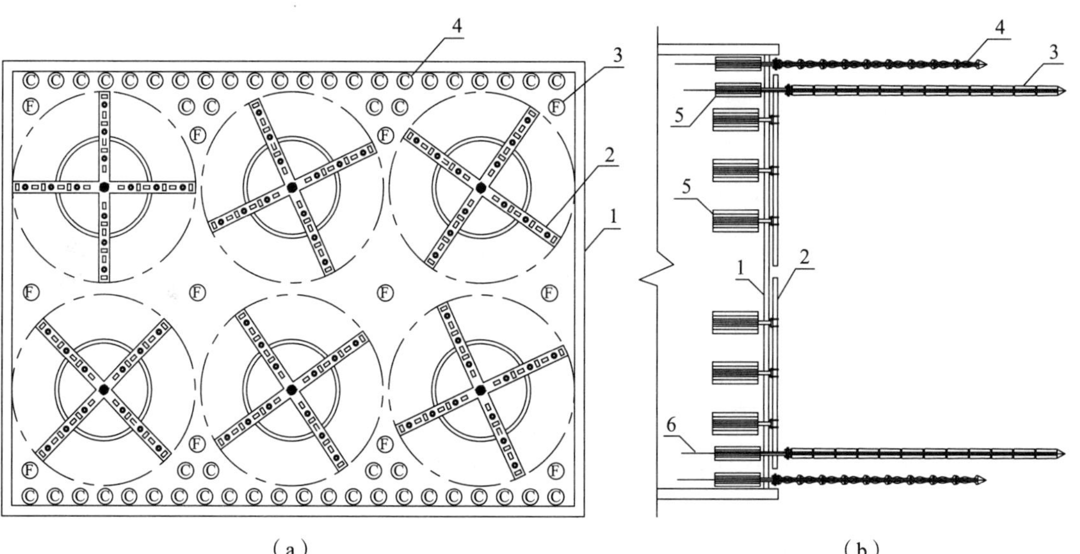

图 8.1-1　零位移地下穿越一体机掘进端原理图

（a）正视示意图；（b）剖面示意图

1 —挡土面；2 —切削刀盘；3 —压应力监测囊袋；

4 —袋装流体压力调节器；5 —动力装置；6 —流体通道

8. 1. 3　地基振动影响控制新技术构想

本节介绍袋装流体地基振动控制方法，该方法以袋装流体作为土工控制介质，以袋内流体的压力维持隔离区的土体平衡，同时，利用袋装流体无抗剪强度的特性，在隔离区内切断剪应力在土体中的传播，从而隔断地基振动的传播。

袋装流体地基振动控制方法包括以下步骤：

（1）根据振源与被保护对象的位置，确定振动在地基土中的传播路径；

（2）在传播路径中置入密封袋，并在密封袋中充填流体，形成袋装流体；

（3）使密封袋内流体的压力与密封袋外侧的土压力平衡，用流体隔断应力波传播路径。

结合如图 8.1-2 所示的袋装流体地基振动影响控制原理图，介绍袋装流体地基振动影响控制实施方式拓展。

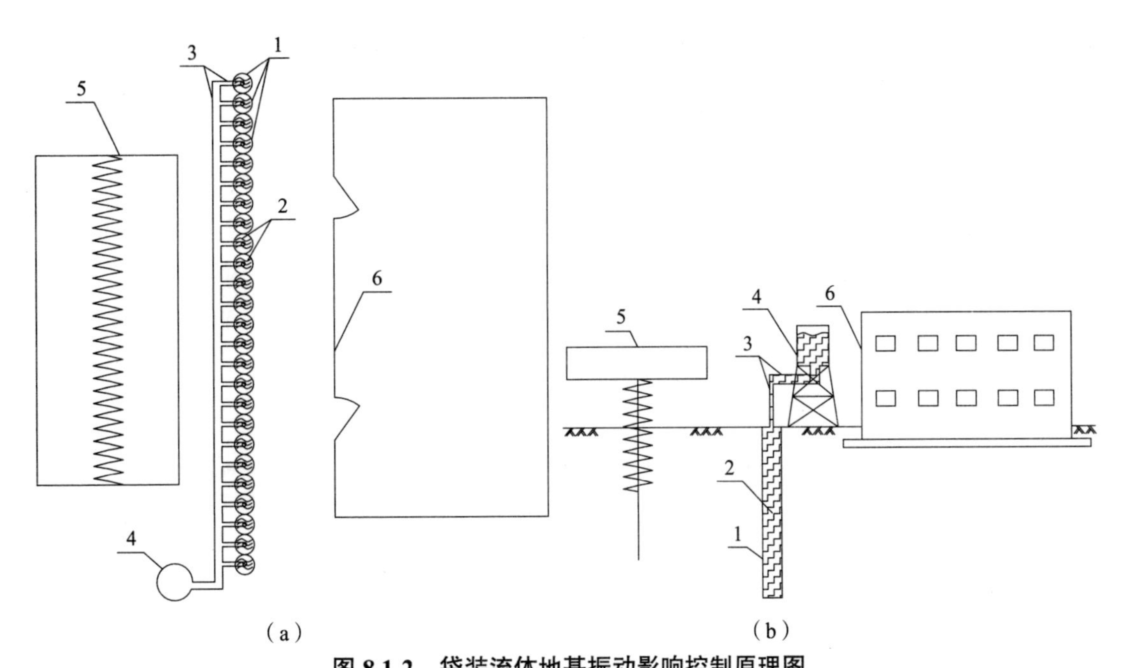

图 8.1-2　袋装流体地基振动影响控制原理图

（a）平面布置示意图；（b）剖面示意图

1—密封袋；2—流体；3—导流管；4—收集器；5—振源；6—被保护对象

如图 8.1-2 所示，该隔振器包括密封袋、充填于密封袋内的流体两部分组成，其中密封袋为设置于地基土振动传播路径中的侧壁与底部封闭的空间，可采用具备较好变形性能的柔性袋或侧壁刚度较低的管状结构作为密封袋，流体为可流动的物质，可以是水、油、胶体等具备流动性的物质。该隔振器可通过密封袋与近振源一侧的地基土接触，近振源一侧的地基土的振动传递至密封袋后，因密封袋内充填流体，近振源一侧地基土的振动能量传递至流体，流体可在密封袋内自由流动，振动能量直接传递给流体转化为动能，近振源一侧地基土的振动难以传递至近被保护对象一侧的地基土，从而达到隔振目的。为了提高隔振效果，确保隔振器耐用，可在密封袋上增设导流管与收集器两种部件，其中收集器为盛装流体的容器，导流管为将密封袋与收集器连接的管状结构。在本实施例中，流体在吸收近振源一侧地基土的振动能量后，可通过与密封袋连接的导流管向收集器流动，收集器可设置为容积较大的结构。收集器内的流体表面可设置为自由表面，流体内吸收的振动能量可通过流体的流动及流体在收集器内的波动耗散。为节约造价，可将多个密封袋与一个收集器连接，还可以通过特定装置将积聚于收集器的流体动能转化为机械能、电能等可利用的能源，实现综合应用。

隔振器检修或出现异常情况时，确保密封袋外侧的土体稳定，可在密封袋内设置稳定控制器，稳定控制器可以是与密封袋形状相近，体积略小于密封袋的能承载足够压力的固体结构。流体可以是水、泥浆、淤泥、黄油等可流动的物质。在本实施例中可通过调整收集器内的流体的高度调节密封袋内流体的压应力，以平衡密封袋外侧的土压力（包括水压力）。密封袋的形状可以是圆柱状，也可以是板状等其他形状，密封袋的埋设深度可根据地基土的性质与振动传播路径的分布情况确定。

8.1.4　袋装流体施工控制新技术构想

本节介绍的可凝固流体包括永凝流体与循环凝固流体，其中永凝流体是指流体凝固后将一直以固体状态存在，如水泥浆、砂浆、混凝土等；循环凝固流体是指流体凝固后，可在特定条件下再行转化为流体的物质，如热熔性流体，关于袋装热熔性流体的应用见第 6.5 节。

1. 袋装流体岩溶地基处理技术

岩溶地基处理一直是岩土工程领域的难题，原因在于岩溶地基的溶洞大小难测，溶洞往往因贯通性而难填。袋装流体能与岩土体紧密接触且能利用密封袋约束流动范围，袋装流体为岩溶地基处理开辟了新的途径。袋装混凝土处理溶洞区桩基问题原理图如图 8.1-3 所示。

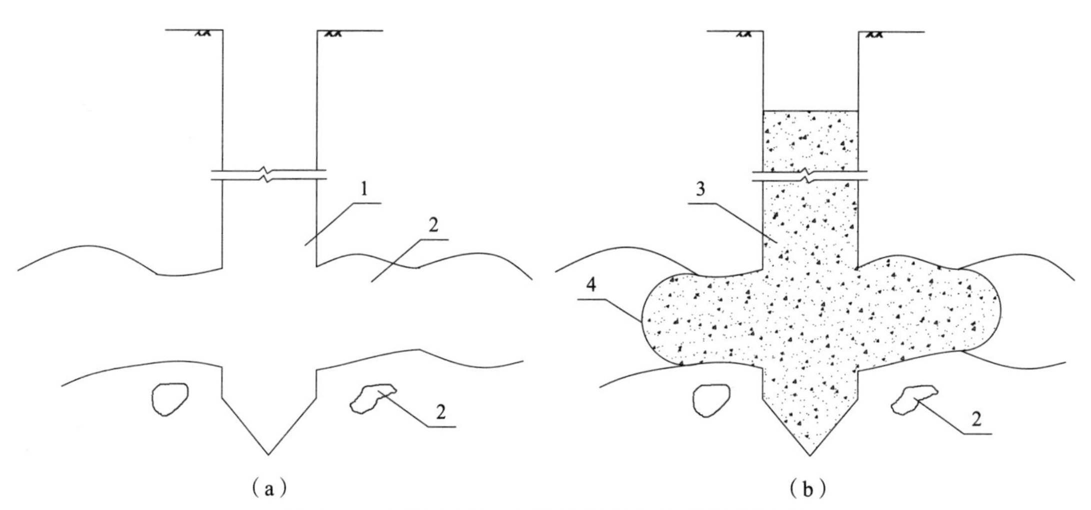

图 8.1-3　袋装混凝土处理溶洞区桩基问题原理图

（a）溶洞区桩位孔示意图；（b）袋装混凝土桩处理示意图

1—桩位孔；2—溶洞；3—桩身混凝土；4—密封袋

对于采用桩基的工程，可以在桩位孔穿越溶洞区段安装体积可扩张至足够大的密封袋，在灌注混凝土时，利用密封袋扩大在溶洞区段桩身的体积，以补偿溶洞区地基承载力因溶洞产生的折减，同时保持桩身混凝土连续成型。对于采用地基处理的，可先钻小直径孔，在孔内放置体积能扩展至足够大的密封袋，通过向密封袋内注入混凝土、砂浆、水泥浆等可凝固的流体充填处理范围内的溶洞。

2. 盘龙状桩与锚新技术构想

柔韧性是袋装流体的特点之一，在岩土工程中，可利用这一特性对桩和锚杆的性能进行革新。将细长的密封袋缠绕在表面粗糙的桩身或锚杆的杆体上置入土体，然后通过向密封袋内注入水泥浆、砂浆、混凝土等可凝固的流体，在流体凝固后，即可形成如图 8.1-4 所示的盘龙桩（或锚杆）构造示意图。盘龙桩与盘龙锚施工工艺简单、造价低，通过流向可控制的注浆增加侧摩阻力，有较高的应用推广价值。

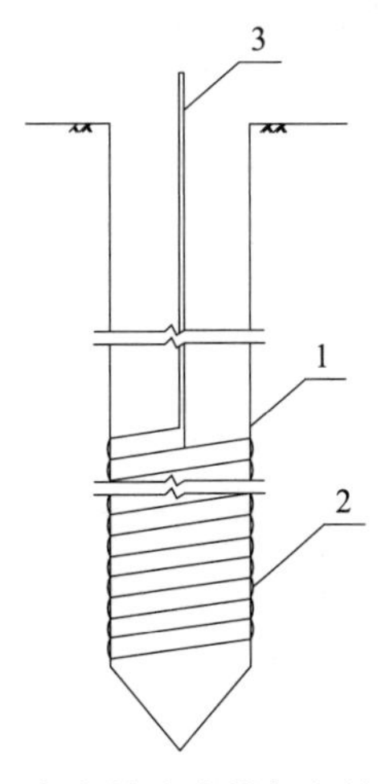

图 8.1-4　盘龙桩（或锚杆）构造示意图

1—表面粗糙的桩身或锚杆；2—螺旋状密封袋；3—注浆管

3. 袋装流体桩底后注浆新技术构想

目前，以各种工艺施工的灌注桩因地层适应性强、无挤土效应的优点而广泛使用。灌注桩的桩底沉渣是影响其质量与承载力的关键因素，采用袋装流体，控制注浆流向，可挤出桩底沉渣，增加桩端处桩土接触应力，通过提高桩端阻力大幅提高单桩承载力。袋装流体桩底后注浆灌注桩构造示意图如图 8.1-5 所示。

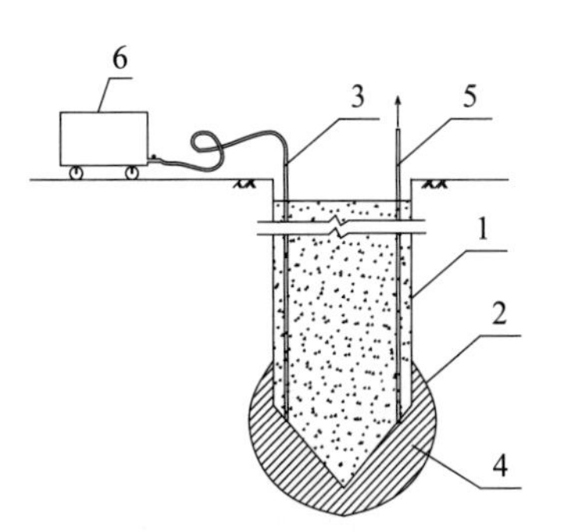

图 8.1-5　袋装流体桩底后注浆灌注桩构造示意图

1—灌注桩；2—桩底密封袋；3—注浆管；4—浆体；5—桩底沉渣排除管；6—高压注浆泵

8.2　囊剪与锥柱压原位测试新技术构想

1. 囊剪试验仪新技术构想

结合如图 8.2-1 所示的囊剪试验仪原理图，介绍囊剪实验仪构造与工作原理。囊剪试验仪包括密封囊袋、流体通道、流体输入输出装置、流体压强计、剪切板、扭转轴、扭矩测量装置七部分，其中密封囊袋为具备承担一定压强且体积可变的袋状部件，流体通道是一端与密封囊袋连通，另一端设置于操作面的管状通道，流体输入输出装置是与流体通道连接且能够控制流体进出密封囊袋的装置，流体压强计是测量密封囊袋内流体压强的装置，剪切板为与扭转轴连接的能够竖直插入土体的板状构件，扭转轴具备为旋转剪切板提供扭矩的功能，扭矩测量装置是能够测量剪切板转动所需扭矩的装置，密封囊袋与扭转轴或剪切板相连。在本实施例中，剪切板采用两块十字交叉的刚性薄板制作。在本实施例中，将密封囊袋设置于相交叉剪切板之间的扭转轴的侧表面，对称设置，共分成 4 个区域。密封囊袋用弹性的薄膜制作，在试验前，将密封囊袋内的流体抽出，使得密封囊袋与扭转轴表面紧贴或收缩至扭转轴表面以内，将剪切板插入土体试验点位置后，通过流体通道向密封囊袋内充入或抽出流体，对位于剪切板之间的土体加载或卸载，并根据试验要求，可在土体加载或卸载后等待预定的土体固结时间，再通过扭转轴扭转剪切板，完成预定压力下、预定固结时间时的原位土体剪切试验。可在同一层土体的不同试验点进行不同压力下的囊压剪切原位试验，以获得试验点抗剪承载力与剪切面正压力的相关性，计算土体抗剪强度指标。在本实施例中，可以将剪切板设置在扭转轴的底部。对于需要引孔的试验，可将剪切板的下部设置一段扭转轴，以避免在试验仪插入土体的过程中，因剪切板的挤压将引孔及孔周的土体破坏。

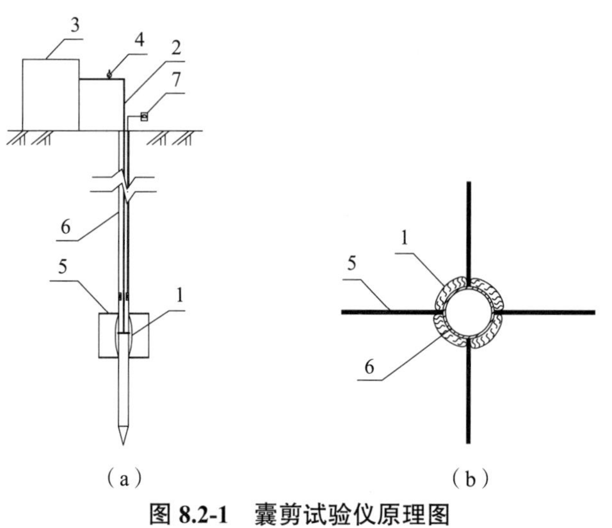

图 8.2-1　囊剪试验仪原理图

（a）剖面构造示意图；（b）剪切板横断面构造示意图

1—密封囊袋；2—流体通道；3—流体输入输出装置；4—流体压强计；

5—剪切板；6—扭转轴；7—扭矩测量装置

2. 锥柱囊压试验仪新技术构想

锥柱囊压试验仪原理图如图 8.2-2 所示，其工作原理与本书第 5 章介绍的囊压试验仪基本相似，不同点在于以下两点，第一点是设置了一个圆台状的密封囊袋，主要目的是可以提供斜向的加卸荷应力，也可以测定密封囊袋与土体接触面的斜向位移，从而测定土体垂直向与水平向各向异性对测试结果的影响，也能更好地模拟工程实际加卸荷及应力、位移边界条件；第二个不同点是试验适合于变截面的钻孔。在本实施例中，可将密封囊袋与钻孔器具相结合设置，可在底部设置钻头，可在圆台状密封囊袋位置设置相似斜度的扩孔钻具。在本实施例中，为了便于区分，将圆台状密封囊袋标记为 10，圆柱状密封囊袋标记为 1，两者结构构造与材料可相同，区别在于形状不同。

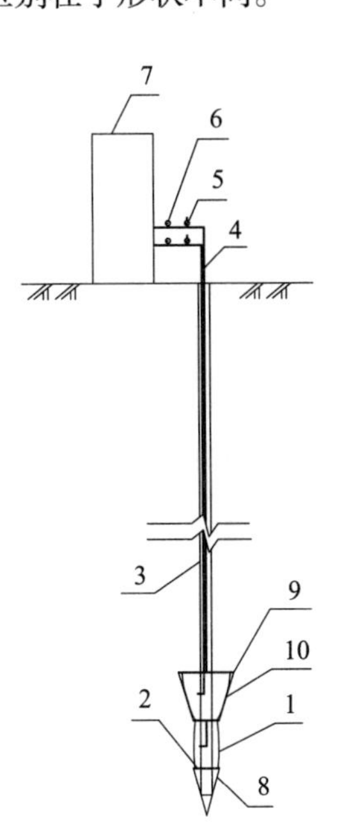

图 8.2-2　锥柱囊压试验仪原理图

1—密封囊袋；2—水平分割板；3—中心轴；4—流体通道；5—流体流量计；6—流体压强计；7—流体输入输出装置；8—钻头；9—扩孔钻具；10—圆台状密封囊袋

8.3　中振法 PHC 管桩微挤土施工新技术构想

中振法 PHC 管桩防挤土施工方法，能在预制管桩压桩的同时，在 PHC 管桩的中空部位放置排土管，并通过排土管的振动，大幅度降低土体与排土管间的摩擦力，可利用压桩时在桩尖附近产生的挤土压力，将土体挤入排土管内，使得压桩过程中，被挤压的土体具有顺畅的排除通道，从而在基本不影响压桩施工效率情况下，消减压桩挤土效应。

中振法预制管桩防挤土施工方法应包括以下步骤：

（1）将 PHC 管桩放置于桩位上方并固定，准备可放置于 PHC 管桩中空部位的排土管及振动锤；

（2）进行 PHC 管桩压桩施工，将排土管放置在 PHC 管桩的中空部位；

（3）使排土管振动；

（4）通过振动施工，促进地基土进入排土管，在排土管中形成土塞；

（5）进行排土管的拔出施工，同时利用 6.1 节介绍的土塞补偿法拔出排土管，以重复使用。

8.4　绳锯布新技术构想

在土木、水利与环保工程领域，地下隔水防渗一直是该领域的难点与痛点，地下水问题及处理事关新建工程的成败，已建工程的安危。如水利工程中的库坝防渗、基坑工程中的隔水、地下工程的防渗处理、环保工程中的液态废弃物的隔离等。现有的原位土体中隔水技术，一般是在土体中施工地下连续墙、水泥土搅拌墙、钢板桩等措施，固废残留多，难以水平向或斜向施工，难以形成立体隔水帷幕，难以满足超深隔水需求。已建的库坝、地下隧道、地下管线等地下工程的防渗问题频出，危害大，处理难度大，缺乏有效可靠的技术手段。

本节介绍的绳锯布新技术构想，其原理是先在土体中切割狭长形的切缝，然后在切缝中放置预制布，可根据工程需要，选定预制布的抗拉强度与抗渗性能，以满足工程抗渗或地基加固目的。绳锯布可以垂直、倾斜或沿水平方向施工，可施工形成连续密闭的三维防渗幕布，也可以作为原位土地基加固土工布使用。可用于基坑止水、水库大坝的隔水防渗、地基加固处理、垃圾填埋场防渗等土木、水利工程及环保工程领域 ，也可用于新建及已建工程病害防治。

绳锯布施工方法主要包括以下步骤：

（1）确定预制布在土体中的位置，包括平面布置、埋深、分块数量，并确定各块预制布施工先后顺序；

（2）利用土体提供反力，固定导轨，将绳锯的导向控制装置安装在导轨上，并使得导向控制装置具备沿导轨移动的功能，本步骤中的绳锯是由锯条、动力装置、导向控制装置及导轨四部分组成，其中锯条是具备通过往复运动或转动切削深部土体施工，形成狭长形缝隙功能的构件或部件，动力装置是具备带动锯条进行往复运动或转动功能的装置，导向控制装置是控制锯条或动力装置位置的装置，导轨是控制锯条运动轨迹的构件，锯条与动力装置连接，动力装置与导向控制装置连接，导向控制装置安装在导轨上；

（3）使锯条在土体中往复运动或转动，切削土体，在深部土体中施工，形成狭长形的切缝，使得切缝的宽度略大于预制布的厚度；

（4）将制备的预制布安装于切缝中；

（5）重复步骤（2）～步骤（4），完成满足步骤（1）要求的预制布安装施工；

（6）将相邻的预制布通过连接构件或岩土体连接。

8.5　小结

本章主要介绍作者构思的若干新技术构想。第 8.1 节，介绍零位移挤土效应控制、地基振动影响控制及利用可凝固袋装流体技术进行土工控制的多种新技术构想；第 8.2 节，介绍依托袋装流体介质的锥柱压与囊剪原位测试新技术构想；第 8.3 节介绍了中振法 PHC 管桩微挤土施工新技术构想，在压桩过程中，设想通过管桩中空部位插入钢管桩振动排土，以求在压桩效率不受影响情况下，减消桩尖处土体应力集中产生的挤土效应；第 8.4 节介绍了绳锯布新技术构想，该技术构想有望实现原位土体中预制布的安装，以期形成三维隔水帷幕。在土工控制领域中，利用固体介质、袋装流体介质与场介质，可解决诸多土工问题，好的技术应具有造价低廉的特点。本章涉及的新技术构想有待进一步试验与实践。

参考文献

[1] 张继红. 新型伞式自扩锚的试制及其拉拔试验研究 [J]. 岩土工程学报，1999. 21（3）: 356-359.

[2] 张继红. 新伞式自扩锚的原理、设计、施工与检测研究：全国岩土工程测试技术会议论文集 [C]. 北京：中国水利水电出版社. 2000.

[3] 张继红. 伞式自扩锚及其在基坑支护中的应用 [J]. 土木工程学报，2003. 36（8）: 102-108

[4] 张继红. 伞式自扩锚及其应用研究：全国岩土与工程学术大会论文集 [C]. 北京：人民交通出版社. 2003.

[5] 张继红. 伞式自扩锚应用效果研究 [J]. 岩土力学. 2006. 27（5）: 842-845.

[6] 张继红. 全回收的基坑围护体系（RESS）研究 [J]. 岩土工程学报. 2012. 34（增刊）: 287-291.

[7] 张继红. 扩底抗拔桩极限承载力机理研究与应用 [D]. 上海：同济大学，2012.

[8] 沈珠江. 理论土力学 [M]. 北京：中国水利水电出版社. 2000. 5.

[9] 陆明万，罗学富. 弹性理论基础 [M]. 北京：清华大学出版社，施普林格出版社. 2001. 8.

[10] 朱合华. 城市地下空间建设新技术 [M]. 北京：中国建筑工业出版社. 2014. 4.

[11] 张继红. 伞式锚具：97103512. 1 [P]. 1997-03-29.

[12] 张继红. 可回收岩土加固施工方法及所用的脱壳式加固体、回收器：2006100258150 [P]. 2006-04-18.

[13] 张继红. 预制扩孔桩及其施工方法：2010101154437 [P]. 2010-03-01.

[14] 张继红. 通道法远程纠偏工法：2010101330744 [P]. 2010-3-26.

[15] 张继红. 一种复合锚杆及其施工方法：2010102955945 [P]. 2010-09-28.

[16] 张继红. 一种小直径桩孔混凝土袋装浇筑施工方法：2010105583145 [P]. 2010-11-24.

[17] 张继红. 一种内置式复合锚杆施工方法及其所用的复合锚杆钻具：2010105814332 [P]. 2010-12-09.

[18] 张继红. 一种预制挤扩桩及其施工方法：2010105688325 [P]. 2010-12-1.

[19] 张继红. 复合锚杆及其导向施工方法：2010105853341 [P]. 2010-12-13.

[20] 张继红. 预制隔水桩（WSP 桩）及其插拔施工方法：2012100571564 [P]. 2012-3-5.

[21] 张继红. 压力平衡地基隔振方法及其所用的隔振器：2012101127528 [P]. 2012-04-17.

[22] 张继红. 一种土塞补偿管桩拔出施工方法及其所用的土塞补偿管桩拔桩装置：2014100065383 [P]. 2014-01-07.

[23] 张继红. 一种钢管桩连续墙及其辅助施工桩架：2014200580962 [P]. 2014-01-29.

[24] 张继红．一种漏土构件土体清除置换方法所用的土体清除置换器：2014205839719 [P]．2014-10-9．
[25] 张继红．复腔钢管桩连续墙止水效果检测方法：2014108199899 [P]．2014-12-25．
[26] 张继红．钢管桩连续墙及其水平向连接结构与辅助施工桩架：201520064085X [P]．2015-1-26．
[27] 张继红．一种孔压反力钢管桩拔桩方法及其拔桩装置：2015100664647 [P]．2015-02-09．
[28] 张继红．一种自钻进钢管桩连续墙施工方法及其所用的钢管桩连续墙：2015101335026 [P]．2015-03-25．
[29] 张继红．一种全回收的钢墙斜桩基坑围护结构：2015202003466 [P]．2015-4-3．
[30] 张继红．一种套筒法残损桩处理施工方法及其施工装置：201510223843．2 [P]．2015-05-05．
[31] 张继红．一种旗形基坑围护结构：2015202955835 [P]．2015-5-8．
[32] 张继红．一种复合钢管斜桩基坑围护结构：2016206755781 [P]．2016-6-30．
[33] 张继红．一种连续桩墙施工装置：2016200243525 [P]．2016-01-05．
[34] 张继红．孔压反力施工方法：2016100914100 [P]．2016-01-30．
[35] 张继红．一种装配式围檩及其施工方法：2018111439059 [P]．2016-04-05．
[36] 张继红．一种钢管桩连接结构：2016211511096 [P]．2016-10-28．
[37] 张继红．一种桩间充水带：2017200533946 [P]．2017-01-17．
[38] 张继红．一种钢管桩连续墙施工导向装置：2017201087016 [P]．2017-02-04．
[39] 张继红．一种土中袋装遇水膨胀止水带：2017201140713 [P]．2017-02-07．
[40] 张继红．一种超深钢管混凝土地下连续墙结构：2017201742652 [P]．2017-02-24．
[41] 张继红．一种无砂降水井及其施工方法：2017102305544 [P]．2017-04-10．
[42] 张继红．一种钢管桩支撑垫块：2017205230475 [P]．2017-05-11．
[43] 张继红．一种钢管斜桩锚固结构：2017207071401 [P]．2017-6-15．
[44] 张继红．一种基坑施工时被保护对象位移实时控制方法：2019107167003 [P]．2019-08-05．
[45] 张继红．囊压试验方法与试验仪及有限元计算方法：2019107522240 [P]．2019-08-05．
[46] 张继红．一种打桩实时防护方法：201910752201X [P]．2019-08-05．
[47] 张继红．一种囊压剪切试验方法与试验仪：2019107523012 [P]．2019-08-05．
[48] 张继红．一种土工控制方法：2019107523031 [P]．2019-08-05．
[49] 张继红．一种土中摩擦构件承载力确定方法：2020102493140 [P]．2020-03-24．
[50] 张继红．一种双管环钻钢管桩及其施工方法：2020102493155 [P]．2020-03-24．
[51] 张继红．一种斜桩楔形块纠偏施工方法：2020102493988 [P]．2020-03-24．
[52] 张继红．一种袋装热熔性葫芦体全回收锚杆及其施工方法：2020102493973 [P]．2020-03-24．
[53] 张继红．一种预制桩垂直度控制装置：2020204647505 [P]．2020-03-24．
[54] 张继红．零位移基坑工程施工方法及其所用的基坑支护结构：2020107983019 [P]．2020-08-03．
[55] 张继红．囊压测试方法与测试装置：2020107936770 [P]．2020-08-04．
[56] 张继红．一种土压控制预制桩叠合板桩缝止水结构：2020109702397 [P]．2020-09-08．
[57] 张继红．一种自止水钢管桩基坑支护挡土构件：2020109702382 [P]．2020-09-08．

[58] 张继红. 一种导管挤喷式灌注桩沉渣去除施工方法及施工装置：2020114148688 [P]. 2020-11-25.

[59] 张继红. 一种袋装混凝土溶洞支盘桩：2020228602629 [P]. 2020-11-29.

[60] 张继红. 一种钢管桩连续墙换撑结构：2020232060562 [P]. 2020-12-14.

[61] 张继红. 一种纤维布热熔性全回收锚杆及其施工方法：2021102437304 [P]. 2021-02-22.

[62] 张继红. 双管环钻钢管桩施工方法：202110345474X [P]. 2021-03-23.

[63] 张继红. 土墩置换地基处理施工方法与施工装置：2021106343753 [P]. 2021-05-26.

[64] 张继红. 一种海上锚定筒基础及其施工方法：2021106762668 [P]. 2021-06-09.

[65] 张继红. 锚定筒锚固结构及其施工方法：2021106762672 [P]. 2021-06-09.

[66] 张继红. 一种囊压原型试验建立岩土体本构模型的方法与囊压原型试验装置：202110748586X [P]. 2021-06-25.

[67] 张继红. 绳锯布及其施工方法与施工装置：2021108233315 [P]. 2021-07-14.

[68] 张继红. 一种锚定筒连接结构：2021217723770 [P]. 2021-07-23.

[69] 张继红. 一种中振法预制管桩防挤土施工方法与施工装置：2021109160063 [P]. 2021-07-30.

[70] 张继红. 一种锚定筒锚固结构受拉构件安装方法及其所用的施工装置：2021111895123 [P]. 2021-10-07.

[71] 张继红. 一种囊压原型试验方法与试验装置：2021112439999 [P]. 2021-10-18.

[72] 张继红. 一种双管环钻钢管桩施工装置：202220241926X [P]. 2022-01-20.

[73] 张继红. 一种基于原型试验建立土体本构模型的方法及其所用的原型试验装置：2022107215418 [P]. 2022-06-06.

[74] 张继红. 一种竖向锚定筒锚固结构承载力计算方法：2022107215456 [P]. 2022-06-06.

[75] 张继红. 一种基于囊压原型试验的地基土层划分方法：2022107215831 [P]. 2022-06-09.

后　记

作者自 1996 年研发伞式自扩锚以来，历经了二十六年不间断的涉土工程理论研究、试验验证，岩土工程勘察、设计、施工、监测工程实践，土工控制工艺、机械与器具的开发与研制。其间，呕心沥血，苦思冥想，有百折不挠的实践过程，有难以计数的不眠之夜。本书是作者经验与心得较为系统的总结，也包含了作者大量的科技理论延展与思想升华成果。读者可结合自身工作领域，选读本书各章节。通读本书，需要具备微积分、微分方程、矩阵理论等数学基础，还要具备理论力学、材料力学、结构力学、弹塑性力学等工程力学基础，应具备土力学、流体力学、有限单元法等专业理论基础，还应有基础工程、地下结构、钢结构、钢筋混凝土结构等专业知识基础，对于有工程经验的读者，或许能有更多受益。

本书起意于携母查病路途之中，适逢哀悲不已。书中有大量创意是在撰写过程中萌发的，今脱稿之际，觉所述技术近极简。感技术革命似割了技术之命，拂去了技术成果之神秘面纱，悟科技之天职乃服务于人类之生活与生产。思先贤鲁班发明锯子之后，制造和使用锯子易，然一直在用，较锯前时代进步太多，稍感慰藉。

长久以来，吾喜宅于静室，勿迎来送往，著此书三载有余。期间，避内卷持续创新，承重压而不颓废，夜思日践，意自真情，理出本性，多成于此，无憾矣。